原始数组 3 6 4 2 11 10 5

第 1 趟 3 4 2 6 10 5 11 比较 6 次

第 2 趟 3 2 4 6 5 10 11 比较 5 次

第 3 趟 2 3 4 5 6 10 11 比较 4 次

第 4 趟 2 3 4 5 6 10 11 比较 3 次

第 5 趟 2 3 4 5 6 10 11 比较 2 次

第 6 趟 2 3 4 5 6 10 11 比较 1 次

图 2-2　冒泡排序

原始数组 3 6 4 2 11 10 5

第 1 趟 2 6 4 3 11 10 5

第 2 趟 2 3 4 6 11 10 5

第 3 趟 2 3 4 6 11 10 5

第 4 趟 2 3 4 5 11 10 6

第 5 趟 2 3 4 5 6 10 11

第 6 趟 2 3 4 5 6 10 11

第 7 趟 2 3 4 5 6 10 11

图 2-5　选择排序

原始数组 3 6 4 2 11 10 5 第 1 个是默认有序

第 1 趟 3 6 4 2 11 10 5 将 6 插入到 3 之后

第 2 趟 3 4 6 2 11 10 5 将 4 插入到 3 之后

第 3 趟 2 3 4 6 11 10 5 将 2 插入到 3 之前

第 4 趟 2 3 4 6 11 10 5 将 11 插入到 6 之后

第 5 趟 2 3 4 6 10 11 5 将 10 插入到 11 之前

第 6 趟 2 3 4 5 6 10 11 将 5 插入到 6 之前

图 2-7　插入排序

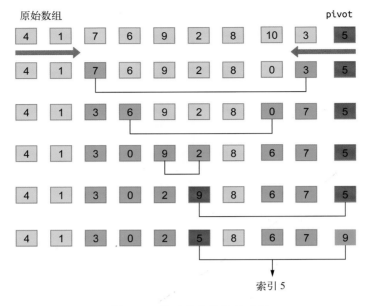

图 2-17　快速排序的执行过程

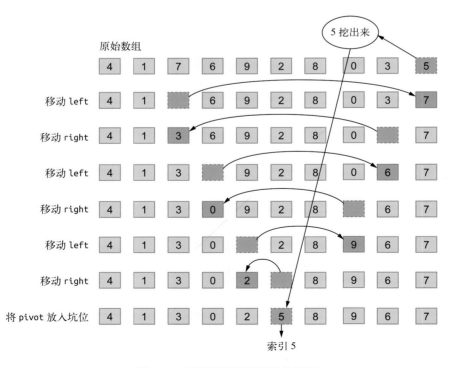

图 2-19　示例数组的代码执行过程

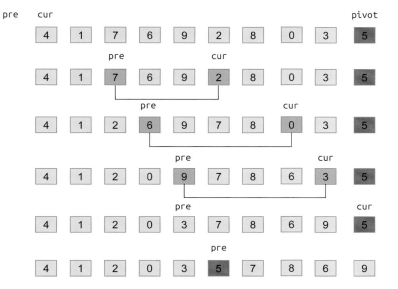

图 2-20　前后指针法执行过程

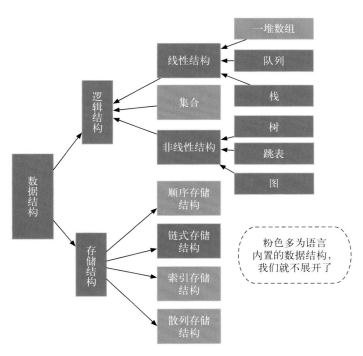

图 3-2　数据结构的分类

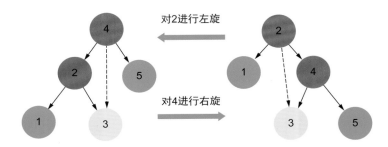

图 12-3　左旋与右旋的区别

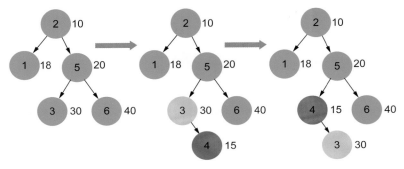

图 12-4　旋转过程图

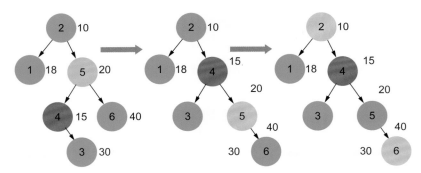

图 12-5　旋转结果图

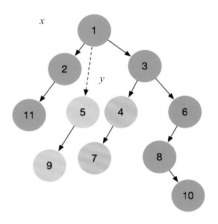

图 12-11　合并过程

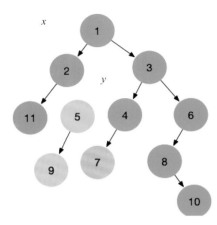

图 12-12　合并过程

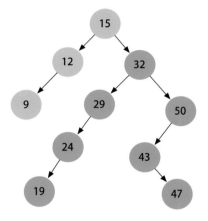

图 12-15　拆分过程

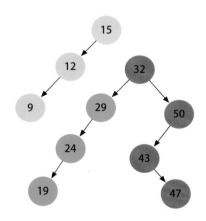

图 12-16　拆分过程

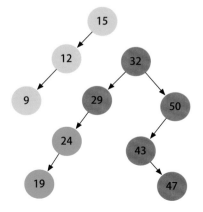

图 12-17　拆分过程

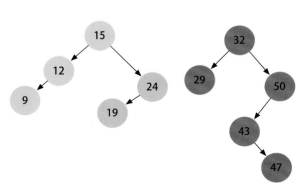

图 12-18　拆分结果

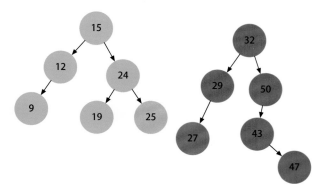

图 12-19　添加操作实例

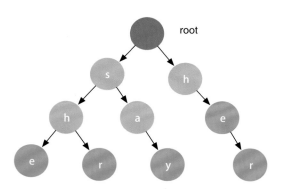

图 13-14　将 pattern 逐字符放进 Trie 树

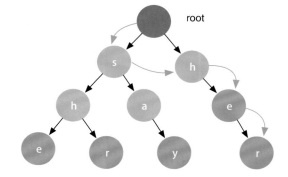

13-15　操作流程图

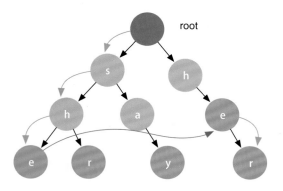

图 13-16　失配图

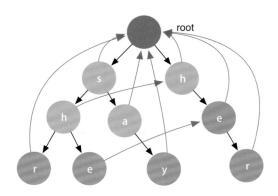

图 13-17　AC 自动机

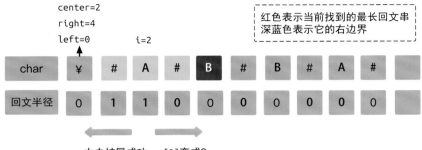

图 13-23 中央扩展法过程图

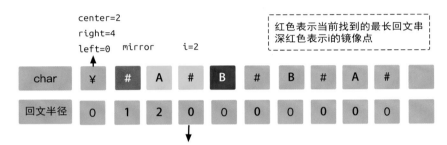

图 13-24 扩展法过程

情况 1

情况 2

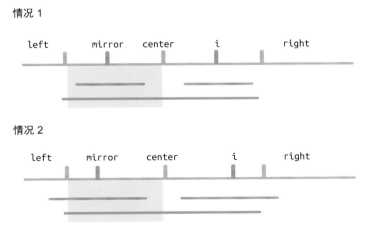

图 13-25 镜像点说明

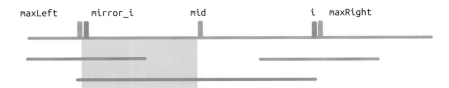

图 13-26 镜像点说明

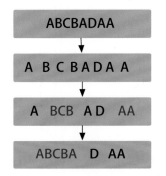

图 13-27 回文自动机原理图

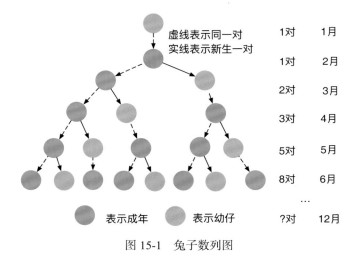

图 15-1 兔子数列图

JavaScript算法
基本原理与代码实现

司徒正美 李晓晨◎著

人民邮电出版社

北　京

图书在版编目（CIP）数据

JavaScript算法：基本原理与代码实现 / 司徒正美，
李晓晨著. -- 北京：人民邮电出版社，2023.4
（图灵原创）
ISBN 978-7-115-59615-4

Ⅰ. ①J… Ⅱ. ①司… ②李… Ⅲ. ①JAVA语言—程序
设计 Ⅳ. ①TP312.8

中国版本图书馆CIP数据核字(2022)第114913号

内 容 提 要

本书以 JavaScript 作为演示代码，系统解析了各种数据结构和常见的算法面试题：常见排序算法（如冒泡排序、选择排序、插入排序、希尔排序、归并排序、堆排序、快速排序、计数排序、桶排序、基数排序等）、树的相关算法、字符串算法、回溯算法、动态规划问题等。书中没有令人望而生畏的数学公式与复杂度证明，而是详细列出解题步骤，给出可以套用的算法模板。为了方便记忆，每种算法都会给出多种解，读者只需从中选取适合自己的解即可。

本书旨在让非科班出身的、没有算法基础的前端人士迅速上手各种数据结构及相关算法，顺利通过求职面试。

◆ 著　　　　　司徒正美 李晓晨
　　责任编辑　王军花
　　责任印制　胡　南
◆ 人民邮电出版社出版发行　　北京市丰台区成寿寺路11号
　　邮编　100164　电子邮件　315@ptpress.com.cn
　　网址　https://www.ptpress.com.cn
　　三河市中晟雅豪印务有限公司印刷
◆ 开本：800×1000　1/16　　　　　彩插：4
　　印张：22　　　　　　　　　　2023年4月第1版
　　字数：491千字　　　　　　　2023年4月河北第1次印刷

定价：99.80元

读者服务热线：(010)84084456-6009　印装质量热线：(010)81055316
反盗版热线：(010)81055315
广告经营许可证：京东市监广登字 20170147 号

序

在 JavaScript 成为一门热门语言的这 20 年里，前端开发已经不再局限于实现简单的页面交互效果。现在的前端项目越来越庞大、复杂度越来越高，同时渲染效果也越来越炫酷。在面对这样的复杂场景时，了解算法和数据结构变得尤为必要。

掌握算法和数据结构，可以提高网页性能和渲染速度。在前端开发中，算法可以避免重复计算和烦琐操作，使得代码可以更快速、更有效地执行。

掌握算法和数据结构，前端工程师可以构建更优秀的用户体验。算法可以帮助前端工程师进行数据分析和处理，提供更友好的用户界面、更高效的数据查询、更有效的搜索结果以及更高的推荐准确率等。

掌握算法和数据结构，前端工程师可以提高编程能力。算法可以帮助前端工程师更好地理解抽象概念，解决问题，提升编程技能。

掌握算法和数据结构，前端工程师可以更好地理解前端框架的底层原理。例如，React.js 和 Vue.js 等框架底层都使用了算法和数据结构相关的知识，通过学习算法，我们可以更深入地理解这些框架的实现方式。

掌握算法和数据结构，前端工程师可以在面试时让解决问题的思路更开阔。

本书是一本非常友好的算法书，适合前端工程师学习。书中讲解了许多常见的数据结构和算法，并使用 JavaScript 作为演示语言，讲解浅显易懂，对算法的应用场景也解释得非常清楚。

方超
快手研发总监

前　言

　　前端知识庞杂，比如各种 CSS hack、CSS 布局、DOM 与 BOM、CSS 选择器类型、HTTP 状态码、Ajax、fetch 的用法、跨域处理、本地存储、层出不穷的框架，即便你知道得再多，也总有你不知道的东西。就像一个圆，圆越大，圆外面的接触区就越大。显然，大公司不满足于这些，他们还有终极法宝——算法。之所以出现这种情况，是因为大公司的面试流程多，第三四轮面试官可能就不是前端出身，他们也只能问你算法与智力题了。并且，大家公认算法是判定一个人是否聪明的标准，所以肯定要问算法题了。这看起来很不公平。大学学习计算机专业的同学或中学就开始刷 ACM 的同学在这方面有着天然的优势，毕竟人家至少投入了 3 年的时间在上面。但这对其他"野路子"出身的同学来说苦不堪言。然而，中国每年有约 1000 万的大学生毕业，其中二十分之一会跑到互联网行业与你争饭碗。为了提高竞争力，你必须会这么多东西。为了应聘上好公司，你也必须会算法。

　　我常年沉浸于框架的研发中，因此对大多数前端知识了然于胸，但是面试时往往运气不佳，总会栽在算法题上。于是我像许多有志之士一样，向算法发起了一次又一次进攻。我入手了许多书，如《学习 JavaScript 数据结构与算法》《算法图解》《算法（第 4 版）》《枕边的算法书》《程序员的算法趣题》、林厚从的《高级数据结构（C++版）》等，像《算法导论》《编程珠玑》我就不敢造次了，网上有一些关于这两本书的算法片段，里面大量的数学公式与论证吓得我胆战心惊。这些经历也反映了我们这些非科班出身的人的弱点：数学功底差，看不懂公式，也消化不了那大段的证明。我们学算法的契机都是快换工作了，于是病急乱投医，胡乱买一堆书，最后碰了一脸灰，进而合上书本放弃继续学习。

　　其实，我们不需要那些太严谨的书，我们的大脑也消化不了。什么算法趣题，其实对我们这个水平的人来说也没什么"趣"，毕竟我们连基础都没有。更要命的是，算法书不是 C/C++，就是 Java、Python，没有几本是用 JavaScript 做演示代码的。就算有，目前的那几本也太简单了，即便学了，也无法让我们应对面试题。许多算法书以通用之名给出伪代码，但伪代码不适合前端人，前端人更喜欢能直接运行的、能直接复制到 Chrome 控制台上看效果的代码。此外，伪代码漏掉了许多边界判定与语言的差异。比如说 0、1 这些边界条件该如何判定，怎么写循环，还有

JavaScript 语言的整数除法与 C/C++ 的不一样：JavaScript 可得到小数结果，而 C/C++ 只能得到整数。因此，读者需要一边看着伪代码，一边上网搜索 C/C++ 代码来仿写，这其中存在太多"坑"了。但如果不通过看书进行系统的学习，只通过网络来学，会耗时耗力，还有可能被误导。

因此，我觉得非常有必要出版这样一本书：演示代码是 JavaScript，不需要二次翻译其他语言，比较系统地讲解了各种常见的算法面试题与它们的底层知识。我们不需要了解太多公式，反正也看不懂（看得懂的人也不会进这个行业了），我们只需要套路、模板，以及详细的讲解与图示。我已经浪费这么多钱了，踩了这么多"坑"，也做过不少 LeetCode 的题目，所以决定把这些笔记编纂成书，让大家少走些弯路。每周翻看两三页，面试时你就不用心慌。

另外，需要澄清一下的是，现在网上流行直播刷 LeetCode，这些大牛都讲解得很好，但是你为什么想不到这样解呢？并不是刷得多就记得下来。有些基础的东西，你必须提前学会，比如链表、优先队列、并查集基于什么原理才在某个领域有这么快的处理速度。有了这些基础性的知识点储备，你也可以刷 LeetCode 刷得飞快。网上的知识点是离散的，而本书则是全面、系统地教你们怎么把知识点串起来。这也是书与博客的区别。

本书的特点是，能让没有基础的人迅速上手，其中没有令人望而生畏的数学公式与复杂度证明，而是详细地列出解题步骤，给出可以套用的算法模板。大部分读者学算法只是想通过面试而已，因此知识点更加实用。为了方便记忆，针对每种算法都会给出多种解，大家只需从中选取适合自己的解即可。

本书共 15 章，各章内容如下。

第 1 章介绍了时间复杂度和空间复杂度的分析方法，这是算法学习的基础。

第 2 章介绍了常见的排序算法，包括冒泡排序、选择排序、插入排序、希尔排序、归并排序、堆排序、快速排序、计数排序、桶排序和基数排序。

第 3 章介绍了线性的数据结构，其中包括数组、链表、栈、队列、散列、位图、块状链表等。

第 4 章详细介绍了散列（有的地方称作哈希），详细讲解了散列冲突的解决方案和散列的应用。

第 5 章介绍了树及其常见的操作方法。树的各种遍历方法是应该重点掌握的。

第 6 章介绍了堆，包括二叉堆、堆排序、TopK 问题、优先队列、丑数等。

第 7 章介绍了并查集。

第 8 章介绍了线段树。线段树是二叉查找树的一种，一个叶子结点包含一个区间，与树状数组相比，可以实现时间复杂度为 $O(\log n)$ 的区间修改。

第 9 章介绍了树状数组。树状数组跟线段树有些类似，在解决一些单点修改的问题时，树状数组是不二之选。

第 10 章介绍了前缀树。前缀树又称字典树，是一种有序树，用于保存关联数组，其中的键通常是字符串。

第 11 章介绍了跳表，这是一个随机化的数据结构，实质就是一种可以进行二分查找的有序链表。跳表在原有的有序链表上面增加了多级索引，通过索引来实现快速查找。

第 12 章介绍了简单的平衡树，这是一种二叉排序树，它能在 $O(\log n)$ 的时间内完成插入、查找和删除操作。

第 13 章介绍了字符串相关的匹配算法和回文算法。

第 14 章介绍了回溯算法，这是一种在某个集合求其子集或特定排列的特殊解法。它没有对应的数据结构，但好在其求解过程是固定的。它可以看作暴力穷举的一种改进。

第 15 章介绍了动态规划，这是面试中常考的一种题型，也是很多同学头疼的一类题，其实只要找到状态转移方程，问题就会迎刃而解。

本书篇幅有限，为了方便大家关注本书的最新动态，我开通了知乎专栏 "JavaScript 算法实践"。在学习了本书系统的算法知识之后，也欢迎大家关注专栏，一起来练习算法，在面试中披荆斩棘。

最后，祝大家面试好运！

致谢

感谢王军花老师热情负责的工作，让本书克服诸多挑战顺利出版，也感谢木杉、王慧敏、赵健等参与过审校的小伙伴们，最后尤其感谢罗焕，为本书提供了诸多修改意见。由于篇幅有限，这里就不一一列举了。

目　　录

第 1 章

时间复杂度与空间复杂度

复杂度估算虽然不是本书的重点，也通常被面试官认为是基础题，一般不会在面试中出现，但它却是算法的基础知识，因此本书还是略微一提。

1.1 时间复杂度

我们从一个例子入手，现有一个数组 persons，里面有 1000 个对象：

```
var persons = [{name:"xxx",age: 13},{name:"yyy",age: 14},
               {name:"pat",age: 9},{name:"nasami",age: 22}...];
```

这些对象均有 age 与 name 这两个属性，我们要从中访问 name 为"司徒正美"的对象的 age。

如果我们不知道司徒正美排在第几位，通常用循环来实现：

```
for (let i = 0, n = persons.length; i < n; i++) {
  if (persons[i].name === "司徒正美") {
    console.log(persons[i].age);
    break;
  }
}
```

如果我们知道司徒正美的位置（如 i = 5），就不需要循环，直接使用 person[5].age 就行了。

无论数组中有多少个元素，每次检测元素与读取元素属性的时间总是相同的，假设这个时间为 K，在上面的示例中，要在数组中循环搜索某个用户，假设我们循环了 6 次才搜索到该用户，则时间为 $6 \times K$。实际上，数组可能有 100 个元素，而司徒正美有可能在数组的第 1 个位置，也有可能在最后一个位置。

在现实中，我们用来计算时间长短的单位有小时、分钟、秒、纳秒等，同样我们也需要一种度量来计算本示例中算法的效率。在计算机科学中，这种度量方法被称为"大 O"表示法。

如果我们知道元素的位置，一步就能访问到该元素，那么这个函数的复杂度为 $O(1)$。O 念作 order。如果我们不知道元素在数组中的位置，则需要通过遍历来查找。假设数组的长度为 n，则有可能在第一个位置找到它，也可能在最后一个位置找到它。这时我们不能说这个函数的复杂度为 $O(1)\sim O(n)$，我们只按最复杂的情况来判定它的量级，即它的时间复杂度为 $O(n)$。

对于同一个问题，我们有多种解决方式。在刚才的问题中，直接通过数组下标去访问元素时，时间复杂度为 $O(1)$；若循环查找元素，则时间复杂度为 $O(n)$。在现实业务中，我们应该尽可能地寻找性能好的解决方式。计算机先驱们针对这些问题，研究出了许多种常用"套路"，这些所谓的"套路"统称为算法。

这里，我们应该对算法有一个更准确的定义。

算法是指解题方案的准确而完整的描述，是一系列解决问题的清晰指令。

接下来，我们来计算一个算法的时间复杂度。时间复杂度是用来衡量一个算法性能是否高效的标准。我们知道程序是由一条条语句组成的，每条语句以分号结束。算法也是通过程序设计来实现的，我们可以通过以下步骤计算时间复杂度。

(1) 计算程序中每条语句的执行次数，并相加，得到语句的总执行次数，即语句频度或时间频度，记为 $T(n)$。

(2) 用常数 1 取代 $T(n)$ 中的所有加法常数。

(3) 只保留 $T(n)$ 中的最高阶项。

(4) 如果最高阶项存在且不是 1，则去掉与这个项相乘的常数。

下面我们看一段实现高斯算法（即等差数列求和公式）的代码：

```javascript
function add (n) {
  let sum = 0;           // 执行 1 次
  sum = (1+n) * n / 2;   // 执行 1 次
  console.log(sum);      // 执行 1 次
}
```

下面给出具体的计算步骤。

(1) 计算得到 $T(n)$ = 1+1+1 = 3。

(2) 用常数 1 代替 3。

(3) 因为没有发现其他高阶项（平方、立方、阶乘等），所以直接跳过。

(4) 最高阶项为 1，无须去掉与其相乘的常数。

于是这个算法的时间复杂度为 $O(1)$。这里我们把 n 改成 100 或 100 000，它的执行时间都不多，大约在微秒级别就可以完成计算。它的计算与 n 的大小无关，是性能最优的算法，我们称之为**常数阶**。*XXX* 阶这样的称呼是用来描述时间复杂度级别的。

常见的数量级别有：**常数阶 $O(1)$**、**线性阶 $O(n)$**、**对数阶 $O(\log n)$**、**线性对数阶 $O(n\log n)$**、**平方阶 $O(n^2)$**、**立方阶 $O(n^3)$**、**k 次方阶 $O(n^k)$**、**指数阶 $O(2^n)$**、**阶乘阶 $O(n!)$**。按时间复杂度所耗费

的时间，从小到大排序依次为：

$$O(1) < O(\log n) < O(n) < O(n \log n) < O(n^2) < O(n^3) < O(2^n) < O(n!)$$

循环语句是产生非常数阶算法的关键。下面我们看看其他数量级的例子。

1. 线性阶

示例代码如下：

```
let a = 0, b = 1; // 语句①
for(let i = 1; i < n; i++){// 语句②，语句③，语句④
  s = a + b;// 语句⑤
  b = a; // 语句⑥
  a = s; // 语句⑦
};
```

这段代码共有 7 条语句，我们按照前面说的步骤来计算时间复杂度。

(1) 分别计算每条语句的执行次数，得到语句的总执行次数：

```
T(n) = 1 + 1 + n + (n-1) + (n-1) + (n-1) + (n-1)
     = 2 + n + 4n - 4;
     = 5n - 2
```

(2) 用 1 代替常数项 −2，得到 $5n+1$。

(3) 只保留最高阶项，所以去掉常数项+1，得到 $5n$。

(4) 去掉与最高阶项相乘的常数，得到 n。用大 O 法表示，我们可以得到示例代码的时间复杂度为 $O(n)$。

2. 对数阶

示例代码如下：

```
var number = 1; // 语句①
while(number < n) {// 语句②
  number = number * 2;// 语句③
}
```

再看这段代码，共有 3 条语句，语句①的执行次数为 1，语句②和语句③怎么计算呢？比较容易看出的是，语句③比语句②少执行 1 次。由于每次 number 乘以 2 之后，就会更接近 n。也就是说，我们要计算多少个 2 相乘后大于 n，因为这时候会退出循环。由 $2^x=n$ 可以得到 $x=\log_2 n$，所以语句②的执行次数为 $\log_2 n$，于是：

```
T(n) = 1 + log₂n + log₂n-1 = 2log₂n = log₂n
```

这个循环的时间复杂度为 $O(\log_2 n)$。

3. 平方阶

下面是我们常见的双层循环结构，冒泡排序也是这样的结构：

```
for (let i = 0; i < n; i++) {
  for (let j = i; j < n; j++) {
    // 复杂度为 O(1)的算法
    ......
  }
}
```

需要注意的是，在内循环中 int j = i，而不是 int j = 0。当 i = 0 时，内循环执行 n 次；当 i = 1 时，内循环执行 $n-1$ 次；当 i=n-1 时，内循环执行 1 次，由此，我们可以推算出总的执行次数为：

$$
\begin{aligned}
T(n) &= n + (n\text{-}1) + (n\text{-}2) + (n\text{-}3) + \cdots + 1 \\
&= (n+1) + [(n\text{-}1) + 2] + [(n\text{-}2) + 3] + [(n\text{-}3) + 4] + \cdots \\
&= (n+1) + (n+1) + (n+1) + (n+1) + \cdots \\
&= (n+1)\ n\ /\ 2 \\
&= n(n+1)\ /\ 2 \\
&= n^2/2 + n/2
\end{aligned}
$$

然后我们去掉一些低阶项，得到 $n^2/2$，再去掉常数乘数，最后得到这个循环的时间复杂度为 $O(n^2)$。

4. 立方阶

与平方阶差不多，但是三重循环，每一重的起点依赖于上一重的变量。我们来看下面这段代码：

```
for (i = 1; i <= n; ++i) { // 第一重循环
  for (j = 1; j <= n; ++j) { // 第二重循环
    for (k = 1; k <= n; ++k) { // 第三重循环
      // 复杂度为 O(1)的算法
      ......
    }
  }
}
```

其实对于这类循环，还可以进行这样的简单计算：第一重循环 n 次，第二重循环 n^2 次，第三重循环 n^3 次，保留最高阶之后就是 n^3，即时间复杂度为 $O(n^3)$。

5. 指数阶

谈到指数阶算法，最经典的代表就是斐波那契数列（Fibonacci sequence），即兔子繁衍问题。在一年开始时把一对兔子放入围场中，雌兔每月产雌雄兔子各 1 只，即一对新兔子。第 2 个月开始，每对新兔子每月也要产一对兔子。一年后，围场中有多少对兔子？相关代码如下：

```
function fibonacci(n) {
  if(n <= 1){
    return 1;
  } else {
    return fibonacci(n-1) + fibonacci(n-2);
```

```
    }
}
```

这个计算起来就非常复杂了，但我们可以明显地感受到，随着 *n* 的增大，里面重复计算的次数也越来越多。笔者测试了一下，当 *n*=40 时，Chrome 出现了明显卡顿。调用过程示意如下：

```
              f(40)
            /        \
        f(39)          f(38)
       /     \        /     \
   f(38)    f(37)  f(37)   f(36)
                 . . .
        f(2)
       /    \
   f(1)   f(0)
```

求取 f(40)，会转换为 f(39) 与 f(38) 的求取结果相加，以此类推，最终都会抵达 f(2)=f(1)+f(0)=1+1=2，故可获得 f(40) 的结果。

对于斐波那契的时间复杂度的计算，可采取母函数法获取 $T(n) = O\left(\left(\dfrac{\sqrt{5}+1}{2}\right)^n\right)$。更详细的资料大家可自行在互联网上查找。

为了防止继续"烧脑"，我们换一个话题，比较一下不同算法的运算速度。

假设输入值大小为 *n*（1000 位），那么对数阶要花费 10 纳秒，线性阶要花费 1 微秒，二次方阶要花费 1 毫秒，指数阶要花费 10^{284} 年！差别非常大，更直观地对比可以见图 1-1。

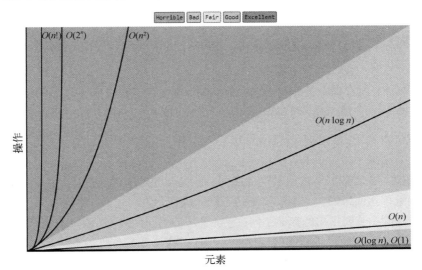

图 1-1　大 *O* 表示法的复杂性度量

一般情况下，算法中基本操作重复执行的次数是问题规模 n 的某个函数，用 $T(n)$ 表示。若有某个辅助函数 $f(n)$，使得当 n 趋近于无穷大时，$T(n)/f(n)$ 的极限值为不等于零的常数，则称 $f(n)$ 是 $T(n)$ 的同数量级函数，记作 $T(n)=O(f(n))$。我们称 $O(f(n))$ 为算法的渐进时间复杂度，简称时间复杂度。

按数量级递增排列，常见的时间复杂度有：常数阶 $O(1)$、对数阶 $O(\log n)$、线性阶 $O(n)$、线性对数阶 $O(n\log n)$、平方阶 $O(n^2)$、立方阶 $O(n^3)$、k 次方阶 $O(n^k)$ 和指数阶 $O(2^n)$ 等，如表 1-1 所示。

表 1-1　常见的时间复杂度

大 O	名　　称	例　　子
$O(1)$	常数阶	散列取值
$O(\log n)$	对数阶	二分查找
$O(n)$	线性阶	找出数组中最大元素
$O(n\log n)$	线性对数阶	归并排序
$O(n^2)$	平方阶	冒泡排序
$O(n^3)$	立方阶	三重复杂
$O(2^n)$	指数阶	兔子繁殖问题
$O(n!)$	阶乘阶	旅行商问题

我们主要用算法时间复杂度的数量级评价一个算法的时间性能。时间复杂度和两个因素有关：算法中的最大嵌套循环层数和最内层循环结构中循环的次数。

1.2　空间复杂度

类似于时间复杂度的讨论，空间复杂度（space complexity）是对一个算法在运行过程中**临时**占用存储空间大小的量度。

一个算法在计算机存储器上所占用的存储空间，包括存储算法本身所占用的存储空间、算法的输入输出数据所占用的存储空间和算法在运行过程中临时占用的存储空间这 3 个方面。

- ❑ **存储算法本身所占用的存储空间**：它与算法书写的长短成正比，要压缩这方面的存储空间，就必须编写出较短的算法。
- ❑ **算法的输入输出数据所占用的存储空间**：它是由要解决的问题决定的，是通过参数表由调用函数传递而来的，它不随算法的不同而改变。
- ❑ **在运行过程中临时占用的存储空间**：它随算法的不同而改变。有的算法只需要占用少量的临时工作单元，而且不随问题规模的大小而改变，我们称这种算法是"就地"进行的，是节省存储空间的算法；有的算法需要占用的临时工作单元数与解决问题的规模 n 有关，它随着 n 的增大而增大，当 n 较大时，将占用较多的存储单元，例如快速排序和归并排序算法。

下面以"两数之和"为例进行简单说明：给定一个整数数组 nums 和一个整数目标值 target，请你在该数组中找出"和"为目标值 target 的那两个整数，并返回它们的数组下标。

方法一：暴力枚举

```javascript
var twoSum = function(nums, target) {
  for (let i = 0; i < nums.length; i++) {
    for (let j = i + 1; j < nums.length; j++) {
      if (target - nums[i] === nums[j]) {
        return [i, j];
      }
    }
  }
  console.log("No two sum solution");
};
```

方法二：散列表

```javascript
var twoSum = function(nums, target) {
  var map = new Map();
  for (let i = 0; i < nums.length; i++) {
    let complement = target - nums[i];
    if (map.has(complement)) {
      return [map.get(complement), i];
    }
    map.set(nums[i], i);
  }
  console.log("No two sum solution");
};
```

在方法一中通过双层遍历，消耗的时间复杂度为 $O(n^2)$。采用"就地"存储的方式，消耗的空间复杂度为 $O(1)$，是比较低的。

在方法二中引入了散列表进行元素存储，消耗的空间复杂度为 $O(n)$。散列表快速存取的方式，降低了时间复杂度的消耗，此处为 $O(n)$。

在程序中创建新的数组或变量都会使空间复杂度增加，当然循环与递归是非常数阶的空间复杂度出现的原因。

在面试过程中，有一些刁钻的题目对复杂度要求很高，比如说交换两个整数变量：

```javascript
var x =5, y=10; // 定义两个变量
// 方式 1
var temp = x;;      // 定义临时变量 temp 并提取 x 值
var x = y;;         // 把 y 的值赋给 x
var y = temp;;      // 然后把临时变量 temp 的值赋给 y
// 方式 2
x = x + y;          // x(15) = 5 + 10
y = x - y;          // y(5) = x(15) - 10
x = x - y;          // x(10) = x(15) - y(5)
// 方式 3
```

```
x = x^y;
y = x^y;    // y=(x^y)^y
x = x^y;    // x=(x^y)^x
```

合并两个有序数组，要求时间复杂度为 $O(n)$，空间复杂度为 $O(1)$。

合并两个数组的实现代码如下：

```
var src = [1,1,1,1,1,1,3,5,7,9];
var dest = [2,4,6,8,10,12];
function mergeArray(src, dest, n, m) {
  var indexOfNew = n + m - 1; // 新数组的末位索引
  var indexOfSrc = n - 1; // src 有效元素的末位索引
  var indexOfDest = m - 1; // dest 有效元素的末位索引
  // 当 dest 全部扫描完成，元素全部插入 src，剩余 src 元素不需要移位操作
  // 当 src 全部遍历完成，但 dest 仍有元素时，只需要操作 dest 即可，此时 src 下标已达最小值 0
  while (indexOfDest >= 0) {
    if (indexOfSrc >= 0) {
      // 将 src 或 dest 中较大的元素放入 src 的后几位中去
      if (src[indexOfSrc] >= dest[indexOfDest]) {
        src[indexOfNew] = src[indexOfSrc];
        --indexOfNew;
        --indexOfSrc;
      } else {
        src[indexOfNew] = dest[indexOfDest];
        --indexOfNew;
        --indexOfDest;
      }
    } else { // 如果 dest 比较长，那么挪动 dest 到 indexOfNew 位置上
      src[indexOfNew] = dest[indexOfDest];
      --indexOfNew;
      --indexOfDest;
    }
  }
}
mergeArray(src, dest, 10, 6)
console.log(src);
```

最后这道题目大家可能看不懂，这是因为我们的大脑没有经过训练。随着我们不断地学习，就会掌握各种 for 循环的"套路"。算法基本上是循环与递归结合而成的。学到后面，这种问题自然迎刃而解。

第 2 章

排序算法

在算法面试中，面试官经常会考我们排序算法，其中主要涉及十大排序算法。其实排序算法自计算机发明以来，前前后后有几百种，但最常见就是下面的 10 种，因为它们的思路都有明显的特色。

(1) 冒泡排序

(2) 选择排序

(3) 插入排序

(4) 希尔排序

(5) 归并排序

(6) 堆排序

(7) 快速排序

(8) 计数排序

(9) 桶排序

(10) 基数排序

它们的类别归属关系如图 2-1 所示。

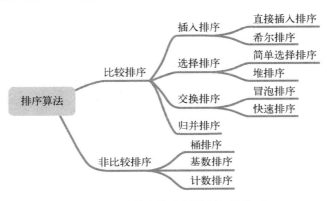

图 2-1　10 种排序算法的类别归属关系

我们经常把排序算法分为两类：比较排序与非比较排序。首先我们要知道什么叫比较排序。比较排序是指排序过程中需要比较某两个元素的大小，非比较排序则通过其他手段进行排序（当然，内部也会比较元素的大小，但这不是主要手段）。

2.1 冒泡排序

冒泡排序（bubble sort）是一种简单、直观的排序算法，其取名源于自然界中的水泡在上升过程中会不断变大的现象。

如果想深究其物理原因，也可以翻一下中学课本，水泡中的气压和水对水泡的压力是相平衡的。随着水泡的上升，它周围受到的水的压力会减小。为了维持压力平衡，水泡只有扩大体积，减小气压，才能达到新的平衡。所以水泡的体积在上升的过程中变大了。

当然，在沸水中的另外一个情况就是，不断地有水汽化成水蒸气进入水泡，所以这时水泡的体积也会变大。

冒泡排序的行为类似一个双重循环，外循环决定内循环的次数，内循环用于找到最大的数（泡泡）并将其放到外面。

作为最简单的排序算法之一，冒泡排序（如图 2-2 所示）给我的感觉就像 abandon 在按字母排序的四六级单词书里出现的感觉一样，每次都在第 1 页第 1 位。所以大家必须掌握。

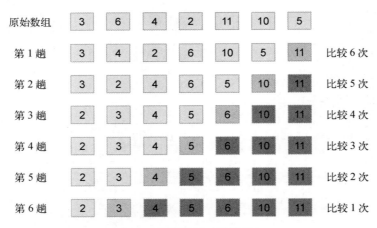

图 2-2   冒泡排序（见彩插）

具体步骤如下。

(1) 比较第 1 个数与第 2 个数，将小数放在前面，大数放在后面。

(2) 比较第 2 个数与第 3 个数，这时第 2 个数应该是第 1 个数和第 2 个数的最大值，它们会重复步骤(1)的行为，将大数放在后面，如此循环，直到倒数第 1 个数与倒数第 2 个数相比较，最后，末位的数是这个数组中的最大值。这是第一次遍历。

(3) 开始下一次遍历，数组有 n 个元素，那么就该遍历 $n-1$ 次。

下面用代码实现一下冒泡排序，我们需要一个双重循环，每次都从 0 开始，然后到 n 结束：

```javascript
function bubbleSort1(array) {
  let n = array.length;
  for(let i = 1; i < n; i++) {
    for(let j = 0; j < n-i; j++) { // i 增大，内层循环比较次数 n-i 减小
      if(array[j] > array[j+1]) { // 注意这里的索引变量都是 j
        swap(array, j , j+1);
      }
    }
  }
}
// 这个方法非常常用，在其他章节中用到时会省略此方法
function swap(array, a, b ){
  let temp = array[a];
  array[a] = array[b];
  array[b] = temp;
}
```

我们继续看一下，代码能否继续优化。

优化方案 1

如果原数组就是有序的，比如[1，2，3，4]，那么我们在内部循环中可以引入访问标志位。这里的标志位是为了记录：在一次外循环中，若满足比较条件则进行交换，并更改标志位。如果在一次外循环中标志位没有动过，说明原本该子数组是有序的，无须交换，那么下轮外部循环就不需要进行。改进代码如下：

```javascript
function bubbleSort2(array) {
  let n = array.length;
  for(let i = 1; i < n; i++){
    let hasSort = true;
    for(let j = 0; j < n-i; j++){
      if(array[j] > array[j+1]){ // 注意这里的索引变量都是 j
        swap(array, j , j+1);
        hasSort = false;
      }
    }
    if(hasSort){
      break;
    }
  }
}
```

优化方案 2

还有没有进一步改进的余地呢？我们留意操作步骤的最后一句，其中提到，每次排序结束，最后一个元素总是最大的，即大数下沉的策略。当交换时，可以利用临时变量 swapPos 记录交换的位置。在内部循环结束后，将最后一个交换元素的位置赋给 k，这样可节省下一轮内部循环时，从位置 k 到 n-i 的比较交换"开销"，可能这一段本身就有序。代码如下：

```
function bubbleSort3(array) {
  let n = array.length, k = n-1, swapPos = 0;
  for(let i = 1; i < n; i++) {
    let hasSort = true;
    for(let j = 0; j < k; j++) {
      if(array[j] > array[j+1]) { // 注意这里的索引变量都是 j
        swap(array, j, j+1);
        hasSort = false;
        swapPos = j; // 记录交换位置，直接到内部循环最后一个被交换的元素
      }
    }
    if(hasSort) {
      break;
    }
    k = swapPos;// 重写内部循环的最后边界
  }
}
```

我们可以写一个程序，看一下我们的成果：

```
function shuffle(a) {
  let len = a.length;
  for (let i = 0; i < len - 1; i++) {
    let index = parseInt(Math.random() * (len - i));
    let temp = a[index];
    a[index] = a[len - i - 1];
    a[len - i - 1] = temp;
  }
}
function test(sortFn) {
  let array = [];
  // 向数组写入 10 000 个数据，其中前 1000 个数据倒序，后 9000 个数据顺序
  for (let i = 0; i < 10000; i++) {
    if (i <= 1000) {
      array[i] = 1000 - i;
    } else {
      array[i] = i;
    }
  }
  console.log("========");
  let start = new Date - 0;
  sortFn(array);
  console.log("部分有序的情况",sortFn.name, new Date - start);
  shuffle(array);
  start = new Date - 0;
  sortFn(array);
```

```
  console.log("完全乱序的情况",sortFn.name,new Date - start);
}
function swap(array, a, b); {/**略**/}
function bubbleSort1(array); {/**略**/}
function bubbleSort2(array); {/**略**/}
function bubbleSort3(array); {/**略**/}
test(bubbleSort1);
test(bubbleSort2);
test(bubbleSort3);
```

这段代码主要用于测试，测试 3 种冒泡算法在部分有序与完全乱序的情况下排序算法的耗时，结果如图 2-3 所示。

```
========
部分有序的情况  bubbleSort1 248
完全乱序的情况  bubbleSort1 345
========
部分有序的情况  bubbleSort2 28
完全乱序的情况  bubbleSort2 327
========
部分有序的情况  bubbleSort3 4
完全乱序的情况  bubbleSort3 230
========
```

图 2-3　冒泡排序的运行结果

优化也很明显。

鸡尾酒排序

如果我们继续优化呢？前人发明了一种双向冒泡排序法，称为鸡尾酒排序，又叫作涟漪排序、搅拌排序或者来回排序。鸡尾酒排序是冒泡排序的一种变形。此算法与冒泡排序的不同之处在于排序时是以双向在序列中进行排序的。具体我们可以通过一个示例来了解鸡尾酒排序。

示例如下：

```
function cocktailSort(array) {
  let left, right, index, i;
  left = 0; // 数组起始索引
  right = array.length - 1; // 数组索引最大值
  index = left; // 临时变量

  // 判断数组中是否有多个元素
  while (right > left) {
    let isSorted = false;
    // 每一次进入 while 循环，都会找出相应范围内最大最小的元素并分别放到相应的位置
    // 大的排到后面
    for (i = left; i < right; i++) { // 从左向右扫描
      if (array[i] > array[i + 1]) {
```

```
        swap(array, i, i + 1);
        index = i; // 记录当前索引
        isSorted = true;
      }
    }
    right = index; // 记录最后一个交换的位置
    // 小的放到前面
    for (i = right; i > left; i--) { // 从最后一个交换位置从右往左扫描
      if (array[i] < array[i - 1]) {
        swap(array, i, i - 1);
        index = i;
        isSorted = true;
      }
    }
    left = index; // 记录最后一个交换的位置
    if(!isSorted) {
      break;
    }
  }
}
```

对该排序算法与冒泡算法进行运行耗时对比，得到的结果如图 2-4 所示。

```
========
部分有序的情况 bubbleSort1 253
完全乱序的情况 bubbleSort1 351
========
部分有序的情况 bubbleSort2 31
完全乱序的情况 bubbleSort2 352
========
部分有序的情况 bubbleSort3 5
完全乱序的情况 bubbleSort3 227
========
部分有序的情况 cocktailSort 6
完全乱序的情况 cocktailSort 170
```

图 2-4　鸡尾酒排序的运行结果

鸡尾酒排序在完全乱序的情况下比冒泡排序更有优势，同时两端排序的思路也是其他排序沿袭的重要思路。

最后说一下，冒泡排序的时间复杂度为 $O(n^2)$，但在最好的情况下能达到 $O(n)$，因为它至少得“跑一趟”判定每个元素的位置是正确的。

2.2　选择排序

选择排序的行为与冒泡排序相反，它每一次遍历都是找到最小的数放在前面，第 1 次遍历放在第 1 位，第 2 次遍历放在第 2 位，第 3 次遍历放在第 3 位……因此我们需要一个变量来保存当前遍历的最小数的索引。如图 2-5，是选择排序。

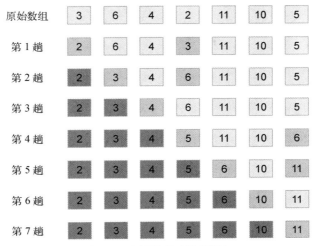

图 2-5 选择排序（见彩插）

选择排序的代码实现如下：

```
function selectSort(array) {
  let n = array.length;
  for (let i = 0; i < n; i++) {
    let minIndex = i; // 保存当前最小数的索引
    for (let j = i + 1; j < n; j++) { // 每次只从 i 的后一个位置开始查找
      if (array[j] < array[minIndex]) {
        minIndex = j;
      }
    }
    if (i !== minIndex) {
      swap(array, i, minIndex);
    }
  }
}
```

我们会发现，冒泡排序与选择排序都会将当前数组划分为两个区域：有序区与无序区。冒泡排序的有序区在后面，选择排序的有序区在前面。

我们再尝试一下两端同时排序如何？代码如下：

```
function selectSort2(array) {
  let left = 0;
  let right = array.length-1;
  let min = left; // 存储最小值的下标
  let max = left; // 存储最大值的下标
  while (left <= right) {
    min = left;
    max = left;
    // 这里只能用<=，因为要取 array[right]
    for (let i = left; i <= right; i++) {
      if (array[i] < array[min]) {
        min = i;
```

```
      }
      if (array[i] > array[max]) {
        max = i;
      }
    }
    swap(array, left, min);
    if (left == max) {
      max = min;
    }
    swap(array, right, max);
    left++;
    right--;
  }
}
```

我们用之前的测试看一下性能，发现其再优化也不过如此了。因此，我们只记住选择排序的原始版本就行了。将此处的两种选择排序算法与冒泡排序算法一起进行耗时测试，示例代码如下：

```
test(bubbleSort1);
test(bubbleSort2);
test(bubbleSort3);
test(selectSort);
test(selectSort2);
```

得到如图 2-6 所示的对比结果。

```
========
部分有序的情况  bubbleSort1 251
完全乱序的情况  bubbleSort1 343
========
部分有序的情况  bubbleSort2 30
完全乱序的情况  bubbleSort2 359
========
部分有序的情况  bubbleSort3 6
完全乱序的情况  bubbleSort3 220
========
部分有序的情况  selectSort 108
完全乱序的情况  selectSort 108
========
部分有序的情况  selectSort2 99
完全乱序的情况  selectSort2 88
```

图 2-6　选择排序与冒泡排序的耗时对比

2.3　插入排序

插入排序，它类似选择排序，也是将数组划分为两个区域，左边的第 1 个数为有序区，右边的所有数在无序区。不同的是，插入排序的每次循环不是找最小的数，而是直接将无序区的第 1 个数取出来，插入到有序区适当的位置上。这样有序区不断扩大，无序区不断缩小，直到无序区内部为空。

它与我们打扑克牌时，会将手上的牌进行排列非常相似。由于突出"插入"这个行为，因此叫插入排序。但是"插入"这个行为，我们在算法题中是不允许使用 splice 这样的方法的，那么我们只能在有序区找到要插入的位置后，将其后比它大的元素都往后移动，挪出一个"坑位"，将无序区的第 1 个元素放到坑位上。图 2-7 所示的是插入排序。

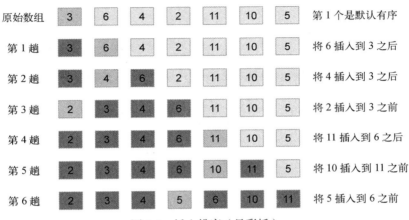

图 2-7　插入排序（见彩插）

从实现来说，有点复杂，需要两个例序的内部循环：

```
function insertSort(array) {
  let n = array.length;
  for (let i = 1; i < n; i++) {
    let target = array[i];
    let j;
    for (j = i - 1; j >= 0; j--) { // ①查找：在有序区找到目标元素
      if (target > array[j]) {
        break;
      }
    }
    if (j !== i - 1) {
      // 将比 target 大的所有元素都后移一位
      for (let k = i - 1; k > j; k--) { // ②挪坑：挪到位置，留出坑位
        array[k + 1] = array[k];
      }
      array[j + 1] = target;
    }
  }
}
```

这样的代码太长了，不够清晰，我们可以将查找和挪坑这两步合并，即每次 array[i] 先和前面一个数据 array[i - 1] 比较，如果 array[i] >= array[i - 1]，说明 array[0...i] 也是有序的，无须调整。否则就令 j = i - 1，target = array[i]。然后一边将 array[j] 向后移动，一边向前搜索，当有 array[j] < array[i] 时，停止，并将 target 放到 array[j + 1] 处。相关代码如下：

```
function insertSort(array) {
  let n = array.length;
  for (let i = 1; i < n; i++) {
    let target = array[i];
    // 合并两个内部循环
    for (let j = i - 1;  j >= 0 && array[j] > target;  j--) {
      array[j + 1] = array[j]; // 挪出坑位
    }
    array[j + 1] = target; // 放入坑位
  }
}
```

我们再将 for 循环改成 while 循环，你就发现它与网上的一些写法很像了：

```
function insertSort2(array) {
  let n = array.length;
  for (let i = 1; i < n; i++) { // ［i,n-1］是无序区
    let target = array[i];
    let j = i-1;
    while (j > 0 && array[j-1] > target) {
      array[j] = array[j-1]; // 前面的覆盖后面的
      j--;
    }
    array[j] = target; // 放入坑位
  }
}
```

插入排序的时间复杂度也是 $O(n^2)$，但是经过测试后发现，在大多数情况下，插入排序比前两种排序的性能更高，这是因为它的平均复杂度为 $O(n^2/4)$，最好的情况下能达到 $O(n)$。将插入排序加入耗时测试，得到如图 2-8 所示的结果。

图 2-8   插入排序与其他排序的耗时对比

2.4 希尔排序

希尔排序是希尔（Donald Shell）于 1959 年提出的一种排序算法，是插入排序的改进版，也称为缩小增量排序，同时它是第一批冲破 $O(n^2)$ 的算法之一。因为在 1959 年以前，涌现过众多排序算法，思路迥异，各显神通，但都无法突破 $O(n^2)$ 的天花板。当时，插入排序已经算是非常优秀的算法了，排序算法不可能突破 $O(n^2)$ 的声音成为主流。但是希尔排序的出现改变了这一切。

该算法的基本思想是：将原数组切割成几个子数组，每个子数组是由索引值相差某个增量 gap 的元素组成，对这些子数组分别进行插入排序，然后减少增量，重新划分大数组为新的子数组，继续对子数组们进行直接插入排序，直到增量为 1。

为什么这么做呢？因为在插入排序中有个缺点，如果我们要挪动元素，它们相距越远，需要挪动的次数就越多，希尔排序的分组法就是为了减少挪动次数而发明的。

我们以 4 为增量，对数组进行分组，相同颜色为一组，如图 2-9 所示。注意，我们只是逻辑上进行了分组，并没有真正将它们切割成一个个小数组。

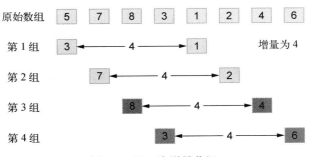

图 2-9 以 4 为增量分组

然后对子数组进行插入排序，这会使原数组部分有序，如图 2-10 所示。

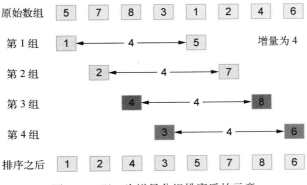

图 2-10 以 4 为增量分组排序后的示意

然后我们缩减增量 gap，这个增量是基于某种数列算出来的，只会不断减少。这时我们选 2 为增量，原数组便在逻辑上划为两个子数组，如图 2-11 所示。

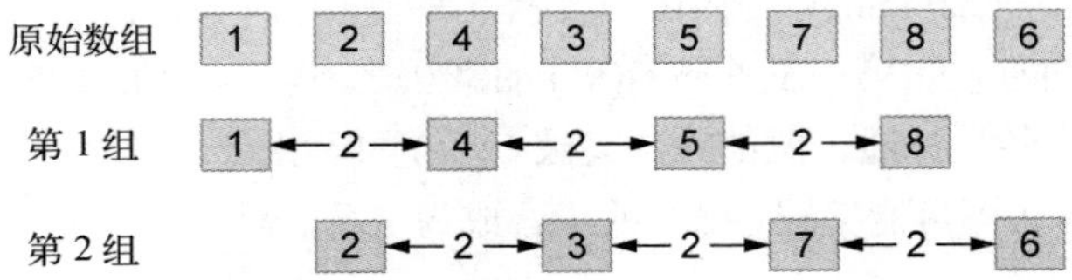

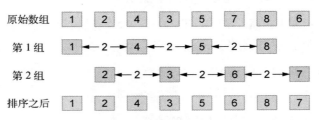

图 2-11   以 2 为增量的分组

分别插入排序后，得到如图 2-12 所示的排序效果。

图 2-12   以 2 为增量进一步分组的排序效果

最后，我们将增量变成 1，那么最后只产生一个子数组，也就是它本身。此时，整个数组已经接近有序了。可以看出，希尔排序效率非常高。

增量序列

我们每趟用到的增量 gap，共同组成一个数组，称为间隔序列。常用的间隔序列由 Knuth 提出，通过递归表达式 h = 3 * h + 1 来产生，数列的第 1 项为 1，代入公式产生 4，4 再产生 13，13 再产生 40……当元素大于排序数组的长度时，我们就中止这个递归。对于一个含有 1000 个元素的数组，我们使用数列的前 6 个数字就行了。

实现

```
function shellSort(array) {
  // 生成增量序列 3x+1 [1, 4, 13, 40, 121, 364, 1093, 3280, 9841]
  let n = array.length,
      gaps = [1],
      gap = 1;
  while (true) {
    gap = gap * 3 + 1;
    if(gap >= n){// 根据定义：增量不能大于数组长度
      break;
    }
    gaps.push(gap);
  }
  while (gap = gaps.pop()) {
    // 对每个子数组进行排序
```

```
    for (let g = 0; g < gap; g++) {
      // 正常的插入排序
      for (let i = g + gap; i < n; i += gap) {
        let target = array[i]; // 从无序区取元素
        if (target < array[i - gap]) {
          // 无序区的元素比有序区的小
          let j = i;
          while (j > 0 && array[j - gap] > target) {
            array[j] = array[j - gap]; // 将前面的元素覆盖后面的
            j -= gap;// 不是-1而是-gap
          }
          array[j] = target;
        }
      }
      // 正常的插入排序
    }
  }
  console.log(array);
}
```

希尔排序没有规定增量公式，随着公式的不同，其时间复杂度也不一样。因此，希尔排序是一种不稳定的排序。在希尔的原稿中，他建议初始的间距为 $n/2$，简单地把每一趟排序分成了两半。因此，对于 n=100 的数组，逐渐减小的间隔序列为 50,25,12,6,3,1。我们看一下实现：

```
function shellSort2(array) {
  // 希尔序列 [1, 2, 4, 9, 19, 39, 78, 156, 312, 625, 1250, 2500, 5000]
  let n = array.length,
      gaps = [],
      gap = n;
  while (gap != 1) {
    gap = gap >> 1; // 相当于 Math.floor(n/2)
    gaps.unshift(gap);
  }
  while (gap = gaps.pop()) {
    // 对每个子数组进行排序
    // 正常的插入排序
  }
}
```

希尔排序的排序效率和增量序列有直接关系，相关增量序列如下。

(1) 希尔（Shell）序列：$N/2$，$N/4$，$\cdots$，1（重复除以 2）。

(2) 希伯德（Hibbard）序列：1，3，7，$\cdots$，2^k-1。

(3) 克努特（Knuth）序列：1，4，13，$\cdots$，$(3^k-1)/2$。

(4) 塞奇威克（Sedgewick）序列：1，5，19，41，109，$\cdots$

目前最好的序列是塞奇威克序列，它能让希尔排序的复杂度达到 $O(n^{\frac{4}{3}})$，快于 $O(n\log_2 n)$ 的堆排序，其计算公式：

```
function getSedgewickSeq(n) {
  let startup1 = 0, startup2 = 2, array = [];
  for (let i = 0; i < n; i++) {
```

```
    if (i % 2 == 0) {
      array[i] = 9 * Math.pow(4, startup1) - 9 * Math.pow(2, startup1) + 1;
      startup1++;
    } else {
      array[i] = Math.pow(4, startup2) - 3 * Math.pow(2, startup2) + 1;
      startup2++;
    }
    if (array[i] >= n) {
      break;
    }
  }
  return array;
}

function shellSort3(array) {
  // 生成增量序列 [1, 5, 19, 41, 109, 209, 505, 929, 2161, 3905, 8929, 16001]
  let n = array.length,
      gaps = getSedgewickSeq(n),
      gap = 1;
  // 略
}
```

最后，我们看一下几种排序的性能：

```
test(selectSort);
test(selectSort2);
test(insertSort2);
test(shellSort);
test(shellSort2);
test(shellSort3);
```

运行耗时对比如图 2-13 所示。

```
========
部分有序的情况 selectSort 155
完全乱序的情况 selectSort 131
========
部分有序的情况 selectSort2 114
完全乱序的情况 selectSort2 104
========
部分有序的情况 insertSort2 3
完全乱序的情况 insertSort2 59
========
部分有序的情况 shellSort 10
完全乱序的情况 shellSort 5
========
部分有序的情况 shellSort2 8
完全乱序的情况 shellSort2 7
========
部分有序的情况 shellSort3 8
完全乱序的情况 shellSort3 9
```

图 2-13   希尔排序的耗时对比

2.5 归并排序

希尔排序给我们带来一个新思路，将一个问题拆分成几个小规模的子问题，然后用现成的方案解决这些子问题，再慢慢合并来解决原问题。人们后来将这种解题思路称为分治法。

当解决一个给定问题，算法需要一次或多次递归调用自身来解决相关的子问题时，这种算法通常是采用了分治的策略。分治模式在每 1 层递归上都有 3 个步骤。

(1) 分解：将原问题分解成一系列子问题。

(2) 解决：递归地求解各子问题。若子问题足够小，则直接求解。

(3) 合并：将子问题的结果合并成原问题的解。

归并排序的分解部分被分解得非常彻底，一口气将每个子数组划切到元素个数为 1，因为长度为 1 的数组可以看作有序。然后将相邻的两个有序数组合并成一个有序数组，并不断递归这个过程，直到包含原数组的所有元素。归并排序的处理过程如图 2-14 所示。

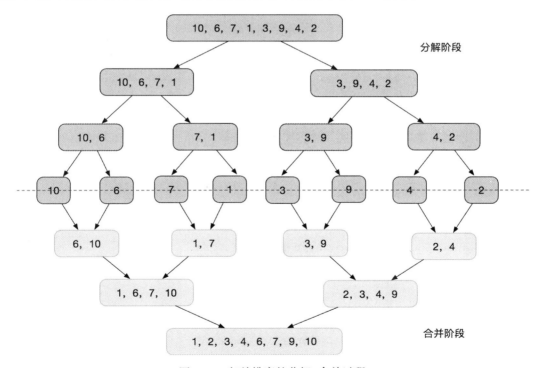

图 2-14 归并排序的分解–合并过程

首先，我们先来研究一下如何合并两个数组。由于在算法题中，我们不能使用诸如 concat 这样的 JavaScript 专有方法，因此我们需要编写一个 mergeArray 方法：

```javascript
function mergeArray(arrA, arrB) {

  let lengthA = arrA.length - 1, lengthB = arrB.length - 1, mergedArr = [], IndexA = 0, IndexB = 0,
indexMerged = 0;
  while (IndexA <= lengthA - 1 && IndexB <= lengthB - 1) {
    // 先比较两个数组等长的部分，看谁的元素较小，谁就先进合并数组
    mergedArr[indexMerged++] = arrA[IndexA] < arrB[IndexB] ? arrA[IndexA++] : arrB[IndexB++];
  }
  // 可能是 B 数组先遍历完，此时 A 数组还有剩余
  while (IndexA <= lengthA - 1) {
    mergedArr[indexMerged++] = arrA[IndexA++];
  }
  // 也可能是 A 数组先遍历完，此时 B 数组还有剩余
  while (IndexB <= lengthB - 1) {
    mergedArr[indexMerged++] = arrB[IndexB++];
  }
  return mergedArr;
}
```

接着，我们需要添加一些辅助对象，因为合并时同时存在左数组和右数组。为了知道它们是否是邻居关系，我们还要设置一个顶点，方便往上找上一级的数组，这上一级的数组也要找它的邻居数组进行合并。于是我们需要给数组元素添加 top、left、right 属性，用来分别引用切割后的子数组及其父数组。

那么，在合并阶段，我们要怎样才能知道当前是否处于合并阶段呢，当数组的长度为 1 时吗？可是，如果再往上一级进行数组合并时，就不能继续用这个条件了。因此我们需要多传入一个参数 toMerge = true。像这样分割后，就能一直进行合并。合并时，每个元素都要找它的邻居元素。首先它要知道自己是在左边还是右边，然后再找它的邻居。对它的邻居也要判定一下是否有序。当一个数组的长度为 1，或者已经被调整过，我们就为它添加一个属性 array.sorted = true。这样，传参数组就与邻居进行了合并，否则它可能还处于分割状态。传入参数 toMerge 后的代码如下：

```javascript
function mergeSort(array, toMerge) {
  // 如果数组还可以分割，并且处于分割模式
  if (array.length > 1 && toMerge !== true) {
    let top = array;
    let mid = array.length >> 1;
    top.left = array.slice(0, mid);
    top.right = array.slice(mid);
    top.left.top = top;
    top.right.top = top;
    console.log(top.left, top.right, "分割");
    mergeSort(top.left);
    mergeSort(top.right);
    // 如果数组只剩下一个或者处于合并模式
  } else if (array.length === 1 || toMerge) {
    if (array.top && !array.merged) { // 如果左边合并了右边，那么右边就不用再合并左边
      let isLeft = array === array.top.left;
```

```
    let neighbor = isLeft ? array.top.right : array.top.left;
    if (neighbor.length === 1 || neighbor.sorted) {
      let temp = mergeArray(array, neighbor);
      neighbor.merged = true; // 已经合并
      console.log(temp, "合并");
      for (let i = 0, n = temp.length; i < n; i++) {
        array.top[i] = temp[i];
      }
      array.top.sorted = true;
      mergeSort(array.top, true);
    }
   }
  }
}
```

用一个数组来测试一下，并打印出中间的过程，其过程如图 2-15 所示。

```
let array = [3, 4, 9, 1, 8, 2, 0, 7, 6, 5];
mergeSort(array);
```

```
▶ (5) [3, 4, 9, 1, 8, top: Array(10)]  ▶ (5) [2, 0, 7, 6, 5, top: Array(10)] "分割"
▶ (2) [3, 4, top: Array(5)]  ▶ (3) [9, 1, 8, top: Array(5)] "分割"
▶ [3, top: Array(2)]  ▶ [4, top: Array(2)] "分割"
▶ (2) [3, 4] "合并"
▶ [9, top: Array(3)]  ▶ (2) [1, 8, top: Array(3)] "分割"
▶ [1, top: Array(2)]  ▶ [8, top: Array(2)] "分割"
▶ (2) [1, 8] "合并"
▶ (3) [1, 8, 9] "合并"
▶ (5) [1, 3, 4, 8, 9] "合并"
▶ (2) [2, 0, top: Array(5)]  ▶ (3) [7, 6, 5, top: Array(5)] "分割"
▶ [2, top: Array(2)]  ▶ [0, top: Array(2)] "分割"
▶ (2) [0, 2] "合并"
▶ [7, top: Array(3)]  ▶ (2) [6, 5, top: Array(3)] "分割"
▶ [6, top: Array(2)]  ▶ [5, top: Array(2)] "分割"
▶ (2) [5, 6] "合并"
▶ (3) [5, 6, 7] "合并"
▶ (5) [0, 2, 5, 6, 7] "合并"
▶ (10) [0, 1, 2, 3, 4, 5, 6, 7, 8, 9] "合并"
```

图 2-15 示例数组的归并排序过程

接着我们试着对其进行优化。因为我们使用了 slice 方法，创造了大量实质上的子数组，占用了大量空间。事实上我们只需要一些虚拟数组就可以，只需知道它们的第一个元素和最后一个元素在原数组的索引，就能算出这些虚拟数组。优化后的代码如下：

```
function mergeSortObject(array) {
  function sort(obj, toMerge) {
    // 如果数组还可以分割，并且处于分割模式
    let { array, begin, end } = obj;
    let n = end - begin;
```

```
        if (n !== 0 && toMerge !== true) {
          let mid = begin + ((end - begin) >> 1);
          obj.left = {
            begin: begin,
            end: mid,
            array: array,
            top: obj,
          }
          obj.right = {
            begin: mid + 1,
            end: end,
            array: array,
            top: obj,
          }
          sort(obj.left);
          sort(obj.right);
          // 如果数组只剩下一个或者处于合并模式
        } else if (n === 0 || toMerge) {
          if (obj.top && !obj.merged) { // 如果左边合并了右边，那么右边就不用再合并左边
            let top = obj.top;
            let isLeft = obj === top.left;
            let neighbor = isLeft ? top.right : top.left;
            if ((neighbor.end == neighbor.begin) || neighbor.sorted) {
              let temp = mergeArrayByIndex(array, begin, end, neighbor.begin, neighbor.end);
              neighbor.merged = true;// 表明已经合并
              let b = top.begin;
              for (let i = 0, n = temp.length; i < n; i++) {
                array[b + i] = temp[i];
              }
              top.sorted = true;
              sort(top, true);
            }
          }
        }
      }
      sort({
        array: array,
        begin: 0,
        end: array.length - 1,
      });
      return array;
    }
```

上文的 mergeArray 方法也要改造一下，改造后的 mergeArrayByIndex 代码如下：

```
function mergeArrayByIndex(arr, begin, end, begin2, end2) {
  let indexA = begin, indexB = begin2, indexMerged = 0, mergedArr = [];
  while (indexA <= end && indexB <= end2) {
    // 先比较两个数组等长的部分，看谁的元素较先，谁就先进 c 数组
    mergedArr[indexMerged++] = arr[indexA] < arr[indexB] ? arr[indexA++]: arr[indexB++];
  }
  // 略
  return mergedArr;
}
```

再仔细想想，其实我们也不需要 top 这个属性，因为 top 属性的存在是为了方便我们找 neighbor 元素的。如果我们在经过两次 mergeSort 操作后，立即进行合并操作，就没有 neighbor 元素的用武之地了。进一步优化的代码如下：

```
function mergeSortObject2(array) {
  function sort(obj, toMerge) {
    // 如果数组还可以分割，并且处于分割模式
    let { array, begin, end } = obj;
    let n = end - begin;
    if (n !== 0 && toMerge !== true) {
      let mid = begin + ((end - begin) >> 1);
      obj.left = {
        begin: begin,
        end: mid,
        array: array,
      }
      obj.right = {
        begin: mid + 1,
        end: end,
        array: array,
      }
      sort(obj.left);
      sort(obj.right);
      let temp = mergeArrayByIndex(array, begin, mid, mid + 1, end);
      for (let i = 0, n = temp.length; i < n; i++) {
        array[begin + i] = temp[i];
      }
    }
  }
  sort({
    array: array,
    begin: 0,
    end: array.length - 1,
  });
  return array;
}
```

这时，我们发现 sort 方法的第 1 个参数 obj 可以由对象改回数组，第 2 个参数 toMerge 也可以不要了。优化后的代码如下：

```
function mergeSortSimple(array) {
  // 如果数组还可以分割，并且处于分割模式
  function sort(array, begin, end) {
    // 如果数组还可以分割，并且处于分割模式
    if (begin !== end) {
      let mid = begin + ((end - begin) >> 1);
      sort(array, begin, mid);
      sort(array, mid + 1, end);
      let temp = mergeArrayByIndex(array, begin, mid, mid + 1, end);
      for (let i = 0, n = temp.length; i < n; i++) {
        array[begin + i] = temp[i];
      }
```

```
    }
  }
  sort(array, 0, array.length - 1);
  return array;
}
```

这就是我们一般在网上能看到的版本，它就是这样一步步优化而来的。运行上述代码，得到
如图 2-16 所示的耗时对比结果。

```
========
部分有序的情况 bubbleSort3 7
完全乱序的情况 bubbleSort3 176
========
部分有序的情况 shellSort 11
完全乱序的情况 shellSort 6
========
部分有序的情况 mergeSort 37
完全乱序的情况 mergeSort 31
========
部分有序的情况 mergeSortObject 26
完全乱序的情况 mergeSortObject 20
========
部分有序的情况 mergeSortObject2 15
完全乱序的情况 mergeSortObject2 10
========
部分有序的情况 mergeSortSimple 7
完全乱序的情况 mergeSortSimple 8
```

图 2-16   归并排序的耗时对比

最后，我们看一下它的复杂度。其空间复杂度为 $O(n)$，因为它申请了一个等长的临时数组，
会消耗一定的空间。如果用本节中最初的版本，创建了这么多数组，其空间复杂度可能就是 $O(n^2)$
了。它的时间复杂度可以这样简单推导一下，我们每次要取中位数，导致一共对 $O(\log n)$ 层进行
了切割合并的操作。每一层归并操作的时间复杂度都是 $O(n)$，所以这个算法的时间复杂度是
$O(n\log n)$。更精准的推导大家可以自行在网上搜索。

PS：有关归并排序的练习可以做一下 LeetCode 315 逆序对。

2.6   堆排序

堆排序（heap sort）是选择排序的一种。堆排序是利用"堆"这种数据结构设计而成的一种
排序算法。堆排序的最坏、最好、平均时间复杂度均为 $O(n\log n)$，它是不稳定排序之一。因为涉
及堆的概念，我们将会在第 6 章中进行堆的详细讲解。

2.7 快速排序

快速排序（quick sort）是对冒泡排序的一种改进，是又一个基于分治法的排序。它不像归并排序那样"一下子"将数组切成"碎片"，而是逐渐对要处理的数组进行分割，每次切成两部分，让其左边都小于某个数，右边都大于某个数，然后对这左右两部分继续进行相同的处理（快速排序），直到每个子数组的长度为 1，原数组即可完全有序。

说得有点抽象，下面我们通过代码来具体理解一下，它的基本结构如下：

```
function quickSort(array) {
  function QuickSort(array, left, right) {
    if (left < right) {
      let index = partition(array, left, right);
      QuickSort(array, left, index - 1);
      QuickSort(array, index + 1, right);
    }
  }
  QuickSort(array, 0, array.length - 1);
  return array;
}

function partition(array, left, right) {// 分治函数
  // todo
}
```

quickSort 是一个入口函数，它调用某个递归子程序 QuickSort。QuickSort 内部有一个 partition 函数，它会选中某个元素作为枢轴（pivot，分界值），实现对子数组的左右切割，保证左边的元素都比 pivot 小，右边的元素都比 pivot 大，最后返回 pivot 的索引值，方便再对左右数组调用 QuickSort。

2.7.1 快速排序的常用方法

对于快速排序的 partition 方法的实现，通常有以下 3 种。

1. 左右指针法

使用左右指针法实现 partition 方法的步骤如下。

(1) 选取某个元素作为 pivot，一般取当前数组的第一个元素或最后一个元素，这里采用最后一个元素。

(2) 从 left 一直向后寻找，直到找到一个大于 pivot 的值，而 right 则从后至前寻找，直至找到一个小于 pivot 的值，然后交换这两个元素的位置。

(3) 重复第(2)步，直到 left 和 right 相遇，这时将 pivot 放置在 left 的位置即可。

当 `left >= right` 时，一趟快速排序就完成了，这时将 pivot 和 array[left] 的值进行一次交换：

```
function partition(array, left, right) { // 分治函数
  let pivot = array[right];
  let pivotIndex = right;
  while (left < right) {
    while (left < right && array[left] <= pivot) {
      // 1. 防止越界需要 left < right
      // 2. array[left] <= pivot 因为可能存在相同元素
      left++; // 找到比 pivot 大的数
    }
    while (left < right && array[right] >= pivot) {
      right--; // 找到比 pivot 小的数
    }
    swap(array, left, right);
  }
  // 最后一个比 pivot 大的 left 元素要与 pivot 相交换
  swap(array, left, pivotIndex);
  return left; // 返回的是中间的位置
}
console.log(quickSort([4, 1, 7, 6, 9, 2, 8, 0, 3, 5]));
```

上述示例代码的执行过程如图 2-17 所示。

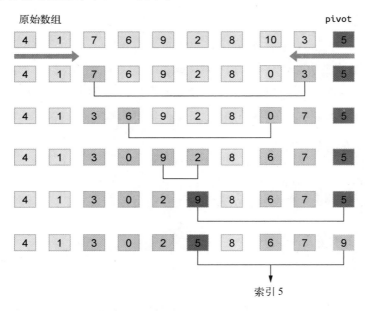

图 2-17   快速排序的执行过程（见彩插）

2. 挖坑法

使用挖坑法实现 partition 方法的步骤如下。

(1) 选取某个元素作为 pivot，这里选择第 1 个元素，将它"挖"出来（这只是概念上的挖，它两边的数不会趁机占领这个位置）。于是这个位置就是最初的"坑"。

(2) 从 left 一直向后寻找，直到找到一个大于 pivot 的值，然后将该元素放入坑中，坑位变成了 array[left]。

(3) 从 right 一直向前寻找，直到找到一个小于 pivot 的值，然后将该元素放入坑中，坑位变成了 array[right]。

(4) 重复(2)和(3)的步骤，直到 left 和 right 相遇，然后将 pivot 放入最后一个坑位，返回最后一个坑位的位置。

挖坑法的代码如下：

```
function partition(array, left, right) {
  let pivot = array[right]; // 坑位为 array[right]
  while (left < right) {
    while (left < right && array[left] <= pivot) {
      left++;
    }
    array[right] = array[left]; // 坑位变成 array[left]
    while (left < right && array[right] >= pivot) {
      right--;
    }
    array[left] = array[right]; // 坑位变成 array[right]
  }
  array[right] = pivot;
  return left;
}
```

坑位在代码上的变化如下：

array[left] -> array[right] -> array[left] -> array[right]……

挖坑法填坑示意如图 2-18 所示。

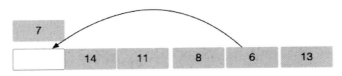

在右边找到一个比 pivot 更小的元素填坑

图 2-18　挖坑法填坑示意

挖坑法比左右指针法好理解，并且不依赖额外的 swap 函数，具体的执行过程如图 2-19 所示。

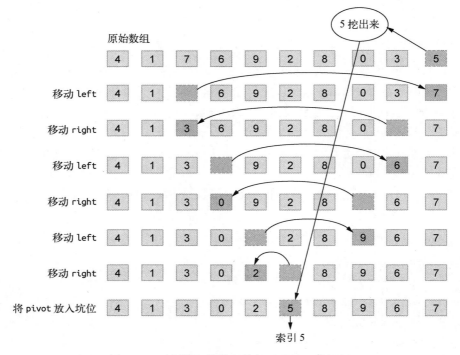

图 2-19 示例数组的代码执行过程（见彩插）

3. 前后指针法

使用前后指针法实现 partition 方法的步骤如下。

定义两个指针，一前一后，前面的指针寻找比 pivot 小的元素，后面的指针寻找比 pivot 大的元素。前面的指针找到符合条件的元素后，将前后指针所指向的数据进行位置交换，当前面的指针遍历完整个数组时，将 pivot 与后指针的后一位进行数据交换，然后返回后指针的位置。相关代码如下：

```javascript
function partition(arr, left, right) {
  let cur = left; // 找大数
  let prev = cur - 1; // 找小数
  let pivot = arr[right];
  while (cur <= right) {
    if (arr[cur] <= pivot && ++prev != cur)
      swap(arr, prev, cur);
    cur++;
  }
  return prev;
}
```

执行过程如图 2-20 所示。

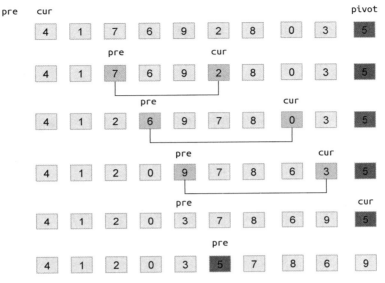

图 2-20 前后指针法执行过程（见彩插）

最后的前后指针法的思路有点复杂，多思考一下就好了。此法最大的优势就是支持对链表的排序，而左右指针法和挖坑法则只能针对数组进行排序。

2.7.2 快速排序的优化

关于快速排序的优化，主要涉及以下三个方面。

(1)优化选取枢轴。前面我们提到过，最好情况和最坏情况的区别就是选取枢轴不正确造成的。所以我们可以优化选取枢轴。我们之前的代码，是选择第一个或最后一个元素，但太大或者太小都会影响效率。所以我们就有了三数取中法，即随机取 3 个元素进行排序，然后将中间数作为枢轴，一般我们选取左端、右端和中间 3 个数。网上有数据证明，使用三数取中法可以有效减少预排序输入的不利情形，并且相比于优化前的快速排序，比较次数减少了大约 14%。

随机生成 100 万个数字，进行排序。不同算法下的排序耗时，如表 2-1 所示。

表 2-1 不同枢轴算法下的耗时对比

算　　法	随机数组	升序数组	降序数组	重复数组
固定枢轴	125ms	745 125ms	644 360ms	75 522ms
随机枢轴	218ms	235ms	187ms	701 813ms
三数取中	141ms	63ms	250ms	705 110ms

如果排序的数组非常大，我们还可以进行九数取中，取 3 次样本，每一次都取 3 个，在每 3 个样本的中间数中再取出一个中间数当作枢轴。

(2) 优化不必要的交换。我们将 pivot 备份到 A[0] 中，像在前文中使用 swap 方法时一样，我们只需要做替换的工作，最终 A[i] 和 A[j] 融合，再将 A[0] 位置的数值赋值回 A[i]。因为这里没有了多次交换数据的操作，在性能上又得到了部分提高。

(3) 优化小数组时的排序方案。对于很小的和部分有序的数组，快速排序不如插入排序好。当待排序序列的长度分割到一定大小后，继续分割的效率比插入排序要差，此时可以使用插入排序。

待排序序列长度 N = 10，虽然在 5 和 20 之间任一截止范围都有可能产生类似的结果，但这种做法也避免了一些有害的退化情形。下面是小数组使用插入排序的代码：

```
if (high - low + 1 < 10) {
  insertSort(arr,low,high);
  return;
} else {
  quickSort(arr,low,high);
}
```

完整代码如下：

```
function getMid(array, left, right) {
  let mid = left + ((right - left) >> 1);
  if (array[left] <= array[right]) {
    if (array[mid] < array[left]) {
      return left;
    } else if (array[mid] > array[right]) {
      return right;
    } else {
      return mid;
    }
  } else {
    if (array[mid] < array[right]) {
      return right;
    } else if (array[mid] > array[left]) {
      return left;
    } else {
      return mid;
    }
  }
}

// 左右指针法
function partition(array, left, right) {
  let mid = getMid(array, left, right);
  swap(array, mid, right);
  let key = array[right];
  let keyIndex = right;
```

```
  while (left < right) {
    while (left < right && array[left] <= key) { // 因为有可能有相同的值，防止越界，所以加上 left < right
      left++;
    }
    while (left < right && array[right] >= key) {
      right--;
    }
    swap(array, left, right);
  }
  swap(array, left, keyIndex);
  return left;
}
// 挖坑法(其他两种分治函数也一样，都是在最前面加两行)
function partition(array, left, right) {
  let mid = getMid(array, left, right);// 优化求 pivot 的方式
  swap(array, mid, right);
  let key = array[right]; // 坑位为 array[right]
  while (left < right) {
    while (left < right && array[left] <= key) {
      left++;
    }
    array[right] = array[left]; // 坑位为 array[left]
    while (left < right && array[right] >= key) {
      right--;
    }
    array[left] = array[right]; // 坑位为 array[right]
  }
  array[right] = key;
  return right;
}
```

2.7.3　非递归实现

递归的算法主要是在划分子区间，如果要非递归实现快速排序，只要使用一个栈来保存区间就可以了。

要将递归程序改成非递归程序，首先想到的就是使用栈，因为递归本身就是一个压栈（即向一个栈插入新元素，也可称为进栈、入栈）的过程。下面是快速排序的非递归实现：

```
function quickSort(array, start, end) {
  let stack = [];
  stack.push(end);
  stack.push(start);
  while (stack.length) {
    let l = stack.pop();
    let r = stack.pop();
    let index = partition(array, l, r);
    if (l < index - 1) {
      stack.push(index - 1);
      stack.push(l);
    }
```

```
      if (r > index + 1) {
        stack.push(r);
        stack.push(index + 1);
      }
    }
}
```

2.7.4   算法比较

快速排序是二叉查找树的一个空间优化版本。但它不是循序地把数据项插入到一个显式的树中，而是由快速排序组织这些数据项到一个由递归调用所隐含的树中。这两个算法产生了完全相同的比较次数，但是顺序不同。

快速排序的最直接竞争者是堆排序。堆排序通常会慢于原地排序的快速排序，其最坏情况的运行时间总是 $O(n\log n)$。快速排序尽管通常情况下会比较快，但仍然会有最坏情况发生。

快速排序也会与归并排序竞争。归并排序的特点是最坏情况下仍然有着 $O(n\log n)$ 运行时间的优势。不像快速排序或堆排序，归并排序是一个稳定排序算法，并且非常灵活，其设计可以应用于操作链表或大型链式存储等，例如磁盘存储或网络附加存储等。尽管快速排序也可以被重写并用在链表上，但对于基准的选择总是个问题。归并排序的主要缺点是在最佳情况下还需要 $O(n)$ 的额外空间，而快速排序的原地分区和尾部递归仅使用 $O(\log n)$ 的空间。

2.7.5   快速排序的一些应用

TopK 问题之一

我们知道，分治函数 partition 会返回一个 pivot，在 pivot 左边的数都比第 pivot 个位置上的数小，在 pivot 右边的数都比第 pivot 个位置上的数大。我们不妨不断调用分治函数，直到它输出的 pivot = k-1，此时 pivot 前面的 k 个数（0 到 $k-1$）就是要找的前 k 个数。相关代码如下：

```
function partition(array, left, right) { /**挖坑法**/}

function getTopK(array, k) {
  if (array.length >= k) {
    let low = 0;
    let high = array.length - 1;
    let pivot = partition(array, low, high);
    // 不断调整分治的位置，直到 pivot = k-1
    while (pivot != k - 1) {
      // 大了，往前调整
      if (pivot > k - 1) {
        high = pivot - 1;
        pivot = partition(array, low, high);
      }
      // 小了，往后调整
```

```
    if (pivot < k - 1) {
      low = pivot + 1;
      pivot = partition(array, low, high);
    }
  }
  let ret = [];
  for (let i = 0; i < k; i++) {
    ret[i] = array[i];
  }
  return ret;
  }
  throw "数组长度必须>=" + k;
}
let ret = getTopK([11, 9, 6, 17, 0, 1, 2, 18, 3, 4, 8, 5], 4);
console.log(ret); // [0,1,2,3]
```

2.8 计数排序

前面介绍的都是比较排序，换言之，我们都需要在排序过程中比较两个元素的大小，它们的时间复杂度顶多到达 $O(\log n)$。接下来，我们看另外三种神奇的排序算法。用这 3 种算法的话，如果我们排序的对象是纯数字，时间复杂度还可以达到惊人的 $O(n)$。

计数排序需要占用大量空间，它仅适用于数据比较集中的情况，比如 [0~100]、[10 000~19 999] 这样的数据。

接下来我们看一下计数排序是怎么运作的。假设我们有[1, 2, 3, 1, 0, 4]这六个数，这里面最大的值为 4，那么我们创建一个长度为 4 的数组，每个元素默认为 0。这相当于选举排序，一共有 6 个投票桶，1 就投 1 号桶，0 就投 0 号桶。注意，这些桶本来就已经排好序了，并且桶的编号就代表原数组的元素。当全部投完时，0 号桶有 1 个，1 号桶有 2 个，2 号桶有 1 个，3 号桶有 1 个，4 号桶有 1 个。然后我们将这些桶的所有数字依次拿出来，放到新数组，就神奇地排好顺序了。

计数排序没有对元素进行比较，只是利用了桶与元素的一一对应关系，根据桶已经排好序的先决条件，解决排序。下述代码即对[9, 8, 5, 7, 16, 8, 6, 13, 14]进行了计数排序：

```
// by 司徒正美
function countSort(arr) {
  let buckets = [],
    n = arr.length;
  for (let i = 0; i < n; i++) {
    let el = arr[i];
    buckets[el] = buckets[el] ? buckets[el] + 1 : 1;
  }
  console.log(buckets);// 测试
  let index = 0;
  // 遍历所有桶
  for (let i = 0; i < buckets.length; i++) {
    let time = buckets[i];
```

```
    while (time) { // 如果这桶不为空，那么我们可以对这桶操作 time 次
      arr[index] = i; // 将索引当作元素，覆盖 index 这个位置
      ++index;
      time--;
    }
  }
  return arr;
}
let arr = countSort([9, 8, 5, 7, 16, 8, 6, 13, 14]);
console.log(arr);
```

执行上述代码，得到如图 2-21 所示的结果。

> (17) [empty × 5, 1, 1, 1, 2, 1, empty × 3, 1, 1, empty, 1]

> (9) [5, 6, 7, 8, 8, 9, 13, 14, 16]

图 2-21   示例数组的计数排序结果

但这里存在几个问题。

(1) 如果要排序的数组的最小元素不是从 0 开始的，如上例，那么桶数组的开始部分就会出现许多空元素。

(2) 数组的索引值是从 0 开始的，意味着我们的元素也要大于或等于 0。如果出现负数的情况，怎么办呢？

因此，完整的步骤如下。

(1) 找出当前数组中的最大值和最小值。

(2) 统计数组中每个值为 i 的元素出现的次数，存入数组 buckets 的第 i 项。

(3) 对所有的计数累加（从 buckets 中的第一个元素开始，每一项和前一项相加）。

(4) 反向遍历原数组：将每个元素 i 放在新数组的 buckets(i) 项，每放一个元素就将 buckets(i) 减去 1。

解决上述问题后，计数排序的代码如下：

```
// by 司徒正美
function countSort(arr) {
  let max = arr[0], min = arr[0], n = arr.length;
  for (let i = 0; i < n; i++) {
    if (arr[i] > max) {
      max = arr[i];
    }
    if (arr[i] < min) {
      min = arr[i];
    }
  }
  let size = max - min + 1;
  let buckets = new Array(size).fill(0);
```

```
    // 遍历所有桶
    for (let i = 0; i < n; i++) {
      buckets[arr[i] - min]++;
    }
    for (let i = 1; i < size; i++) {
      // 求前缀和
      buckets[i] += buckets[i - 1];
    }
    let ret = [];// 逆向遍历源数组（保证稳定性）
    for (let i = n - 1; i >= 0; i--) {
      buckets[arr[i] - min]--;
      ret[buckets[arr[i] - min]] = arr[i];
    }
    return ret;
}

console.log(countSort([1, 0, 3, 1, 0, 1, 1]));
console.log(countSort([0, 5, 3, 2, 2]));
console.log(countSort([-2, -5, -45]));
```

2.9 桶排序

桶排序与计数排序很相似，不过现在的桶不单单只是为了计数，而是实实在在地放入元素。举个例子，学校要对所有老师按年龄进行排序，这么多老师很难操作，那么先让他们按年龄段进行分组，20~30 岁的一组，30~40 岁的一组，50~60 岁的一组，然后组内再排序。这样效率就大大提高了。桶排序也是基于这种思想。

桶排序的操作步骤如下。

(1) 找出当前数组中的最大值和最小值。

(2) 确认需要多少个桶（这个通常作为参数传入，不能大于原数组长度），然后最大值减最小值，除以桶的数量，能得出每个桶最多能放多少个元素，我们称这个数为桶的最大容量。

(3) 遍历原数组的所有元素，除以这个最大容量，就能得到它要放入的桶的编号了。在放入时可以使用插入排序，也可以在合并时再使用快速排序。

(4) 对所有桶进行遍历，如果桶内的元素已经排好序，直接一个个取出来，放到结果数组就行了。

将数组 array 划分为 n 个大小相同的子区间（桶），每个子区间各自排序，最后合并。这样说是不是和分治法有点像啊！因为分治法就是分解——解决——合并这样的模式，可以理解为桶排序是一种特殊的分治法。

桶排序的代码如下：

```
// by 司徒正美
function bucketSort(array, num) {
  if(array.length <= 1) {
```

```
    return array;
  }
  let n = array.length;
  let min = Math.min.apply(0, array);
  let max = Math.max.apply(0, array);
  if(max === min){
      return array;
  }
  let capacity = (max - min + 1) / num;
  let buckets = new Array(max - min + 1);
  for(let i = 0; i < n; i++){
    let el = array[i];// el 可能是负数
    let index = Math.floor((el - min) / capacity);
    let bucket = buckets[index];
    if(bucket){
      let jn = bucket.length;
      if(el >= bucket[jn-1]){
        bucket[jn] = el;
      }else{
      // insertSort:
      for(let j = 0; j < jn; j++) {
        if(bucket[j] > el) {
          while(jn > j) { // 全部向后挪一位
            bucket[jn] = bucket[jn-1];
            jn--;
          }
          bucket[j] = el; // 让 el 占据 bucket[j]的位置
          break insertSort;
        }
      }
      }
    }else{
      buckets[index] = [el];
    }
  }
  let index = 0
  for(let i = 0; i < num; i++){
    let bucket = buckets[i];
    for(let k = 0, kn = bucket.length; k < kn; k++){
      array[index++] = bucket[k]
    }
  }
  return array;
}
let arr = [2,5,3,0,2,8,0,3,4,3];
console.log(bucketSort(arr,4));
// [ 0, 0, 2, 2, 3, 3, 3, 4, 5, 8 ]
```

2.10　基数排序

　　基数排序是一种非比较型的整数排序算法。其基本原理是，按照整数的每个位数上的值进行分组。在分组过程中，对于不足位的数据用 0 补位。

　　基数排序按照对位数分组的顺序的不同，可以分为 LSD（least significant digital）基数排序和 MSD（most significant digital）基数排序。

　　LSD 基数排序，是按照从低位到高位的顺序进行分组排序的。MSD 基数排序，是按照从高位到低位的顺序进行分组排序的。上述两种方式不仅仅是对位数的分组顺序不同，其实现原理也是不同的。

2.10.1　LSD 基数排序

　　在 LSD 基数排序中，序列中每个整数的每一位都可以看成一个桶，而该位上的数字就可以认为是这个桶的键值。比如下面的数组：

```
[170, 45, 75, 90, 802, 2, 24, 66];
```

　　首先，我们要确认最大值，一个 for 循环的最大数，因为最大数的位数最长。

　　然后，建立 10 个桶，亦即 10 个数组。

　　然后再遍历所有元素，取其个位数，个位数是什么就放进对应编号的数组，如 1 放进 1 号桶，遍历结果如下：

0 号桶：170，90。1 号桶：无。2 号桶：802，2。3 号桶：无。4 号桶：24。5 号桶：45，75。6 号桶：66。7-9 号桶：无。

　　然后依次将元素从桶里取最出来，覆盖原数组，或放到一个新数组，我们把这个经过第一次排序的数组叫 sorted：

```
sorted = [170,90,802,2,24,45,75,66];
```

　　然后我们再一次遍历 sorted 数组的元素，这次取十位的值。这时要注意，2 不存在十位，那么默认为 0：

0 号桶：2，802。1 号桶：无。2 号桶：24。3 号桶：无。4 号桶：45。5 号桶：无。6 号桶：66。7 号桶：170，75。8 号桶：无。9 号桶：90。

　　再全部取出来：

```
sorted = [2, 802,24, 45, 66, 170, 75, 90];
```

　　开始百位上的入桶操作，没有百位就默认为 0：

0 号桶：2，24，45，66，75，90。1 号桶：170。2-7 号桶：无。8 号桶：802。9 号桶：无。

　　再全部取出来：

```
sorted = [2, 24, 45, 66, 75, 90, 170, 802];
```

　　没有千位数，那么循环结束，返回结果桶 sorted。具体的执行过程如图 2-22 所示。

326	690	704	326
453	751	608	435
608	453	326	453
835	704	835	608
751	835	435	690
435	435	751	704
704	326	453	751
690	608	690	835

图 2-22　LSD 基数排序的执行过程

LSD 基数排序的代码如下：

```
// by 司徒正美
function radixSort(array) {
  let max = Math.max.apply(0, array);
  let times = getLoopTimes(max),
      len = array.length;
  let buckets = [];
  for (let i = 0; i < 10; i++) {
    buckets[i] = []; // 初始化 10 个桶
  }
  for (let radix = 1; radix <= times; radix++) {
    // 个位、十位、百位、千位这样循环
    lsdRadixSort(array, buckets, len, radix);
  }
  return array;
}
// 根据数字某个位数上的值得到桶的编号
function getBucketNumer(num, d) {
  return (num + "").reverse()[d];
}
// 或者这个
function getBucketNumer(num, i) {
  return Math.floor((num / Math.pow(10, i)) % 10);
}
// 获取数字的位数
function getLoopTimes(num) {
  let digits = 0;
  do {
    if (num > 1) {
      digits++;
    } else {
      break;
    }
```

```
    } while ((num = num / 10));
    return digits;
  }
  function lsdRadixSort(array, buckets, len, radix) {
    // 入桶
    for (let i = 0; i < len; i++) {
      let el = array[i];
      let index = getBucketNumer(el, radix);
      buckets[index].push(el);
    }
    let k = 0;
    // 重写原桶
    for (let i = 0; i < 10; i++) {
      let bucket = buckets[i];
      for (let j = 0; j < bucket.length; j++) {
        array[k++] = bucket[j];
      }
      bucket.length = 0;
    }
  }
  // test
  let arr = [278, 109, 63, 930, 589, 184, 505, 269, 8, 83];
  console.log(radixSort(arr));
```

2.10.2 MSD 基数排序

接下来，讲 MSD 基数排序。最开始时也是遍历所有元素，取最大值，得到最大位数，建立 10 个桶。这时从百位取起。不足三位，对应位置为 0。

0 号桶： 45, 75, 90, 2, 24, 66。1 号桶：107。2-7 号桶：无。8 号桶：802。9 号桶：无。

接下来就与 LSD 不一样了。我们对每个长度大于 1 的桶进行内部排序。内部排序也是用基数排序。我们需要建立另 10 个桶，对 0 号桶的元素进行入桶操作，这时比原来少一位，亦即十位。

0 号桶：2。1 号桶：无。2 号桶：24。3 号桶：无。4 号桶：45。5 号桶：无。6 号桶：66。7 号桶：75。8 号桶：无。9 号桶：90。

然后继续递归上一步，因为每个桶的长度都没有超过 1，于是开始 0 号桶的收集工作：

0 号桶：2, 24, 45, 66, 75, 90。1 号桶：107。2-7 号桶：无。8 号桶：802。9 号桶：无。

将这步应用于后面的其他桶，最后就能排序完毕。

MSD 基数排序的代码如下：

```
// by 司徒正美
function radixSort(array) {
  let max = Math.max.apply(0, array),
```

```
      times = getLoopTimes(max),
      len = array.length;
  msdRadixSort(array, len, times);
  return array;
}

// 或者这个
function getBucketNumer(num, i) {
  return Math.floor((num / Math.pow(10, i)) % 10);
}
// 获取数字的位数
function getLoopTimes(num) {
  let digits = 0;
  do {
    if (num > 1) {
      digits++;
    } else {
      break;
    }
  } while ((num = num / 10));
  return digits;
}
function msdRadixSort(array, len, radix) {
  let buckets = [[], [], [], [], [], [], [], [], [], []];
  // 入桶
  for (let i = 0; i < len; i++) {
    let el = array[i];
    let index = getBucketNumer(el, radix);
    buckets[index].push(el);
  }
  // 递归子桶
  for (let i = 0; i < 10; i++) {
    let el = buckets[i];
    if (el.length > 1 && radix - 1) {
      msdRadixSort(el, el.length, radix - 1);
    }
  }
  let k = 0;
  // 重写原桶
  for (let i = 0; i < 10; i++) {
    let bucket = buckets[i];
    for (let j = 0; j < bucket.length; j++) {
      array[k++] = bucket[j];
    }
    bucket.length = 0;
  }
}
let arr = radixSort([170, 45, 75, 90, 802, 2, 24, 66]);
console.log(arr);
```

2.10.3　字符串使用基数排序实现字典排序

此外，基数排序并不局限于数字，稍作变换，就能应用于字符串的字典排序中。我们先来举一个简单的例子，只对都是小写字母的字符串数组进行排序。

小写字母一共 26 个，考虑到长度不一样的情况，我们需要对够短的字符串进行补充，这时补上什么好呢？我们不能直接补 0，而是应该补空白。然后根据字母与数字的对应关系，建立 27 个桶，空字符串对应 0，a 对应 1，b 对应 2……字典排序是从左边开始比较，因此我们需要用到 MSD 基数排序。

字符串使用基数排序实现字典排序代码如下：

```javascript
// by 司徒正美
let character = {};
"abcdefghijklmnopqrstuvwxyz".split("").forEach(function(el, i) {
  character[el] = i + 1;
});
function toNum(c, length) {
  let arr = [];
  arr.c = c;
  for (let i = 0; i < length; i++) {
    arr[i] = character[c[i]] || 0;
  }
  return arr;
}
function getBucketNumer(arr, i) {
  return arr[i];
}

function radixSort(array) {
  let len = array.length;
  let loopTimes = 0;

  // 求出最长的字符串，并得到它的长度，那也是最高位
  for (let i = 0; i < len; i++) {
    let el = array[i];
    let charLen = el.length;
    if (charLen > loopTimes) {
      loopTimes = charLen;
    }
  }

  // 将字符串转换为数字数组
  let nums = [];
  for (let i = 0; i < len; i++) {
    nums.push(toNum(array[i], loopTimes));
  }
  // 开始多关键字排序
  msdRadixSort(nums, len, 0, loopTimes);
```

```
// 变回字符串
for (let i = 0; i < len; i++) {
  array[i] = nums[i].c;
}
return array;
}

function msdRadixSort(array, len, radix, radixs) {
  let buckets = [];
  for (let i = 0; i <= 26; i++) {
    buckets[i] = [];
  }
  // 入桶
  for (let i = 0; i < len; i++) {
    let el = array[i];
    let index = getBucketNumer(el, radix);
    buckets[index].push(el);
  }
  // 递归子桶
  for (let i = 0; i <= 26; i++) {
    let el = buckets[i];
    // el.c 是用来识别是桶还是我们临时创建的数字字符串
    if (el.length > 1 && !el.c && radix < radixs) {
      msdRadixSort(el, el.length, radix + 1, radixs);
    }
  }
  let k = 0;
  // 重写原桶
  for (let i = 0; i <= 26; i++) {
    let bucket = buckets[i];
    for (let j = 0; j < bucket.length; j++) {
      array[k++] = bucket[j];
    }
    bucket.length = 0;
  }
}
let array = ["ac", "ee", "ef", "b", "z", "f", "ep", "gaaa", "azh", "az",  "r"];

let a = radixSort(array);
console.log(a);
```

2.11   总结

这 10 种排序算法到这里就讲完了，其中我们也提到了它们的许多变种。但现在这个阶段我希望大家只要能记住它们中的某一项来实现就行了。现在我们来回顾一下。

冒泡排序，两重循环，每重都从 0 到 n，让数组逐渐从后面开始有序化。

选择排序，分成有序区与无序区。前面是有序区，每次从无序区选择最大的值放到有序区的最后面，让数组逐渐从前面开始有序化。

插入排序，也分成有序区与无序区。前面是有序区，每次把无序区的第一个值拿到有序区适当的位置，因此这里有一个往后挪坑的步骤。插入排序对小数组是非常高效的，后面的希尔排序与桶排序都会用到它。

希尔排序，选择一个增量序列（反过来用），通过它每次将数组分割成几个小数组（小数组的元素不是连续的，它们是相隔着增量序列中的某个数），然后小数组各自排序，然后继续用增量序列中的下一个增量来切割排序子数组，直到增量变成 1。

归并排序，它分成两个步骤，分割与合并。其思想是利用一个时间复杂度为 $O(n)$ 的 merge 方法来合并两个排好顺序的数组。因此当原数组不断分割到长度为 1 的子数组时，它们都被认为是排好顺序的，然后用 merge 方法进行两两合并，四四合并，八八合并，从而实现排序。

堆排序，通过将数组当成一个二叉树，然后通过元素上浮法或元素下沉法将它转换成大顶堆或小顶堆。然后将最大或最小的堆顶拿到一边，进行选择排序。这时失去堆顶的堆再次进行有序化，再被拿去堆顶。当堆的元素取光时，数组排好序（本章没有详细展开，具体见第 6 章）。

快速排序，通过分治函数，将数组分成两块，左边小于 pivot，右边大于 pivot，然后对两个区间递归快速排序。

计数排序，类似投票，有足够的桶来装元素，每个元素放进与桶编号相同的桶中，桶就会计数加 1，最后根据桶的编号逐个取出元素。

桶排序，它容易与计数排序混淆，计数排序的桶是足够多的，可以实际不放东西进桶，只要计数。桶排序的桶很少，元素放进桶时需要一个函数，让它知道自己放到哪个桶。桶里再进行插入排序。因此桶排序是混合排序。最后所有桶合并后就排好了顺序。

基数排序，它对小范围的、值相近的整数数组有"奇效"。刚才说了，桶排序会有一个函数对元素进行计算，根据结果丢到不同的桶中。而整数的个十百千万位上的数字就是一个很好的编号，分别对应 10 个桶，我们可以从高位起放桶，也可以从低位起放桶，放完再对下个位数进行桶排序。如果字符串只有英文字母，也可以应用基数排序。

以上排序的复杂度如表 2-2 所示。

表 2-2　排序算法的复杂度

排序算法	平均时间复杂度	最好情况	最坏情况	空间复杂度	排序方式	稳定性
冒泡排序	$O(n^2)$	$O(n)$	$O(n^2)$	$O(1)$	In-place	稳定
选择排序	$O(n^2)$	$O(n^2)$	$O(n^2)$	$O(1)$	In-place	不稳定
插入排序	$O(n^2)$	$O(n)$	$O(n^2)$	$O(1)$	In-place	稳定
希尔排序	$O(n \log n)$	$O(n \log^2 n)$	$O(n \log^2 n)$	$O(1)$	In-place	不稳定
归并排序	$O(n \log n)$	$O(n \log n)$	$O(n \log n)$	$O(n)$	Out-place	稳定

（续）

排序算法	平均时间复杂度	最好情况	最坏情况	空间复杂度	排序方式	稳定性
快速排序	$O(n \log n)$	$O(n \log n)$	$O(n^2)$	$O(\log n)$	In-place	不稳定
堆排序	$O(n \log n)$	$O(n \log n)$	$O(n \log n)$	$O(1)$	In-place	不稳定
计数排序	$O(n + k)$	$O(n + k)$	$O(n + k)$	$O(k)$	Out-place	稳定
桶排序	$O(n + k)$	$O(n + k)$	$O(n^2)$	$O(n + k)$	Out-place	稳定
基数排序	$O(n \times k)$	$O(n \times k)$	$O(n \times k)$	$O(n + k)$	Out-place	稳定

注：n：数据规模；k："桶"的个数；In-place：占用常数内存，不占用额外内存；Out-place：占用额外内存；稳定性：排序后 2 个相等键值的顺序和排序之前它们的顺序相同

算法使用场景特点

排序算法的选择要考虑：数组大小、无序性、稳定性、空间占用。

数组大+要求稳定性+空间允许：归并排序。

数组大：堆排序、快速排序、归并排序，因为它们是 $O(n \log n)$ 复杂度的方法。

中等大小数组：可以考虑希尔排序。

数组小（小于 15）：冒泡排序、希尔排序、选择排序。

无序性高：快速排序，也可以用希尔排序。

无序性低：插入排序、冒泡排序，它们都会降为 $O(n)$。

第3章

线性结构

在学习排序算法的过程中，我们隐约觉得凭借外部的一些结构可以提升性能，比如堆排序使用了堆，计数排序使用了桶（桶可以看作一个结构体，桶的编号就是它的索引）。接下来，我们将要学习查找算法、搜索算法与匹配算法。它们都非常依赖于某种结构体，因此我们需要先学习一些数据结构。

C 语言中有结构体这个数据结构，而在 JavaScript 中，我们已经有熟悉的数组与对象了。其实 JavaScript 数组是一个集数组、栈、队列与散列于一身的结构体，而对象则是一个散列。

数据结构分类是比较少的，高手们基本上将这几种数据结构玩得出神入化，本书将带你学习更多有用的数据结构。每种数据结构都有其适用的场合，前辈们发明了它们自有他们的道理。数据结构的分类如图 3-1 所示。

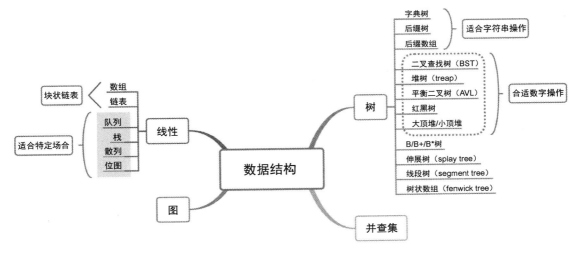

图 3-1　数据结构的分类

3.1 数据结构的分类

数据结构主要分为逻辑结构与存储结构这两类，如图 3-2 所示。

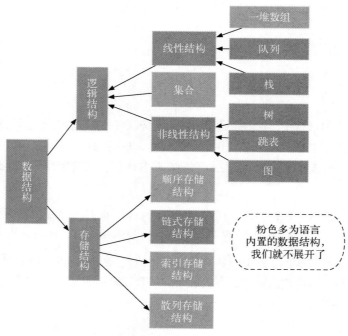

图 3-2 数据结构的分类（见彩插）

逻辑结构可以简单地理解为数据之间的逻辑关系，比如图 3-3 是曹操的家族图。

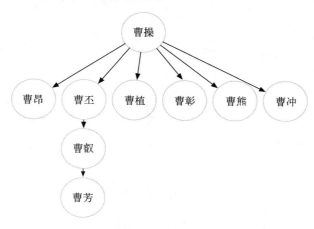

图 3-3 曹操的家族图

存储结构，又叫物理结构，指的是数据在物理存储空间上是选择集中存储还是分散存储。如果选择集中存储，就使用顺序存储结构；反之，就使用链式存储结构。至于如何选择，主要取决于存储设备的状态以及数据的用途。

由于存储结构太过底层，本章只讲逻辑结构的线性结构。

所谓线性结构，就是指它的元素之间存在一对一的关系。一对多就是树，多对多就是图。根据构造方式，逻辑结构的线性结构又细分为许多种：数组、链表、栈、队列、散列、位图、块状链表……

3.2 数组

数组是应用最广泛的数据结构，被内置到大多数语言当中。数组是在内存中开辟的一段连续空间，并在此空间内存放元素。可以想象为一排出租屋，有 100 个房间，每个房间都有固定的编号（从 001 到 100），通过编号就可以快速找到租房子的人。

在静态语言中，数组存在上界、下界的概念，比如一个长度为 7 的数组，array[0] 就是它的上界，array[6] 就是它的下界，超出这个范围使用数组就会报出越界错误。但这在 JavaScript 中是没有问题的，只会返回 undefined。这是因为数组又分为静态数组与动态数组。静态数组的大小必须在编译时确认，动态数组允许在运行时申请数组内存。JavaScript 数组是动态数组，能够自由扩展长度；在 C 语言中，可以通过 malloc 来分配动态数组；在 C++ 中，使用 new 来分配动态数组。另外，C++ 的标准模板库还提供了动态数组类型 vector 以及内置的固定数组类型 array。

数组通常包含如下操作：

- 初始化：let array = []; let b = new Array(4);
- 添加新元素：push;
- 插入新元素：splice（其他语言一般叫 insert）;
- 删除元素：splice（其他语言一般叫 remove）;
- 判定数组为空：array.length === 0（其他语言会弄一个 isEmpty 方法）;
- 排序：sort;
- 倒序：reverse;
- 是否包含某个元素：indexOf/includes/find。

如果数组中存在名为 length 的固有属性，我们就不需要像其他语言那样通过 size 来获取数组长度了。

再说一下数组元素的添加与读取。在添加一个元素时有内置方法会很方便，但如果元素是在中间或前面插入的，那么后面的所有元素都要后挪一位，这会降低性能。删除靠前面的元素也一样，后面的元素都要向前挪一位。读取一个元素时，如果知道它的索引值，那么找到它是极快的，能一步到位。

3.3 链表

链表是与数组并列的一种底层结构。在我看来，它就是一个个连接起来的对象，每个对象都有一个 next 属性指向下一个对象。从内存来看，它是不连续分布的。JavaScript 没有内置这种数据结构，可能觉得太简单了。

链表也分许多种，它本身是复合结构，最基本的单位是结点。结点至少有两个属性，一个用来存放数据，一个用来指向下一个引用，如图 3-4 所示。

图 3-4 链表的结构

对于链表中的每个结点，可以用如下代码实现：

```
class Node{
  constructor(data){
    this.data = data;
    this.next = null;
  }
}
```

为了方便使用，我们通常会为链表添加几个与数组等效的方法与属性，用于增删改查。

3.3.1 单向链表

现在让我们编写单向链表吧！想象一群小朋友需要有序进场，为了防止人员走散，后面的人会拉着前面人的衣服（next），这便构建了如图 3-5 所示的单向链表。

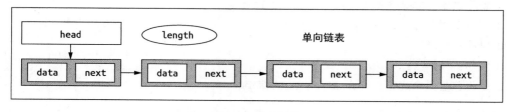

图 3-5 单向链表

单向链表通常包含如下操作：

❑ **head**：插入结点的起点。

❑ **insertAt(index, data)**：插入一个结点。

❑ **removeAt(index, data)**：移除一个结点。

❑ **findIndex(index)**：寻找一个结点。

❑ **forEach(cb)**：遍历所有结点。

❑ **size**：返回长度。

❑ **isEmpty**：判定是否为空。

❑ **clear**：清空所有数据。

单向链表的实现代码如下：

```
class List {
  constructor() {
    this.head = null;
    this.length = 0;
  }
  size() {
    return this.length;
  }
  clear() {
    this.head = null;
    this.length = 0;
  }
  forEach(cb) {
    let node = this.head;
    let i = 0;
    while (node) {
      cb(node.data, i);
      node = node.next;
      i++;
    }
  }
  findIndex(index) {
    let node = this.head;
    let i = 0;
    while (node) {
      if (index === i) {
        return node;
      }
      node = node.next;
      i++;
    }
    return null;
  }
  insertAt(index, value) {
    if (index <= this.length) {
      let node = new Node(value);
      if (index === 0 && !this.head) {
        let temp = this.head;
        this.head = node;
        this.head.next = temp;
```

```
        } else {
          let prev = this.findIndex(index - 1);
          let next = prev.next;
          prev.next = node;// A 连接 B
          node.next = next;// B 连接 A
        }
        this.length++;
      } else {
        throw `${index}超出链表长度${this.length}`;
      }
    }
    removeAt(index) {// 链表内必须有结点
      if (this.head && index <= this.length) {
        let prev = this.findIndex(index - 1);
        let curr = this.findIndex(index);
        if (!prev) { // 前面的结点不存在，说明移除了第一个，那么将后面的放到 head
          this.head = curr.next;
        } else {
          prev.next = curr.next;
        }
        this.length--;
      } else {
        throw `${index}超出链表长度${this.length}`;
      }
    }
  }
let list = new List();
list.insertAt(0, 111);
list.insertAt(1, 222);
list.insertAt(1, 333);
list.insertAt(3, 444);
list.forEach(function(el, i) {
  console.log(el, i);
});
try {
  list.insertAt(8, 333);
} catch (e) {
  console.log(e);
}
list.removeAt(1);
list.forEach(function(el, i) {
  console.log(el, i);
});
```

我们与数组比较一下，由于链表没有索引这种一步到位的“神器”，要访问某个元素都需要遍历，所以其最坏的情况算是 $O(n)$。但增删元素比数组方便多了，不需要整体后挪，其时间复杂度是 $O(1)$。

上面的这种数组叫单向链表，它只能从一个方向开始遍历，即便我们知道这个链表的长度为 1000，要访问其第 1000 个元素，依旧要遍历所有的元素。为了改进这种效率，前辈们发明了双向链表。

3.3.2　双向链表

双向链表的每个结点比单向链表多了一个属性 prev，链表本身也多一个属性 tail。每次增删结点时，我们尝试调用一个更快的 findIndex 方法，它会根据传入的索引值决定从头还是从尾开始查找。

双向链表想象几个人站成一排，但不是手拉手，左边的人用右手（next）扯着右边的人的衣角，右边的人用左手（prev）扯着左边的人的衣角。如果中间插入一个，也要断开重连，这时就涉及 4 个属性的修改。

双向链表示意图如图 3-6 所示。

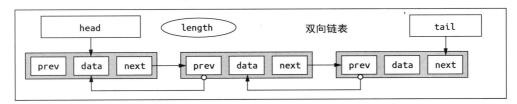

图 3-6　双向链表示意图

双向链表的实现代码如下：

```
class Node {
  constructor(data) {
    this.data = data;
    this.next = null;
    this.prev = null;
  }
}
class DoubleList {
  constructor() {
    this.head = null;
    this.tail = null;
    this.length = 0;
  }
  size() {
    return this.length;
  }
  clear() {
    this.constructor();
  }
  findIndex(index) {
    let n = this.length;
    if (index > n) {
      throw `${index}超出链表长度${this.length}`;
    }
    // 判定查找方向
    let dir = index > (n >> 1);
```

```
    let node = dir ? this.tail : this.head;
    let prop = dir ? "prev" : "next";
    let add = dir ? -1 : 1;
    let i = dir ? n-1 : 0;
    while (node) {
      if (index === i) {
        return node;
      }
      node = node[prop];
      i = i + add;
    }
    return null;
  }
  forEach(cb) {/**略**/ }
  insertAt(index, value) {
    if (index <= this.length) {
      let node = new Node(value);
      if (index === 0 && !this.head) {
        this.tail = this.head = node;
      } else {
        let prev = this.findIndex(index - 1);
        let next = prev.next;// 这里可能为 null
        prev.next = node;// A 连 B
        node.prev = prev;// B 连 A
        node.next = next;// B 连 C
        if (next) {// C 连接 B
          next.prev = node; // fix
        }
      }
      if (index == this.length) { // fix
        this.tail = node;
      }
      this.length++;
    } else {
      throw `${index}超出链表长度${this.length}`;
    }
  }
  removeAt(index) {
    if (this.head && index <= this.length) {
      let prev = this.findIndex(index - 1);
      let curr = this.findIndex(index),
        next;
      if (!prev) { // 前面的结点不存在，说明移除了第一个，那么将后面的放到 head
        next = this.head = curr.next;
      } else {
        next = prev.next = curr.next;
      }
      if (next) { // 如果没有到末端，需要修正后面结点的 prev 属性
        next.prev = prev;
      } else {
        this.tail = next;// 修正末端
      }
      this.length--;
    } else {
```

```
      throw `${index}超出链表长度${this.length}`;
    }
  }
}
let list = new DoubleList();
list.insertAt(0, 111);
list.insertAt(1, 222);
list.insertAt(1, 333);
list.insertAt(3, 444);
list.insertAt(4, 555);
list.insertAt(5, 666);
list.forEach(function(el, i) {
  console.log(el, i);
});
try {
  list.insert(8, 333);
} catch (e) {
  console.log(e);
}
list.removeAt(1);
list.forEach(function(el, i) {
  console.log(el, i);
});
```

3.3.3 有序链表

有序链表与上文的两种链表相比，就是在插入结点时，保证数据是有序的。之前已经提过数组在中间插入、移除数据时，其中一侧的数据都需要向前或向后挪动，链表就没有这样的烦恼。

有序链表的许多功能与单向链表或双向链表一致，我们没有必要再写一次，直接用类继承进行复用。我们在原类上添加 3 个方法：find、insert 和 value。其中 find 方法编写时需要一些技巧，因为插入时，我们只能插入到比目标值大的结点前，不能使用等于号，而在移除时，我们又想准确删除 data 等于 value 的结点，因此设置了第 2 个参数 useByInsert 进行区分。但为了防止用户误传一个参数，我们可以传入一个对象进行比较。示例代码如下：

```
let useByInsert = {};
class SortedList extends DoubleList {
  find(value, second) {// useByInsert 为内部对象，外部用户访问不到
    let node = this.head;
    let i = 0;
    while (node) {
      if (second === useByInsert ? node.data > value : node.data === value) {
        return node;
      }
      node = node.next;
      i++;
    }
  }
  insert(value) {
```

```
      let next = this.find(value, useByInsert);
      let node = new Node(value);
      if (!next) {
        let last = this.tail;
        // 如果没有结点比它大，它就是 tail
        this.tail = node;
        if (last) { // append
          last.next = node;
          node.prev = last;
        } else {
          // 如果什么也没有，它是 head
          this.head = node;
        }
      } else {
        let prev = next.prev;
        if (!prev) {
          this.head = node;
          this.head.next = next;
        } else {
          prev.next = node;
          node.next = next;
        }
        node.next = next;
        next.prev = node;
      }
      this.length++;
    }
    remove(value) {
      let node = this.find(value);
      if (node) {
        let prev = node.prev,
          next;
        if (!prev) { // 前面的结点不存在，说明移除了第一个，那么将后面的放到 head
          next = this.head = node.next;
        } else {
          next = prev.next = node.next;
        }
        if (next) { // 如果没有到末端，需要修正后面结点的 prev 属性
          next.prev = prev;
        } else {
          this.tail = next;
        }
        this.length--;
        return true;
      }
      return false;
    }
  }

let list = new SortedList();
list.insert(111);
list.insert(222);
list.insert(333);
list.insert(222);
```

```
list.insert(444);
list.insert(777);
list.insert(666);
list.forEach(function(el, i) {
  console.log(el, i);
});
console.log(list.size());
try {
  list.insert(333);
} catch (e) {
  console.log(e);
}

list.remove(111);
list.insert(334);
list.remove(777);
list.remove(333);

list.forEach(function(el, i) {
  console.log(el, i);
});
```

3.3.4 双向循环链表

这是另一种需要掌握的链表,有道非常著名的面试题——约瑟夫问题,会用到这种数据结构。

我们先看一下约瑟夫问题。在罗马人占领乔塔帕特后,39 个犹太人与约瑟夫及他的朋友躲到一个洞中,39 个犹太人宁愿死也不要被敌人抓到,于是决定了一个自杀方式,41 个人排成一个圆圈,由第 1 个人开始报数,每报数到第 3 人该人就必须自杀,然后再由下一个重新报数,直到所有人都自杀身亡为止。然而约瑟夫和他的朋友并不想遵从。首先从一个人开始,越过 $k-2$ 个人(因为第一个人已经被越过),并杀掉第 k 个人。接着,再越过 $k-1$ 个人,并杀掉第 k 个人。这个过程沿着圆圈一直进行,直到最终只剩下一个人留下,这个人就可以继续活着。问题是,给定了和,一开始要站在什么地方才能避免被处决。约瑟夫要他的朋友先假装遵从,他将朋友与自己安排在第 16 个与第 31 个位置,于是逃过了这场死亡游戏。

我们这个规则是这么定的:在一间房间总共有 n 个人(下标 0~n-1),只能有最后一个人活命。

按照如下规则去杀人。

(1) 所有人围成一圈。

(2) 顺时针报数,每次报到 q 的人将被杀掉。

(3) 被杀掉的人将从房间内被移走。

(4) 从被杀掉人的下一个人开始重新报数,继续报到 q,再清除,直到剩余一人。

所描述的规则可以用如图 3-7 所示的约瑟夫环表示。

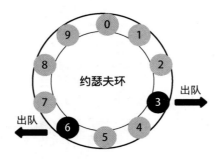

图 3-7   约瑟夫环

你要做的是：当你在这一群人之间时，必须选择一个位置以使你变成剩余的最后一人，也就是活下来。

这看起来好难，但有了循环链表，就好解决了。循环链表与双向链表的差异不大。首先，双向链表的 head 与 tail 是不同的结点，而循环链表的这两个东西都指向一处。既然指向一处，我们就不需要两个属性，只保持一个 head 就足够了。其次，forEach 与 find 方法需要做一下处理，防止无限循环。因为只有一个结点的循环链表，它的 next 和 prev 都是指向自己。所描述的结构如图 3-8 所示。

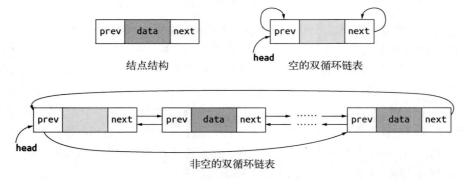

图 3-8   双向循环链表结构

双向链表与循环链表的 forEach 方法如下：

```
forEach(cb) {// 双向链表
  let node = this.head;
  node = head;
  let i = 0;
  while (node) {
    cb(node.data, i);
    node = node.next;
    i++;
  }
}
```

```
forEach(cb) {// 循环链表
  let node = this.head;
  let first = head;
  let i = 0;
  while (node) {
    cb(node.data, i);
    node = node.next;
    if(node === first){
      break; // 循环完成
    }
    i++;
  }
}
```

我们模仿有序链表，让它继承双向链表，然后重写 forEach、findIndex、insertAt 与 removeAt 方法：

```
class CircularLink extends DoubleList {
  forEach(cb) {
    let node = this.head;
    let first = node;
    let i = 0;
    while (node) {
      cb(node.data, i);
      node = node.next;
      if (node === first) {
        break;
      }
      i++;
    }
  }
  findIndex(index) {
    let n = this.length;
    if (index > n) {
      return;
    }
    // 判定查找方向
    let dir = index > (n >> 1);
    let node = this.head;
    let first = node;
    let prop = dir ? "prev" : "next";
    let add = dir ? -1 : 1;
    let i = dir ? n - 1 : 0;
    while (node) {
      if (index === i) {
        return node;
      }
      node = node[prop];
      if (node === first) {
        return node;
      }
      i = i + add;
    }
    return null;
```

```
    }
    insertAt(index, value) {
      if (index <= this.length) {
        let node = new Node(value);

        if (index === 0 && !this.head) {
          this.head = node;
          node.prev = node;
          node.next = node;
        } else {
          let prev = this.findIndex(index - 1);
          let next = prev.next;

          prev.next = node;
          node.prev = prev;
          node.next = next;
          next.prev = node;

        }

        this.length++;
      } else {
        throw `${index}超出链表长度${this.length}`;
      }
    }
    removeAt(index) {
      let node = this.findIndex(index);
      if (node) {
        if (node.next === node) {
          this.head = null;
        } else {
          let prev = node.prev;
          let next = node.next;
          prev.next = next;
          next.prev = prev;

          if (node === this.head) {// 如果是，则删掉第一个
            this.head = next;
          }
        }
        this.length--;
        return true;
      }
      return false;
    }
}

let list = new CircularLink();
list.insertAt(0, 111);
list.insertAt(1, 222);
list.insertAt(2, 333);
list.insertAt(1, 444);
list.insertAt(3, 666);

list.forEach(function(el, i) {
```

```
    console.log(el, i);
});
list.removeAt(0);
console.log(list);
```

运行上述代码，可得到如图 3-9 所示的结果。

```
111 0
444 1
222 2
666 3
333 4
▼ CircularLink {Symbol(head): Node, Symbol(length): 4}
  ▼ Symbol(head): Node
      data: 444
    ▼ next: Node
        data: 222
      ▼ next: Node
          data: 666
        ▼ next: Node
            data: 333
          ▼ next: Node
              data: 444
            ▶ next: Node {data: 222, next: Node, prev: Node}
            ▶ prev: Node {data: 333, next: Node, prev: Node}
            ▶ __proto__: Object
          ▶ prev: Node {data: 666, next: Node, prev: Node}
          ▶ __proto__: Object
        ▶ prev: Node {data: 222, next: Node, prev: Node}
        ▶ __proto__: Object
      ▶ prev: Node {data: 444, next: Node, prev: Node}
      ▶ __proto__: Object
    ▶ prev: Node {data: 333, next: Node, prev: Node}
```

图 3-9　运行结果

现在让我们解决约瑟夫问题。其实，我们不需要调用循环链表的任何方法，但在学习编写它的方法时，我们熟悉了如何交换 next、prev、link.head、link.tail 这些属性，这才是真正有用的知识。方法只是方便复用。约瑟夫问题的主要思路是来自 forEach 与 remove 方法。我们先建立一个循环链表与一个不断递归调用的 kill 方法，kill 方法在只剩下一个人时停止。如何判定只有一个人，这可以用 node.next === node 或 link.length === 1。kill 方法的代码如下：

```
function kill(list, node, m) {
  let i = 0;
  while (node.next) {
    if (i === m) {
      if (node.next === node) {
        console.log("只剩最后一个了", node.data);
        return true;
      }
      let prev = node.prev;
<<<<<<< HEAD
      let next = node.next;
=======
      let next = node.next;
>>>>>>> 7bc4b212a0353dc84aa0ca76494509d4a17e8408
```

```
      prev.next = next;
      next.prev = prev;
      list.length--;
      if (node === list.head) {
        list.head = next;
      }
      console.log("移除", node.data);
      break;
    }
    i++;
    node = node.next;
  }
  kill(list, node, m);
}

function josephus(n, m) {
  let list = new CircularLink();
  for (let i = 0; i < n; i++) {
    list.insertAt(i, i);
  }
  kill(list, list.head, m);
}
josephus(40,3);
```

3.3.5　链表排序

最后，我们看一下链表排序。排序时，我们不能使用任何访问 link[index] 的排序算法，因此有如下排序方法入围。

1. 插入排序

将链表分为两部分，有序与未排序，每次从未排序区取得第一个结点，在有序区中找到适合的位置进行插入。示例代码如下：

```
function insertSort(list) {
  let head = list.head;
  // 如果没有或只有一个结点，直接返回
  if (!head || !head.next){
    return;
  }
  let lastSorted = head;// 排好序的最后一个
  while (lastSorted.next) {//如果还有下一个
    let firstUnsort = lastSorted.next;// 没有排好序的
    if (lastSorted.val > firstUnsort.val) {
      // 排好序的最前一个
      let firstSorted = head, prev = null;
      // 将 firstUnsort 移除出来
      lastSorted.next = firstUnsort.next;
      // 求出 firstUnsort 的插入位置，让它在有序区中逐一比较
      while (firstSorted.val < firstUnsort.val) {
        prev = firstSorted;
        firstSorted = firstSorted.next;
      }
```

```
    if (!prev) {// 如果 firstUnsort 是最小，那么 prev 为 null
      // 它将成为新的 head，并且旧的 head 充当它的 next
      firstUnsort.next = head;
      head = firstUnsort;
    } else {
      prev.next = firstUnsort;
      firstUnsort.next = firstSorted;
    }
  } else {
    // firstUnsort 刚好比 lastSorted 大
    lastSorted = lastSorted.next;
  }
}
// 修正首尾结点
list.head = head;
list.tail = lastSorted;
}

let list = new List();
let array = [2, 3, 8, 7, 4, 5, 9, 6, 1, 0];
array.forEach(function(el, i) {
  list.insertAt(i, el);
});
list.forEach(function(el, i) {
  console.log(i, el);
});
insertSort(list);
console.log("----sorted----", list);
list.forEach(function(el, i) {
  console.log(i, el);
});
```

运行上述代码，得到如图 3-10 所示的结果。

```
0 2
1 3
2 8
3 7
4 4
5 5
6 9
7 6
8 1
9 0
----sorted----  ▶List {head: Node, tail: Node, length: 10}
0 0
1 1
2 2
3 3
4 4
5 5
6 6
7 7
8 8
9 9
```

图 3-10　链表的插入排序

2. 冒泡排序

左右结点进行比较交换，并且记录最后的结点，缩小比较的范围。相关代码如下：

```
function bubbleSort (list) {
  let head = list.head;
  if (!head || !head.next) { // 只有一个或 0 个结点，不用排序
    return;
  }
  let smallest = new Node(Number.MIN_VALUE);
  smallest.next = head;
  list.tail = null; // 准备重置 tail
  let len = 0,  h = smallest;
  while(h){
    len++;
    h = h.next;
  }
  for (let i = 0; i < len; i++) {// 优化 1
    let hasSort = true;
    h = smallest;
    p1 = h.next;
    p2 = p1.next;
    for (let j = 0; j < len && p2; j++) {// 优化 2
      if (p1.data > p2.data) {
        h.next = p2;
        p1.next = p2.next;
        p2.next = p1;
        hasSort = false;
      }
      h = h.next;
      p1 = h.next;
      p2 = p1.next;
    }
    // 第一次冒泡排序结束后，p1 的数据域最大，即为 tail（p2 已是 null）
    if (!list.tail) {
      list.tail = p1;
    }
    if (hasSort) {
      break;
    }
  }
  // 重置新的 head
  list.head = smallest.next;
}
```

回顾之前学到的冒泡排序的优化方法，我们可以减少循环次数，如在"优化 1"处，将 i = 0 改成 i = 1；在"优化 2"处，则可以将 j < len && p2 改成 j < len - 1。我们还可以继续优化，引入 swapPos 变量，减少内循环次数。相关代码如下：

```
function bubbleSort (list) {
  // 冒泡排序（如果忘记了，可以重新阅读 2.1 节）
  let k = len - 1,swapPos = 0;
  for (let i = 1; i < len; i++) {
```

```
    // 从左边第二个位置开始遍历
    for (let j = 0; j < k; j++) {// k 是可变的
      if (p1.data > p2.data) {
        // 判断 p1 的数据是否大于 p2 的数据
        hasSort = false;
        swapPos = j;
      }
    }
    k = swapPos;
  }
  // 重置新的 head
  list.head = smallest.next;
}
```

3. 选择排序

与插入排序一样，分为两个区，但它是每次从无序区找到最小的结点，并将其插入到有序区的最后。示例代码如下：

```
function selectSort (list) {
  let head = list.head;
  if (!head || !head.next) {
    return;
  }
  let firstSorted, lastSorted, minPrev, min, p;
  while (head){
    // 1. 在链表中找到数据域最小的结点
    for (p = head, min = head; p.next; p = p.next) {
      if (p.next.val < min.val) {
        minPrev = p;
        min = p.next;
      }
    }
    // 2. 构建有序链表
    if (!firstSorted) {
      firstSorted = min; // 如果目前还是一个空链表，那么设置 firstSorted
    } else {
      lastSorted.next = min; // 否则直接将 min 加在有序链表的末端
    }
    // 3. 调整 lastSorted
    lastSorted = min;
    // 4. 将 min 从原链表中移除
    if (min == head) { // 如果找到的最小结点就是第一个结点
      head = head.next; // 显然，让 head 指向原 head.next（即第二个结点）就可以了
    } else {
      minPrev.next = min.next; // 移除
    }
  }
  if (lastSorted) {
    lastSorted.next = null; // 清空有序链表的最后结点的 next 引用
  }
  list.head = firstSorted;
  list.tail = lastSorted;
}
```

4. 快速排序

快速排序的核心是 partition，我们选取第一个结点作为枢轴，然后把小于枢轴的结点放到一个链中，把不小于枢轴的结点放到另一个链中，最后把两条链以及枢轴连接成一条链。示例代码如下：

```
function quickSort (list) {
  let head = list.head;
  if (!head || !head.next) {
    return;
  }
  let tempHead = new Node(0);
  tempHead.next = head;
  recursion(tempHead, head, null);
  let h = list.head = tempHead.next;
  while(h){
    list.tail = h;
    h = h.next;
  }
}
function recursion (prevHead, head, tail) {
  // 链表范围是[low, high)
  if (head != tail && head.next != tail) {
    let mid = partition(prevHead, head, tail); // 注意这里 head 可能不再指向链表头了
    recursion(prevHead, prevHead.next, mid);
    recursion(mid, mid.next, tail);
  }
}
function partition (prevLow, low, high) {
  // 链表范围是(low, high)
  let pivotkey = low.data; // low 作为枢轴
  let little = new Node('');
  let bigger = new Node('');
  let littleHead = little; // 保存原来的引用
  let biggerHead = bigger; // 保存原来的引用
  for (let node = low.next; node != high; node = node.next) {
    if (node.data < pivotkey) {
      little.next = node;
      little = node;
    } else {
      bigger.next = node;
      bigger = node;
    }
  }
  // [prevLow litterNode ... low  biggerHead ... big, high]
  bigger.next = high;
  little.next = low;
  low.next = biggerHead.next; // 去掉 biggerHead
  prevLow.next = littleHead.next; // 去掉 littleHead
  return low;
}
// ======
```

```
function quicksort(head){
  if(!head || !head.next){
    return head;
  }
  let prevHead = new LinkNode(0)
  prevHead.next = head;
  quicksort(prevHead, null);
  return prevHead.next;
}

function recursion(start, end){
  if (start.next !== end){
    let [prevPivot, pivot] = partition(start, end);
    recursion(start, prevPivot);
    recursion(pivot, end);
  }
}

function partition(prevHead, end){// start 一开始是 tempHead, end 为 null
  let second = prevHead.next.next;// 第二个元素
  let prevPivot = prevHead.next;// 第一个元素
  prevPivot.next = end; // 将第二个元素移出来
  pivot = prevPivot;// prevPivot
  // [prevHead,...,prevPivot, pivot,...,end]
  while( second != end ){
    let next = second.next;
    if (second.val >= prevPivot.val){
      // 如果第二个元素大于第一个元素, 第一个元素为 prevPivot
      // 那么将它发配到 pivot 的右侧
      // pivot -> second->  pivot.next
      second.next = pivot.next;
      pivot.next = second;
      if(second.val == prevPivot.val){
        pivot = pivot.next;
      }
    } else if (second.val < prevPivot.val){
      // 将它发配到 prevPivot 的左侧, prevHead 的右侧
      //  prevHead -> second->  prevHead.next
      second.next = prevHead.next;
      prevHead.next = second;
    }
    second = next;
  }
  return [prevPivot, pivot];
}
```

3.4 栈

你可以将栈看作一个弱化的数组。栈只有两个改变长度的方法：pop 与 push。数组则有许多改变数组长度的方法：shift、unshift、pop、push、splice，等等。例如，一堆压在一起的书，可以被看作一个栈。

3.4.1　栈的特点和相关概念

栈有如下特点。

- □ 栈中的数据元素遵循"先进后出"（first in last out）的原则，简称 FILO 结构。
- □ 限定只能在栈顶进行插入和删除操作。

栈的相关概念如下。

- □ 栈顶与栈底：允许元素插入与删除的一端称为栈顶，另一端称为栈底。
- □ 压栈：栈的插入操作，也叫进栈、入栈，方法名通常为 push。
- □ 弹栈：栈的删除操作，也叫出栈，方法名通常为 pop。

压栈与弹栈的操作示意如图 3-11 所示。

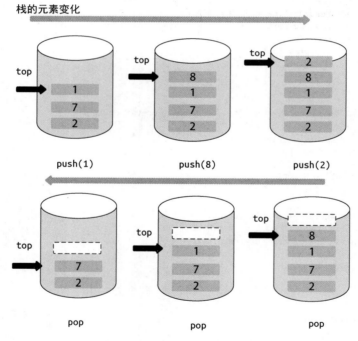

图 3-11　压栈与弹栈的操作示意

3.4.2　栈相关的方法

接着，我们介绍一下栈相关的方法。

- □ **pop**：删除操作。

- □ **push**：插入元素。
- □ **isEmpty**：判断栈是否为空。
- □ **size**：返回栈的长度。
- □ **top** 或 **peek**：取得栈顶元素的值。

C++中取栈顶元素的方法叫 top，而 Java 中的方法则叫 peek。

栈的实现很简单，就是把数组"包"一层，限制用户从其他位置操作数组，实现代码如下：

```javascript
class Stack {
  constructor() {
    this.data = [];
  }
  pop() {
    return this.data.pop();
  }
  push(el) {
    this.data.push(el);
  }
  size() {
    return this.data.length;
  }
  isEmpty() {
    return this.data.length === 0;
  }
  top() {
    return this.data[this.data.length - 1];
  }
  peek(){
    return this.top();
  }
}

let stack = new Stack();
stack.push(3);
stack.push(5);
stack.push(8);
stack.push(9);
console.log(stack.top());
stack.pop();
stack.pop();
console.log(stack.size());
```

3.4.3 栈的应用场景

讲完了栈的基本能力，我们介绍一下栈的应用场景，具体如下。

1. 逆序输出

栈最大的特点是先进后出，所以逆序输出是栈经常用到的一个应用场景。首先把所有元素依次入栈，然后把所有元素出栈并输出，这样就实现了逆序输出。

2. 语法检查，符号成对出现

在我们日常的编程中，括号都是成对出现的，比如"()""[]""{}""<>"这些成对出现的符号。

具体处理的方法就是：凡是遇到括号的前半部分，即把这个元素入栈，凡是遇到括号的后半部分就比对栈顶元素是否与该元素相匹配，如果匹配，则前半部分出栈，否则就是匹配出错。最后还要判定栈是否为空，可能只有入栈，没有出栈。括号正确性匹配的示例代码如下所示：

```javascript
function match(s) {
  let stack = new Stack();
  for (let i = 0; i < s.length; i++) {
    let c = s.charAt(i);
    switch (c) {
      case ')':
        if (stack.pop() == '(') {
          break;
        } else {
          return false;
        }
      case ']':
        if (stack.pop() == '[') {
          break;
        } else {
          return false;
        }
      case '}':
        if (stack.pop() == '{') {
          break;
        } else {
          return false;
        }
      case '(':
      case '[':
      case '{':
        stack.push(c);
        break;
    }
  }
  return stack.isEmpty();
}

console.log(match("{[()]()[{}]}"));
console.log(match("{[()]}"));
```

3. 进制转换

十进制数 N 和其他 d 进制数的转换是计算机实现计算的基本问题，其解决方法有很多，其中一个简单算法基于下列原理：

$N = (N \operatorname{div} d) \times d + N \operatorname{mod} d$（其中：div 为整除运算，mod 为求余运算）

例如，(2007)10 = (3727)8，其运算过程如图 3-12 所示。

```
8 | 2007      余数
8 |  250       7
8 |   31       2
8 |    3       7
        0       3
```

图 3-12　十进制转八进制的运算过程

可以看到上述过程是从低位到高位产生八进制的各个数位，然后从高位到低位进行输出，结果数位的使用具有后出现先使用的特点，因此生成的结果数位可以使用一个栈来存储，然后从栈顶开始依次输出即可得到相应的转换结果。

代码实现如下：

```javascript
// 二进制转换方法
function toBinary(num) {
  let stack = new Stack();
  while (num > 0) {
    stack.push(num % 2);
    num = ~~(num / 2); // 去掉小数
  }
  let ret = "";
  while (!stack.isEmpty()) {
    ret += stack.pop();
  }
  return ret;
}

// 通用进制转换方法
function baseConvert(num, base) {
  let stack = new Stack();
  while (num > 0) {
    stack.push(num % base);
    num = ~~(num / base); // 去掉小数
  }
  let dights = "0123456789abcdef";
  let ret = "";
  while (!stack.isEmpty()) {
    ret += dights[stack.pop()];
  }
  return ret;
}
console.log(baseConvert(2007, 8)); // 3727
```

4. 表达式求值

表达式求值是程序设计语言中一个最基本的问题。它的实现是栈应用的又一个典型例子。这里介绍一种简单直观、广为使用的算法，通常称为"算符优先法"。

要把一个表达式翻译成正确求值的一个机器指令序列，或者直接对表达式求值，首先要能够正确解释表达式。例如要对下述表达式求值：

$$4+((6-10)+2\times 2)\times 2$$

首先，要了解算术四则运算的规则。

- □ 先乘除，后加减。
- □ 从左算到右。
- □ 先括号内，后括号外。

由此，这个算术表达式的计算顺序应为：

$$4+((6-10)+2\times 2)\times 2 = 4+(-4+2\times 2)\times 2 = 4+(-4+4)\times 2 = 4+0\times 2 = 4+0 = 4$$

任何一个表达式都是由操作数（operand）、运算符（operator）和界限符（delimiter）组成的。界限符也就是小括号，运算符包括加减乘除，以及更复杂的求余、三角函数等。这里我们只讨论比较简单的算术表达式，只包括加减乘除四种运算符。

我们把运算符和界限符统称为算符，根据上述 3 条运算规则，在运算每一步时，任意两个相继出现的算符 θ1 和 θ2 之间的优先关系至多是下面三种关系：

(1) θ1 < θ2，θ1 的优先级低于 θ2；
(2) θ1 = θ2，θ1 的优先级等于 θ2；
(3) θ1 > θ2，θ1 的优先级大于 θ2。

这种优先关系如图 3-13 所示。

θ1\θ2	+	-	*	/	(	)
+	>	>	<	<	<	>
-	>	>	<	<	<	>
*	<	<	>	>	<	>
/	<	<	>	>	<	>
(	<	<	<	<	<	=
)	>	>	>	>		>

图 3-13　符号间的优先关系

由规则(3)可知，+、−、×和÷为 01 时的优先级均低于"("，但高于右括号")"。

基于上述的论述，首先，我们来讨论如何使用算符优先算法来实现表达式的求值。

为了实现该算法，我们需要使用两个工作栈：一个称作 OPTR，用以寄存运算符；另一个称作 OPND，用以寄存操作数或运算结果。

算法的基本思想如下。

(1) 设置两个栈：操作数栈（OPND）和运算符栈（OPTR）。

(2) 依次读入表达式中的每个字符，若是操作数，则进 OPND 栈，若是运算符，则和 OPTR 栈的栈顶运算符比较优先级后再作相应操作。

(3) 若该运算符的优先级大于栈顶运算符的优先级，则该运算符直接进 OPTR 栈；反之若运算符的优先级小于栈顶运算符的优先级，则弹出栈顶运算符，并从 OPND 栈弹出两个数进行该栈顶运算符的运算，运算结果再加入 OPND 栈。

(4) 循环往复地进行第(2)步，直到将该操作符加入 OPTR 栈。

(5) 表达式读取结束，若两个栈都不为空，则依次弹出 OPTR 栈中的运算符和 OPND 栈中的两个操作数，进行运算后，再将运算结果加入 OPND 栈。直到 OPTR 栈为空，OPND 栈只剩下一个元素，则该元素就是最后的运算结果。

(6) 中间若出现差错，比如最后 OPND 栈剩下不止一个数，则视为表达式出错。

下面是完整代码：

```javascript
function evaluate(expression) {
  let OPND_stack = new Stack(); // 操作数栈
  let OPTR_stack = new Stack(); // 运算符栈
  // 遍历这个表达式
  for (let i = 0; i < expression.length; i++) {
    let c = expression.charAt(i);
    // 如果当前字符是数字，也就是操作数
    if (isDigit(c) || c == '.') {
      let stringBulider = "";
      // 操作数的拼接，包括小数点
      while (i < expression.length && (isDigit(c = expression.charAt(i)) || c == '.')) {
        stringBulider += c;
        i++;
      }
      // 操作数入栈
      OPND_stack.push(Number(stringBulider));
      // 跳过本次循环，i 的值已经增加过，所以要减去
      i--;
      continue;
    } else {
      // 当前的字符是运算符
      outer: while (!OPTR_stack.isEmpty()) {
        switch (precede(OPTR_stack.top(), c)) {
```

```
            case '<':
                // 栈顶运算符小于该运算符，该运算符直接入栈
                OPTR_stack.push(c);
                break outer;
            case '=':
                // 栈顶运算符等于该运算符，只有一种情况，左右括号匹配，弹出左括号
                OPTR_stack.pop();
                break outer;
            case '>':ß
                // 栈顶运算符大于该运算符
                let operator = OPTR_stack.pop();
                // 如果有多余的运算符却没有操作数可以计算了，那么说明表达式错误
                try {
                    let opnd2 = OPND_stack.pop();
                    let opnd1 = OPND_stack.pop();
                    OPND_stack.push(operate(opnd1, operator, opnd2));
                } catch (e) {
                    console.log("表达式有误 0! ");
                    return;
                }
                break;
        }
    }
    // 第一次栈为空的情况，直接入栈。还有退栈直至栈为空的情况，当前运算符也需要入栈
    if (OPTR_stack.isEmpty()) {
        OPTR_stack.push(c);
    }
   }
 }
 while (!OPTR_stack.isEmpty()) {
    let optr = OPTR_stack.pop();
    // 如果有多余的运算符却没有操作数可以计算了，那么说明表达式错误
    try {
        let opnd2 = OPND_stack.pop();
        let opnd1 = OPND_stack.pop();
        OPND_stack.push(operate(opnd1, optr, opnd2));
    } catch (e) {
        console.log("表达式有误! ");
        return;
    }
 }
 if (OPND_stack.size() == 1) {
    return OPND_stack.pop();
 } else {
    console.log("表达式有误! ");
    return;
 }
 return 0;
}

function isDigit(c) {
  return /[0-9]/.test(c);
}
```

```
function operate(opnd1, optr, opnd2) { // 运算
  switch (optr) {
    case '+':
      return opnd1 + opnd2;
    case '-':
      return opnd1 - opnd2;
    case '*':
      return opnd1 * opnd2;
    case '/':
      return opnd1 / opnd2;
  }
  return 0;
}
// 比较两个运算符的优先级大小
function precede(θ1, θ2) {
  if (θ1 == '+' || θ1 == '-') {
    if (θ2 == '+' || θ2 == '-' || θ2 == ')') {
      return '>';
    } else {
      return '<';
    }
  } else if (θ1 == '*' || θ1 == '/') {
    if (θ2 == '(') {
      return '<';
    } else {
      return '>';
    }
  } else if (θ1 == '(') {
    if (θ2 == ')') {
      return '=';
    } else {
      return '<';
    }
  } else if (θ1 == ')') {
    return '>';
  }
  return '>';
}
console.log(evaluate("12*(3+4)-6+8/1"));
```

3.5 队列

队列（queue）也是一种非常简单的数据结构，栈是先进后出，它是先进先出（FIFO，first in first out）。队列在现实生活中很常见，例如可以用来模拟人们在银行里排队，打印机打印文件，飞机等待起飞，互联网上数据包的发送等。

和栈一样，队列是一种操作受限制的线性表。进行插入操作的一端称为队尾，进行删除操作的一端称为队头。

图 3-14 是一个循环队列（基于数组实现）的结构。

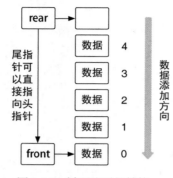

图 3-14　循环队列的结构

3.5.1　队列的常用方法

队列的常用方法如下。

- ☐ **size**：求长度。
- ☐ **isEmpty**：判断是否为空。
- ☐ **queue/add**：入队。
- ☐ **dequeue/remove**：出队。
- ☐ **peek**：访问第一个元素。

队列常用方法的示例代码如下所示：

```
class Queue {
  constructor() {
    this.data = [];
  }
  queue(el) {
    return this.data.push(el);
  }
  dequeue() {
    this.data.shift();
  }
  size() {
    return this.data.length;
  }
  isEmpty() {
    return this.data.length === 0;
  }
  peek() {
    return this.data[0];
  }
}
```

或

```
class Queue {
  constructor() {
    this.data = [];
    this.front = 0;// 头指针
    this.rear = 0;// 末指针
  }
  queue(el) {
    this.rear++;
    return this.data[this.rear] = el;
  }
  dequeue() {
    if (this.rear > 0) {
      this.rear--;
      this.data.length = this.rear;
    }
  }
  size() {
    return this.rear;
  }
  isEmpty() {
    return this.front == this.rear;
  }
  peek() {
    return this.data[1];
  }
}
```

3.5.2　队列的典型应用

　　队列的最典型应用就是求解迷宫问题。迷宫问题是指给定一个 $M×N$ 的迷宫（如图 3-15 所示）、入口与出口、行走规则，求一条从指定入口到出口的路径。

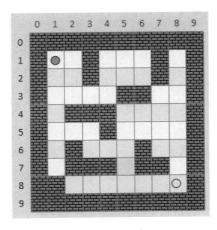

图 3-15　迷宫

所求路径必须是简单路径，即路径不重复。

迷宫问题可以用栈或者队列来求解，其中使用队列求解出的路径是最短路径。这其实已经涉及了比较往后的知识点——图的广度优先遍历（缩写为 BFS）。有关队列及迷宫问题的更精准的解释，可以自行查询。

3.6　散列简述

散列又叫哈希（hash），是把任意长度的输入（又叫预映射 pre-image）通过散列算法变换成固定长度的输出，该输出就是散列值。它其实是我们前端人最常用的数据结构了，因为 JavaScript 对象就是一个散列。在实现链表时，我们使用 insertAt 来指定数据放入某个位置上。但这个需要遍历内部的结构，即便使用了双向链表，其查找速度还是无法与数组相比拟。然而数组也有其不足之处，它查找容易，插入和删除困难；链表则查找困难，插入和删除容易。

基于以上这几点原因，前辈们通过某种算法将关键字转换成数字，实现了 $O(1)$ 的插入、删除与查找，综合了以上两者的优点，这就是散列。

散列法存储的线性表称为散列表，使用的函数称为散列函数，所得的存储位置称为散列地址。通常情况下，散列表的存储空间是一个一维数组，而其散列地址为数组的下标。散列表中的一个位置称为槽（slot）。关于散列的内容，我们会在第 4 章中详细介绍。

3.7　位图

笔者一直纠结是不是将它放在排序的章节中，计数排序就是通过位图操作进行排序的。位图其实是一串二进制数字。显然，二进制是 99% 的前端人的盲区，因为二进制涉及位操作，很少有人掌握这部分知识。因此，我们需要对位操作进行再封装。

3.7.1　位图简述

讲这个之前，大家回忆一下计数排序，它用了一个庞大的数组来装载数据，并假装将数据放入与它的值相同的位置上。假设数据量非常庞大，达到数十亿，这时计算机的内存能放得下吗？为了解决这个问题，科学家想到了用二进制数来代替数组，如果这个位数上有与其值相等的元素，就将该位数设置为 1，否则就设置为 0。

数组[1,2,5,4,7]可以用位图表示为 10110110，因为数组中的最大值是 7，所以要建立一个长度为 8 位的二进制，让其对应的位置变成 1，这样内存的占用就会大大减少。

我们再来看一下 JavaScript 如何表示二进制。

0b11100 就是一个二进制数, 表示 28, 要求前面两位是 0b。在创建时, 我们可以先创建一个字符串, 再不断往前加数字, 然后前面加上 0b, 最终进入 Number 构造器中, 即 Number("0b111000")。

我们再看如何操作位数。比如, 我们将某一位变成 1 或 0, 此时虽然可以使用 split 方法将其转换成数组, 再对其改动, 然后再使用 join 函数处理。但这不是算法题允许的操作方式。算法尊重的是简洁性与普适性, 而不是各种语言的特殊性。如果大家在大学没有学过位操作, 也没关系, 数据结构就是将这些极底层的东西封装一下。下面放出将某一位变成 1 与 0 的两个方法。

将某一位变成 1 的方法:

```
function change1(num, digit) {
  // digit 位数是从个位起, 个位是 0, 十位是 1, 百位是 2
  let old = num;
  let mask = 1 << digit;
  num = num | mask;
  console.log(old.toString(2),"改变第"+digit+"位为 1 得到", num.toString(2));
  return num;
}
change1(Number("0b00010"), 0);
```

将某一位变成 0 的方法:

```
function change0(num, digit) {// digit 从 0 开始
  let old = num;
  let mask = 1 << digit;
  num = num & (~mask);
  console.log(old.toString(2),"改变第"+digit+"位为 0 得到", num.toString(2));
  return num;
}
change0(Number("0b1111"), 2);
```

最后, 我们来看如何遍历位数, 得知某一位是 0 还是 1, 通过判定这个可以将它转换为字符串, 然后通过 charAt 函数对其进行操作, 但这也太慢。

获得二进制数中某一位的值的代码如下:

```
function getBit(num, digit) {
  let ret = (num >> digit) & 1;
  console.log(num.toString(2),"的第"+digit+"位的值是", ret);
  return ret;
}
getBit(Number("0b10111"), 0);
getBit(Number("0b10111"), 1);
getBit(Number("0b10111"), 2);
getBit(Number("0b10111"), 3);
getBit(Number("0b10111"), 4);
getBit(Number("0b10110"), 0);
```

既然知道如何创建二进制及以上 3 个方法了, 我们就可以编写位图类了。

位图类的实现代码如下:

```
class BitMap {
  constructor(array) {// 传入一个非负整数数组
    let num = this.banariy = 0;
    for (let i = 0; i < array.length; i++) {
      num = this.change1(num, array[i]); // 将相应的位变成 1
      this.banariy = el;
    }
  change0(num, digit) {// 将某一位变成 0
    let mask = 1 << digit;
    return num & (~mask);
  }
  change1(num, digit) {// 将某一位变成 1
    let mask = 1 << digit;
    return = num | mask;
  }
  get(digit) {// 得到某一位的值,也可以判定 digit 在不在原数组
    return (this.banariy >> digit) & 1;
  }
  toArray() {// 返回一个排好序的整数数组
    let num = this.banariy;
    let n = num.toString(2).length;
    let ret = [];
    for (let i = 0; i < n; i++) {
      if ((num >> digit) & 1) {
        ret.push(num);
      }
    }
    return ret;
  }
}
```

理论上来说,这样写是对的,但这不适合 JavaScript,JavaScript 能够表示的整数范围是正负数的绝对值都不能大于 2^{53},也就是正负数的绝对值都不能大于 9 007 199 254 740 992。这个数是 16 位的,超过 16 位的整数 JavaScript 就不能精确表示了。

既然不能用一个超长的二进制数来表示数组,那么我们可以用一个长度为 16 的数字数组表示原有数据。修改后的代码如下:

```
class BitMap {
  constructor(array) {// 传入一个非负整数数组
    let boxes = this.bits = [];
    for (let i = 0; i < array.length; i++) {
      let el = array[i];
      let box = Math.floor(el / 16);
      let index = el % 16;
      let bit = boxes[box];// 分析装到哪一个箱中
      if (bit == null) {
        bit = 0;
      }
```

```
        // 将相应的位变成1
        boxes[box] = this.change1(bit, index);
    }
}
change0(num, digit) {// 将某一位变成0
    let mask = 1 << digit;
    return num & (~mask);
}
change1(num, digit) {// 将某一位变成1
    let mask = 1 << digit;
    return num | mask;
}
get(digit) {// 判定数字 digit 是否在原数组
    let box = Math.floor(digit / 16);
    let index = digit % 16;
    let bit = this.bits[box];
    return bit == 0 ? 0 : ((bit >> index) & 1);
}
toArray() {// 返回一个排好序的整数数组
    let boxes = this.bits;
    let ret = [];
    for (let i = 0; i < boxes.length; i++) {
        let bit = boxes[i];
        if (bit != 0) {
            for (let j = 0; j < 16; j++) {
                if ((bit >> j) & 1) {
                    ret.push(i * 16 + j);
                }
            }
        }
    }
    return ret;
}
}
```

位图的构造器也可以使用 change1 来构建二进制数。

3.7.2　位图的应用

位图适合用于海量数据且不重复的数字数组的查找与排序。下面我们看一些题目。

1. 查找丢失的数

有一组数字，从 1 到 n（此例子假设 n=10），无序且不重复。例如：[8,9,2,3,6,1,4,5,7,10]。从中任意删除 3 个数，顺序也再次被打乱，将这些剩余数字放在一个长度为 n−3 的数组里，请找出其中丢失的数字，要求算法速度需要相对较快。相关代码如下：

```
function missingNumber1(nums, a,b){
    let bitmap = new BitMap(nums);
    let lost = [];
    for(let i = a; i < b; i++){// 总共10个
```

```
    if(bitmap.get(i) == 0){
      lost.push(i);
    }
  }
  return lost;
}
let r = missingNumber1([5,1,6,3,7,8,10], 1, 11);
console.log(r);
/**
let r = missingNumber1([44, 26, 34, 25, 23, 42, 0, 43, 38, 14, 47, 19, 49, 6, 16, 41, 24, 35, 10, 4,
32, 5, 8, 15, 31, 3, 46, 22, 2, 30, 28, 37, 1, 21, 39, 45, 9, 48, 36, 17, 7, 27, 18, 29, 13, 40, 11,
20, 12], 0, 50);
cosnole.log(r);
*/
// 或者
function missingNumber2 (nums, a, b) {
  let str = [];
  nums.forEach(function (el) {
    str[el] = 1;
  });
  for (let i = a; i < b; i++) {
    if (str[i] == null) {
      console.log(i);
      return i;
    }
  }
  return null;
}
```

如果只丢失一个数，可以直接相减，代码如下：

```
function missingNumber( nums) {
  if (nums.length == 0) return 0;
  let sum = 0;
  for (vaar i=0; i<nums.length; i++) sum+=nums[i];
  return (1+nums.length)*nums.length/2 - sum;
}
```

2. 判定数字是否存在

给出 40 亿个不重复的 unsigned int 的整数，没排过序，然后再随机给出一个数，如何快速判断这个数是否在那 40 亿个数当中？

这个也简单，调用一下 get 方法，代码如下：

```
let bitmap = new BitMap(igNumbers);
console.log(!!bitmap.get(num));
```

3. 海量数据排序问题

文件包含 1000 万（10 的 7 次方）条电话号码记录，每条记录都是 7 位整数，没有重复的整数。要求对文件进行排序，注意大约只有 1MB 的内存空间可用，但有充足的磁盘存储空间可用。

请设计一个高效的算法。

同上，就是调一下 `BitMap.toArray` 方法。

如果这些数据中有负数或者你不想从 0 开始遍历呢，比如上题想从 10 000 000 开始，这个也简单，大家可以翻看计数排序，对上文的代码进行改装。这就留做作业给读者们解决吧。

3.8 块状链表

3.8.1 简介

块状链表是一种兼容数组与链表优点的结构（本书中上次被这样形容的是散列，但散列在处理冲突时确实让人很头痛）。块状链表的卖点是，各种操作的时间复杂度均为 $O(sqrt(n))$。为了实现这一点，它实际上是将一个数组拆成多个子数组，然后通过 next 属性将所有子结点连接在一起。普通的链表是将一个个对象连在一起，但一个对象里面只能装一个数据，会造成空间上的浪费，而块状链表的子数组则可以装多个，至于装多少，我们需要一个算法来推算出一个合理的值。这个也不用我们劳神了，科学家们已经给出了现成的答案。假设数组的长度是 n，要让它转变为块状链表，那么块状链表的每个子数组（又称为块）的长度应该为[sqrt(n)/2, 2*sqrt(n)]。块状链表的结构如图 3-16 所示。

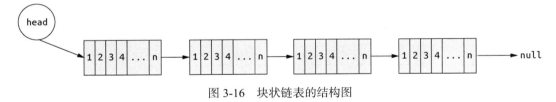

图 3-16　块状链表的结构图

块状链表与位图差不多，都是一边插入一边排序，插完就已经排好序了。这听起来像插入排序，但插入排序是有后挪过程的，数组越大，向后挪动的次数就越多，这是导致性能低下的原因。我们在插入过程中添加**分裂操作**，让大数组变成两个数组、三个数组，最后均匀地将每个子数组变成[Math.sqrt(n)/2, 2*Math.sqrt(n)]的长度。以后查找元素也会很快，因为我们选择访问每个块的第一个元素与最后一个元素，如果发现不在这个范围里，就跳到下一个块。

删除元素也不会影响到后面的所有元素，只需要进行个别元素的挪动即可。并且配合**合并操作**，合并相邻的长度过短的块，还能防止碎片化。

下面是块状链表的方法属性。

❑ `length`：记录总元素个数，内部使用。
❑ `list`：第一个子数组（块）。

- □ **insert(el)**：插入一个元素，内部会自然分配它到适合的块与位置上。
- □ **remove(el)**：移除一个元素。
- □ **forEach(cb)**：遍历所有元素，类似数组的所有方法。
- □ **size**：返回 length。

3.8.2　操作

1. 插入操作

块状链表的插入操作是难点。当我们插入第一个元素时，块状链表的 list 是不存在的，这时立即创建一个数组，将元素放进去，修正 length 为 1，这就完成了第一次插入操作。当我们插入第二个元素时，我们需要判定其当前块的长度是否允许继续放入元素。Math.sqrt(2) 为 1.4142，我们在上面说了，Math.sqrt(2) /2 至 Math.sqrt(2)*2 的数组长度都是有效的，但程序不能模糊，我们需要精确的数字，那我们就用 Math.sqrt(2)+1 作为当前块的长度。于是第二个数可以放进第一个块中，放进去时可以选择将原数组分裂成 2 个，再将元素放到前面的数组的末端；也可以选择放入后先进行排序，视情况再分裂。显然，后一种方法简单些。插入操作的两种方案如图 3-17 所示。

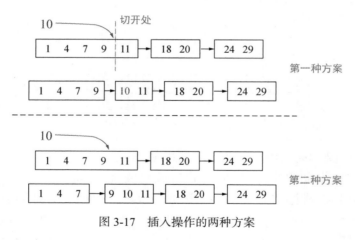

图 3-17　插入操作的两种方案

插入操作的代码如下所示：

```
insert(el, list) {
  if (!list) {
    list = this.list;
  }
  // 情况 1, 从无到有
  if (!list) {
    this.list = [el];
    this.length = 1;
```

```
  } else {
    // 情况 2, 这元素恰好在这块的范围内, 那么先插入再考虑分裂
    let max = Math.sqrt(this.length) + 1;
    if (el < list[list.length - 1]) {
      // ============开始插入排序========
      let m = 0;
      for (let i = 0, n = list.length; i < n; i++) {
        if (el < list[i]) {
          m = i;
          break;
        }
      }
      for (i = list.length - 1; i >= m; i--) {
        list[i + 1] = list[i];
      }
      list[m] = el;
      // ============结束插入排序========
      this.length++;
      if (list.length >= max && list.length > 3) {
        this.split(list);
      }
    } else {
      // 情况 3, 不在当前块的范围, 这时又分两种情况
      // 3.1 这是最后一个块并且块的个数不足
      // 3.2 这是中间的块
      let beyondLengthLimit = list.length < max;
      if (beyondLengthLimit && !list.next) {
        list[list.length] = el;
        this.length++;
        if (list.length >= max && list.length > 3) {
          this.split(list);
        }
      } else {
        this.insert(el, list.next || (list.next = []));
      }
    }
  }
}
```

上面我们用了递归, 显然这么多块要处理, 要执行相同的操作, 最好使用递归实现。接下来的 remove、forEach 也是这样实现的。

2. 分裂操作

再看分裂是如何实现的, 它是从中间开始遍历, 把元素复制到新数组, 最后用 next 将新数组连接起来。

分裂操作的代码如下:

```
split(list) {
  let next = list.next;
  let n = list.length;
```

```
let half = n >> 1;
let newList = [];
for (let i = half; i < n; i++) {
  newList[i] = list[i];
}
list.length = half;// 缩小原数组的长度
list.next = newList;
newList.next = next;// 结点连接后面的块
}
```

3. 移除操作

移除操作其实如果不按算法的要求，直接用 JavaScript 原生方法很容易实现：先用 indexOf 查找，然后用 splice 移除。这个在"起稿子"时可以先这样写，然后慢慢换回去。splice 移除其实就是后面的元素覆盖前一个元素，最后长度减 1。删除后，我们要记得判定长度，看它是否适合做合并操作。

移除操作的代码如下所示：

```
remove(el, list) {
  if (!list) {
    if (!this.list) {
      return false;// 返回 false 说明没有真正地执行移除操作
    }
    list = this.list;
  }
  if (el <= list[list.length - 1]) {
    let hasRemove = false;
    for (let i = 0, n = list.length; i < n; i++) {
      let elem = list[i];
      if (elem === el) { // 后面的覆盖前面的
        list[i] = list[i + 1];
        hasRemove = true;
        break;
      }
    }
    if (hasRemove) {
      for (; i < n; i++) {
        list[i] = list[i + 1];
      }
      this.length--; // 减少块的长度
      list.length--; // 减少总长度
      let max = Math.sqrt(this.length) / 2;
      if (list.length < max && list.next) {
        this.merge(list, list.next);
      }
      return true;// 真的删除目标元素，每次只删除一个
    }
  } else {
    let next = list.next;
    if (next) {
```

```
      return this.remove(el, next);
    }
  }
}
```

4. 合并操作

合并操作就不详述了，下面给出完整代码：

```javascript
class BlockList {
  constructor() {
    this.length = 0;
    this.list = null;
  }
  size() {
    return this.length;
  }
  split(list) {/**略**/ }
  merge(list, next) {
    let n = list.length;
    let m = next.length;
    for (let i = 0; i < m; i++) {
      list[n + i] = next[i];
    }
    list.next = next.next;
  }
  insert(, list){/**略**/ }
  remove(el, list){/**略**/ }
  forEach(cb, list, index) {
    list = list || this.list;
    index = index || 0;
    if (!list) {
      return;
    }
    for (let i = 0; i < list.length; i++) {
      cb(list[i], index);
      index++;
    }
    if (list.next) {
      this.forEach(cb, list.next, index);
    }
  }
}
let array = [2, 3, 7, 1, 8, 7, 9, 6, 0, 10];
let list = new BlockList;
array.forEach(function(el) {
  list.insert(el);
});
console.log(list);
list.remove(7);
```

执行上述示例代码，将得到如图 3-18 所示的结果。

```
list
▼ BlockList {length: 9, list: Array(3)} 🔳
    length: 9
  ▼ list: Array(3)
      0: 0
      1: 1
      2: 2
    ▼ next: Array(2)
      ▼ next: Array(4)
          2: 3
          3: 6
        ▼ next: Array(2)
            0: 7
            1: 8
          ▼ next: Array(4)
              2: 9
              3: 10
              next: undefined
              length: 4
```

图 3-18   块状链表示例的执行结果

其实，在日常生活中，我们经常会用到块状链表。传统的 FAT 文件系统就是将磁盘扇区分簇，然后用 FAT（file allocation table，文件分配表）来记录每一个簇的状态：是否损坏，是否被使用（如果被使用，那么它的下一个簇是哪一个簇）。可见，FAT 文件系统的逻辑和块状链表是一致的。

而且因为块状链表的空间利用率很高，分块的结构又能很方便地和缓冲区结合使用，Vim（文本编辑器）也使用了块状链表，它在内存的存储和在磁盘的缓冲上都使用了类似块状链表的结构。

3.9　总结

数据结构

简单地讲，数据结构就是计算机中存储、组织数据的方式，它主要分为逻辑结构与存储结构这两类。

逻辑结构可以简单地理解为数据之间的逻辑关系，存储结构又叫物理结构，指的是数据在物理存储空间上是选择集中存储还是分散存储。

数组

数组是数据结构中很基本的结构，结构如图 3-19 所示，很多编程语言都内置了数组。

图 3-19   数组

当创建数组时,系统一般会在内存中划分出一块连续空间(这视不同语言的实现而有所不同,一般静态语言是这个情况),然后当有数据进入的时候,会将数据按顺序地存储在这块连续内存中。当需要读取数组中的数据时,需要提供数组中的索引,然后数组根据索引将内存中的数据取出来,返回给读取程序。因此数组的读取过程非常快,但添加、删除时就会因为后面元素的挪位导致性能变差。

链表

链表的创建过程和数组不一样,系统不会先划出一块连续内存。因为链表中的数据并不是连续的,链表在存储数据的内存中有两块区域,一块区域用来存储数据,一块区域用来记录下一个数据的位置(指向下一个数据的指针),如图 3-20 所示。当有数据进入链表时,会根据指针找到下一个存储数据的位置,然后把数据保存起来,接着指向下一个存储数据的位置。这样链表就把一些碎片空间利用起来了,虽然链表是线性表,但是并不会按线性的顺序存储数据。

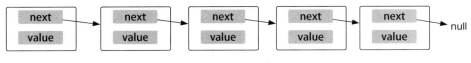

图 3-20　链表

由于链表是以这种方式保存数据的,所以它在插入和删除数据时比较容易,读取数据时比较麻烦。举个例子:一个链表中 0→1→2→3→4 这 5 个内存地址中都存了数据,现在需要往 2 中插入一条数据,那么只需要更改 1 号和 2 号中记录下一个数据的位置就行了,对其他数据没有影响。删除一条数据与插入类似,很高效。但是如果想要在链表中取出一条数据,就需要从 0 号开始一个一个地找,直到找到想要的那条数据为止。

链表是一种很基础的结构,用途广泛,会针对不同的场景衍生出各种变体。

栈

栈是一种先进后出的数据结构,数组和链表都可以生成栈。当数据进入到栈时会按照规则压入到栈的底部,再次进入的数据会压在上一次数据的上面,以此类推。

在取出栈中数据的时候,会先取出最上面的数据,所以是先进后出。

由于数组和链表都可以组成栈,所以操作特点就需要看栈是由数组还是链表生成的了,它们会继承相应的操作特点。

队列

队列是一种先进先出的数据结构,数组和链表也都可以生成队列。当数据进入队列中时,也是先进入的在下面,后进入的在上面。但是出队列的时候,是先从下面出,然后才是上面的数据出，最晚进入队列的数据最后出队列。

散列

又叫哈希，是许多语言的内置结构，JavaScript 称之为对象，前端人已经无形中将其掌握，它的优点多得让人难以置信。不论散列表中有多少数据，插入和删除都只需要接近常量的时间（即 $O(1)$ 的时间级）。实际上，这只需要几条机器指令。

散列也有一些缺点。它是基于数组的，数组创建后难于扩展，这导致某些散列表被基本填满时，性能下降得非常严重。所以程序员必须要清楚散列将要存储多少数据或者准备好定期地把数据转移到更大的数组中，这是个费时的过程。

如果不需要有序地遍历数据，并且可以提前预测数据量的大小，那么散列在速度和易用性方面是无与伦比的。

位图

一个超巨型的二进制数，通过某位的 0、1 判定某元素是否在原数组中，或对数组进行排序。这是计数排序在二进制数上的应用。位图的使用场景很有限，要求使用对象是一个没有重复项的数字数组，如数组 [5，1，7，15，0，4，6，10]，对应的位图如图 3-21 所示。

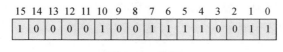

图 3-21   位图

块状链表

块状链表是另一种同时拥有数组与链表的优点的神奇结构，又叫块状数组。它在创建的过程中就进行了排序，创建结束也就完成了排序。在创建过程中会不断地进行分裂，为日后的数据访问提供一个快捷通道，即用户不需要逐一比较，只需先比较某一个块的起止数，就能确定是否在这个块里进行查找或者到下一个块里根据其起止数再进行判断。

第 4 章

散　　列

在上一章我们提到过散列，它是一种线性结构。回顾一下，链表的增删操作很快，但查找很慢，而数组的查找很快，但增删操作很慢。那能不能综合这两种数据结构的优点，发明一个新东西呢？于是散列就发明出来了，其结构如图 4-1 所示。

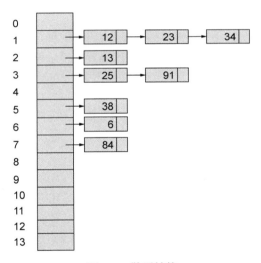

图 4-1　散列结构

4.1　散列的定义

我们知道，只要知道数组的索引就能快速定位到与之对应的元素，但如果我们的索引值不是一个数字，而是一个字符串，怎么办？如果我们能设法将一个字符串通过某种算法转换成一个数字，并且数字位于某个可接受的范围（目的是让底层的数组不会过长，比如我们要添加 80 个数，那么转换成的索引值就不能大于 80），不就行了吗？对于增删问题，我们则可以在元素的位置上放入一个够短的链表，这样就能利用其操作很快这个优点了。综合以上优点的这个结合体就是散列，一种通过散列算法定位元素的线性结构。

4.2　散列函数

这里我们重点介绍一下如何设计散列函数。散列函数的选择原则如下。

❏ 若散列函数是一个一一对应的函数，则在查找时，只需要根据散列函数对给定关键字的某种运算得到待查找结点的存储位置，无须进行比较。

❏ 一般情况下，散列表的空间要比结点的集合大，虽然这浪费了一部分空间，但是提高了查找效率。散列表空间为 m，填入表中的结点数为 n，则比值 n/m 称为散列表的装填因子（装填因子表示散列表中元素的填满程度）。装填因子越大，填满的元素越多，反之填满的元素越少，其取值范围一般为 0.65~0.9。

❏ 散列函数应当尽量简单，其值域必须在表长的范围之内，尽量不要产生"冲突"（两个关键字得到相同的散列地址）。

散列函数的构造方法有以下几个。

❏ **直接地址法**：以关键字的某个线性函数值作为散列地址，可以表示为 hash(K)=aK+C。其优点是不会产生冲突，缺点是空间复杂度可能会较高，适用于元素较少的情况。

❏ **除留余数法**：将数据元素关键字除以某个常数所留的余数作为散列地址，该方法计算简单，适用范围广，是经常使用的一种散列函数，可以表示为：hash(K)=K mod C。

❏ **数字分析法**：该方法取数据元素关键字中某些取值较均匀的数字来作为散列地址，这样可以尽量避免冲突，但是该方法只适合于所有关键字已知的情况，对于想要设计出更加通用的散列表并不适用。

❏ **平方求和法**：将当前字符串转化为 Unicode 值，并求出这个值的平方，取平方值中间的几位作为当前数字的散列值，具体取几位要取决于当前散列表的大小。

❏ **分段求和法**：根据当前散列表的位数把所要插入的数值分成若干段，把若干段进行相加，舍去最高位后的结果就是这个散列表的散列值。

实现一个简单的、不做冲突处理的散列表的代码示例如下：

```
class Hash {
  constructor() {
    this.table = new Array(1000);
  }
  hash(data) {
    let total = 0;
    for (let i = 0; i < data.length; i++) {
      total += data.charCodeAt(i);
    }
    // 把字符串转化为 Unicode 之后进行求和，再进行平方运算
    let s = total * total + "";
    // 保留中间 2 位
    let index = s.charAt(s.length / 2 - 1) * 10 + s.charAt(s.length / 2) * 1;
    console.log("Hash Value: " + data + " -> " + index);
```

```
      return index;
    }
    insert(key, data) {
      let index = this.hash(key);
      // 把中间位置的数当作散列表的索引
      this.table[index] = {
        name: key,
        data: data,
      }
    }
    get(key) {
      let index = this.hash(key);
      let node = this.table[index];
      return node && node.data;
    }
    forEach(cb) {
      for (let i = 0; i < this.table.length; i++) {
        let node = this.table[i];
        if (node) {
          cb(node.data, node.name);
        }
      }
    }
}
let someNames = ["David", "Jennifer", "Donnie", "Raymond", "Cynthia", "Mike", "Clayton", "Danny", "Jonathan"];
let hash = new Hash();
for (let i = 0; i < someNames.length; ++i) {
  hash.insert(someNames[i], someNames[i]);
}

hash.forEach(function(el, i) {
  console.log(el, i);
});
```

执行上述代码，将得到如图 4-2 所示的运行结果。

```
Hash Value: David -> 81
Hash Value: David -> 81
Hash Value: Jennifer -> 74
Hash Value: Jennifer -> 74
Hash Value: Donnie -> 60
Hash Value: Donnie -> 60
Hash Value: Raymond -> 29
Hash Value: Raymond -> 29
Hash Value: Cynthia -> 84
Hash Value: Cynthia -> 84
Hash Value: Mike -> 21
Hash Value: Mike -> 21
Hash Value: Clayton -> 29
Hash Value: Clayton -> 29
Hash Value: Danny -> 60
Hash Value: Danny -> 60
Hash Value: Jonathan -> 7
Hash Value: Jonathan -> 7
Jonathan Jonathan
Mike Mike
Clayton Clayton
Danny Danny
Jennifer Jennifer
David David
Cynthia Cynthia
```

图 4-2　示例散列的运行结果

4.3   散列冲突的解决方案

在构造散列表时，存在这样的问题：对于两个不同的关键字，通过我们的散列函数计算散列地址时却得到了相同的结果，我们将这种现象称为散列冲突。散列冲突如图 4-3 所示。

解决冲突的技术可以分为两类：开散列方法（open hashing）和闭散列方法（closed hashing）。开散列方法是将冲突记录在表外，而闭散列方法是将冲突记录在表内的另一个位置上。

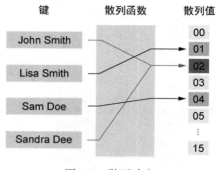

图 4-3   散列冲突

4.3.1   开散列方法

开散列方法最著名的实现是拉链法，示例如图 4-4 所示。它把散列中的每个槽（底层数组的元素）定义为一个链表的表头。散列到一个特定槽的所有记录都放到这个槽的链表中。我们在添加元素时，通过散列函数计算出索引值，然后判定它是否为空，不为空则遍历链表检查是否已经保存相同的值。否则就创建一个新结点，将其插入到数组上，原链表则作为跟班挂在它的 next 属性中。删除时，为了方便，就直接将链表的 data 属性重置为 null。

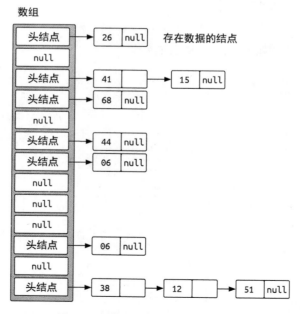

图 4-4   用拉链法构造散列表的示例

开散列方法的示例代码如下:

```javascript
class Node {
  constructor(name, data) {
    this.name = name;
    this.data = data;
    this.next = null;
  }
}
class Hash {
  constructor() {
    this.table = [];
  }
  hash(key) {
    key += ""; // 强制转化字符串
    let HASHSIZE = 100;
    let h = 0;
    for (let i = 0; i < key.length; i++) {
      h = key.charCodeAt(i) + h * 31;
    }
    // 将整个字符串按照特定关系转化为一个整数，然后对散列长度取余
    return h % HASHSIZE;
  }
  loopup(key) {
    let hashvalue = this.hash(key);
    let node = this.table[hashvalue];
    while (node) {
      if (node.name == key + "") {
        return node;
      }
      node = node.next;
    }
  }
  get(key) {
    let node = this.loopup(key);
    return (node && node.data !== null) ? node.data : null;
  }
  remove(key) {
    let node = this.loopup(key);
    if (node) {
      node.data = null;
    }
  }
  insert(key, data) {
    let hashvalue = this.hash(key);
    // 头插法，不管该散列位置有没有其他结点，直接插入结点
    let node = this.table[hashvalue];
    let next = node;
    if (node) {
      do {
        if (node.name === key+"") {
          node.data = data;
```

```
        return; // key、data 一致
      }
    } while (node = node.next);
  }
  let np = new Node(key, data);
  this.table[hashvalue] = np;
  np.next = next;
}
forEach(cb) {
  for (let i = 0; i < 100; i++) {// HASHSIZE = 100
    if (this.table[i]) {
      let link = this.table[i];
      while (link) {
        if (link.data !== null) {cb(link.name, link.data);
        }
        link = link.next;
      }
    }
  }
}
}

let names = ["First Name", "Last Name", "address", "phone", "k101", "k110"];
let descs = ["Kobe", "Bryant", "USA", "26300788", "Value1", "Value2"];
let hash = new Hash();
for (let i = 0; i < 6; ++i) {
  hash.insert(names[i], descs[i]);
}
console.log("we should see ", hash.get("k110"));
hash.insert("phone", "9433120451"); // 这里计算的散列是冲突的，是为了测试冲突情况下的插入
console.log("we have ", hash.get("k101"), "and", hash.get("phone"));
```

执行上述代码，将得到如图 4-5 所示的运行结果。

```
we should see  Value2
we have  Value1 and 9433120451
First Name Kobe
k101 Value1
address USA
Last Name Bryant
k110 Value2
phone 9433120451
```

图 4-5　开散列方法的运行结果

4.3.2　闭散列方法

闭散列方法可选择的方案则有很多，这说明这个方向是对的，因此大家才集中精力研究。闭散列方法将所有记录都直接存储在散列表中，可以节约空间。

- **线性探测**：当不同的 key 值通过散列函数映射到同一散列地址上时，检测当前地址的下一个地址是否可以插入，如果可以的话，就存储在当前位置的下一个地址，否则，继续向下一个地址寻找。
- **二次探测**：这是对线性探测的一种改进，进行线性探测后插入的 key 值太集中，这样会造成 key 值通过散列函数后还是无法正确映射到地址上，也会造成查找、删除时的效率低下。因此，通过二次探测的方法，取当前地址加上 i^2，可以取到的新地址，使 key 值稍微分散开。

线性探测与二次探测的对比如图 4-6 所示，图中散列表长度为 10。

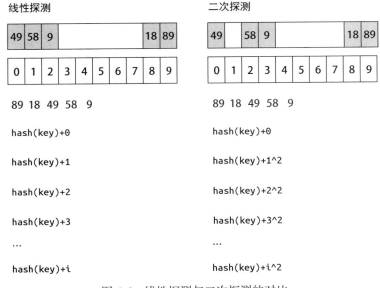

图 4-6　线性探测与二次探测的对比

从使用效果来看，线性探测不如二次探测，因为线性探测最后会导致索引值都聚集在了一起（这在数学上叫基本聚集），数据量大了，探测次数会越来越多。另一种解决基本聚集的方法是伪随机探查。

- **伪随机探查**：在伪随机探查中，探查序列中的第 i 个槽是 (h(k) + ri) mod M，ri 是 1 到 M − 1 之间数的随机序列。所有的插入和检索都使用相同的伪随机序列。

　　尽管二次探测和伪随机探查能够解决基本聚集问题，然而如果散列函数在某个基槽聚集，依然会保持聚集状态。这个问题称为二次聚集（secondary clustering）。要解决二次聚集问题，可以使用双散列方法。

- **双散列方法的形式**：

```
function hash1( key, i){
  return i*hash2(key);
}
```

hash2 是第 2 个散列函数。

好的双散列实现方法应当保证所有探查序列常数都与表长度 M 互素。其中一种方法是设置 M 为素数，而 h2 返回 $[1, M-1]$ 中的值。另外一种方法是给定一个 m 值，设置 $M = 2m$，然后让 h2 返回 1 到 $2m$ 之间的一个奇数值。

闭散列方法的结论：每个新插入操作产生的额外查找代价将在散列表接近半满时急剧增加。如果还考虑到访问模式，在理想情况下，记录应当沿着探查序列按照访问频率排序。

使用二次探测实现散列的代码如下：

```javascript
class Node {
  constructor(name, data) {
    this.name = name;
    this.data = data;
    this.next = null;
    this.state = true;
  }
}
class Hash {
  constructor() {
    this.table = [];
    this.capacity = 100; // 容量
    this.length = 0;
  }
  hash(s) {

    let seed = 131; // 31 131 1313 13131 131313 etc..
    let hash = 0;
    for (let i = 0; i < s.length; i++) {
      hash = s.charCodeAt(i) + hash * seed;
    }
    return (hash & 0x7FFFFFFF);
  }
  getHash(key, capacity) {
    return this.hash(key + "") % capacity;
  }
  size() {
    return this.length;
  }
  insert(key, value) {
    let inserted = false;
    let index = this.find(key, function(item) {
      item.data = value;
      if (!item.state) {
        this.length++;
      }
```

```
      inserted = item.state = true;
    });
    if (!inserted) {
      this.table[index] = new Node(key, value);
      this.length++;
    }
    if (this.length * 10 / this.capacity > 6) {
      this.capacity *= 2;
    }
    return true;
  }

  find(key, cb) {
    let index = this.getHash(key, this.capacity),
      i = 1,
      table = this.table;
    while (table[index]) {
      if (table[index].name === key + "") {
        cb.call(this, table[index]);
      }
      index = index + 2 * i - 1;
      index %= this.capacity;
      i++;
    }
    return index;
  }
  get(key) {
    let value = null;
    this.find(key, function(item) {
      if (item.state) {
        value = item.data;
      }
    });
    return value;
  }
  remove(key) {
    let oldSize = this.length;
    let index = this.find(key, function(item) {
      item.state = false;
      this.length--;
      if (this.length * 10 / this.capacity < 6) {
        this.capacity /= 2;
      }
    });
    return this.length !== oldSize;
  }
  forEach(cb) {
    for (let i = 0, n = this.capacity; i < n; i++) {
      let el = this.table[i];
      if (el && el.state) {
        cb(el.name, el.data);
      }
    }
```

```
  }
}
let names = ["First Name", "Last Name", "address", "phone", "k101", "k110"];
let descs = ["Kobe", "Bryant", "USA", "26300788", "Value1", "Value2"];
let hash = new Hash();
for (let i = 0; i < 6; ++i) {
  hash.insert(names[i], descs[i]);
}
console.log("we should see ", hash.get("k110"));
hash.insert("phone", "9433120451"); // 这里计算的散列是冲突的，是为了测试冲突情况下的插入
console.log("we have ", hash.get("k101"), "and", hash.get("phone"));

hash.forEach(function(el, i) {
  console.log(el, i);
});
```

执行上述示例代码，将得到如图 4-7 所示的结果。

图 4-7   二次探测示例代码的执行结果

4.4   散列的应用

散列的应用非常多，但通常我们不会使用 Hash 这样一个类，而是直接用空对象。JavaScript 对象就是一个性能极佳的散列。

4.4.1   数组去重

如果数组都是字符串或者数字，我们可以将其全部作为 Hash 索引的 key 放进去，利用 Hash key 的唯一性来去重。示例代码如下：

```
let number = [2,3,4,2,5,6,4,88,1];
let hash = {};
number.forEach(function(el){
  hash["."+el] = el // 前面加一点是为了保证顺序
});
```

```
let ret = [];
Object.keys(hash).forEach(function(key){
  ret.push(hash[key]);
});
```

4.4.2 求只出现一次的数字

与上面差不多，不过每次放元素时会记录次数，处理后判定次数是否为 1。

散列实现求只出现一次的数字的代码如下：

```
let number = [2,3,4,2,5,6,4,88,1];
let hash = {};
number.forEach(function(el){
  if(hash[el] ){
    hash[el].count ++;
  }else{
    hash[el] = {
      count: 1,
      data: el,
    }
  }

});
let ret = [];
Object.keys(hash).forEach(function(key){
  if(hash[key].count === 1){
    ret.push(hash[key].data);
  }
});
```

4.4.3 两数之和

给定一个数字数组，找到两个数，使得它们的和为一个给定的数值 target。这是 LeetCode 中非常著名的题目，如果用暴力法来找，性能很差。我们不妨一边查找，一边存储数据，找到就返回它们俩的索引值，代码如下：

```
function twoSum(numbers, target) {
  let hash = new Hash();
  for(let i = 0; i < numbers.length; i++){
    let el = numbers[i];
      if(hash.get(el) !== null){
        let index = hash.get(el);
        return [index, i];
      }else{
        hash.insert(target - el, i);// target - el 可能在后面找到
    }
  }
}
twoSum([5, 75,25], 100);// 1,2
```

4.5   总结

数组的查找速度非常快（时间复杂度为 $O(1)$），修改效率低；链表的修改效率高，查找效率比较低。为了解决这个问题，科学家们寻求到了一种查找速度和修改效率都比较高的数据结构和对应算法——散列。

散列算法其实是一个广义的算法，没有特定的实现。只要符合将字符串转换为数字的要求，对于某个字符串返回的计算结果都是确定的，那么它就可以充当散列算法。本章介绍了开散列方法和闭散列方法这两类算法，其中，闭散列方法中又介绍了线性探测和二次探测。二者都要解决的问题是散列冲突。

常见散列函数有 DJBHash、PJW、ELF、BKDR、SDBM、DJB、DEK 和 AP，有兴趣的同学可以自行搜索进行了解。

第 5 章

树与二叉树

本章我们学习树状结构。首先回顾一下第 2 章学的插入排序与归并排序，它们都指出要在排好序的结构上添加新元素，最后再调整成有序状态。在计数排序中，一个个虚拟的桶，让我们能够达到 $O(n)$ 级别的时间复杂度。在第 3 章中，我们学习了与计算排序相仿的位图以及块状链表，它们都能进行边插入边排序的操作，是自动维护最优的结构。其实堆排序也是这样的，每次通过下沉或上浮来确保它的有序性。显然，随着这些早期简单的数据结构的发明以及针对特定场景的异化，科学家们也逐渐明白了自己需要什么——努力追求像散列或块状链表那样，读写双优的结构。于是，二叉树就被发明出来了（堆排序出现得比较晚）。

5.1 树的简介

树是计算机编程中最重要、最核心的一种数据结构。在本章中，仅涉及简单的二叉树。树状结构是日常生活中广泛存在的一种结构，例如家族的族谱、公司部门结构图等。在计算机编程中，树更是无处不在，你平时接触到的二叉查找树、堆、并查集、线段树、树状数组、前缀树、红黑树都是树。数据库中的索引是 B+树，编译器中的语法树也是一种树，操作系统中的文件系统大多也被设计成树的结构……可以说，树这种数据结构是程序的灵魂，能不能把树这种数据结构玩得"溜"，可以说是菜鸟程序员迈向中等程序员的一道坎儿。

树这种数据结构，最经典、最基础的实例就是二叉树，掌握好二叉树是学习其他高级数据结构的基石。因此，请大家一定要反复看本章，反复写程序，二叉树比你想象中重要得多！

5.1.1 树的常用术语

链表的每一个结点都是对象，它由一个 next 属性指向下一个结点。而树，它是多个属性指向多个结点，然后每个结点都是这种结构。树的整体结构如图 5-1 所示。

我们以前端人最熟悉的 HTML 文档树为例：html 就是树，它有两个孩子，分别是 head 与 body，我们可以通过 html.firstChild、html.lastChild 访问它们。然后它们也可以通过 parentNode 访问 html。head 里面也有许多元素结点。为了方便管理元素，浏览器提供了一个 children 属性，装载着某个元素的所有元素结点。

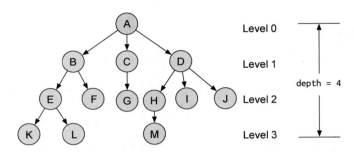

图 5-1   树的整体结构

接下来，我们学习一些专业术语。

- □ 结点：指树中的一个元素。
- □ 结点的度：指结点拥有的子树的个数，二叉树的度不大于 2。
- □ 树的度：一棵树中，树中所有结点的度的最大值。
- □ 结点的层次：从根开始定义，根为第 1 层，根的孩子结点为第 2 层，以此类推。
- □ 兄弟结点：具有相同父结点的结点互称为兄弟结点。
- □ 父结点：位于它正上方的结点。
- □ 孩子结点或子结点：一个结点直接连接的非父结点。
- □ 叶子结点：简称叶子，没有任何孩子结点的结点。
- □ 树的高度或深度：树中结点的最大层次。
- □ 结点的祖先：从根到该结点所经分支上的所有结点。
- □ 子孙：以某结点为根的子树中任一结点都称为该结点的子孙。

树的结点间关系如图 5-2 所示。

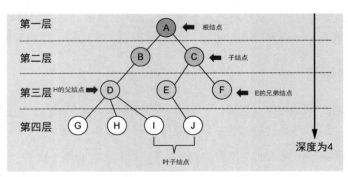

图 5-2   树的结点关系

树的结构表达，除了代码描述符之外，还可运用如下方式。

❑ **第 1 种是图形表达法**。对树的结构进行图形化显示，如图 5-3 所示。

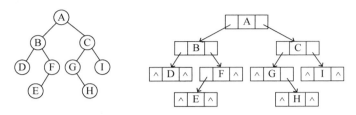

图 5-3 树的图形表达法

❑ **第 2 种是符号表达法**。用括号先将根结点放入一对圆括号中，然后把它的子树由左至右地放入括号中，而对子树的子树也采用同样的方法处理；同层子树与它的根结点用圆括号括起来，同层子树之间用逗号隔开，最后用右括号括起来。如前文所述的树形表示法，可以表示为：

$$(A(B(D, F(E)), C(G(H), I)))$$

❑ **第 3 种是遍历表达法**，需要用到后面的知识，暂时略过。

5.1.2 树的表示方式

在使用树结构描述实际问题时，大多数不是二叉树，更多的是普通的树结构，在存储具有普通树结构的数据时，经常使用的方法有 3 种：双亲表示法、孩子表示法和孩子兄弟表示法。

1. 双亲表示法

开辟一块连续内存来存放每个结点，每个结点中设置一个指针指向双亲。用更好理解的方式描述，就是设置一个数组来装每个元素，每个元素都有一个 parent 属性指向其父结点。

用双亲表示法存储如图 5-4a 所示的树，结果如图 5-4b 所示。

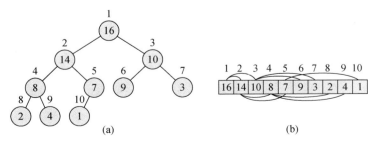

图 5-4 双亲表示法

堆就经常用数组的方式来表示树结构，示例代码如下：

```javascript
class Node{
  constructor(data){
    this.parent = parent;
    this.data = data;
    this.children = [];
  }
}
```

2. 孩子表示法

这种方法是将每个结点的孩子结点都用链表链接起来形成一个线性结构，这种方式比较容易找到结点的孩子结点，但是不容易找到其父结点。示例代码如下：

```javascript
class Node{
  constructor(){
    this.firstChild = null;
    this.sibling = null;
  }
}
```

3. 孩子兄弟表示法

通过不同的属性指向不同的东西，这主要用在孩子结点比较少的情况下，比如说二叉树。left 指向左孩子结点，right 指向右孩子结点。left 与 right 通过 parent 来识别是否为 "兄弟"。示例代码如下：

```javascript
class Node{
  constructor(data){
    this.parent = null;
    this.data = data;
    this.left = null;
    this.right = null;
  }
}
```

5.2　二叉树

树的分类有很多种，但基本上都是二叉树的衍生。二叉树，顾名思义，就是每一个结点最多只能有两个孩子结点（称之为左右孩子结点或左右子树）的树。左右子树也必须是二叉树，并且次序不能任意调换。

二叉树是递归定义的，所以一般二叉树的相关题目也都可以使用递归的思想来解决。当然，也有一些可以使用非递归的思想解决。

二叉树有 3 种特殊的形态：斜树、满二叉树与完全二叉树。

- **斜树**：所有的结点都只有左子树（左斜树），或者只有右子树（右斜树）。这就是斜树，应用较少。其实也可以看成是链表。
- **满二叉树**：所有的分支结点都存在左子树和右子树，并且所有的叶子结点都在同一层上，这样就是满二叉树。就是完美、圆满的意思，关键在于树的平衡。根据满二叉树的定义，得到其特点如下。

  - 叶子结点只能出现在最下一层，出现在其他层就不可能达成平衡。
  - 非叶子结点的度一定是2。
  - 在同样深度的二叉树中，满二叉树的结点个数最多，叶子树最多。

- **完全二叉树**：对一棵具有 n 个结点的二叉树按层序排号，如果编号为 i 的结点与同样深度的满二叉树中编号为 i 的结点在二叉树中的位置完全相同，那么它就是完全二叉树。满二叉树一定是完全二叉树，反过来不一定成立。满二叉树以及完全二叉树的结构示意图如图 5-5 所示。

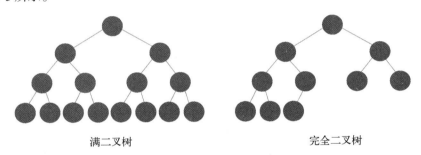

满二叉树　　　　　　　　　　完全二叉树

图 5-5　满二叉树与完全二叉树的结构示意图

二叉树的主要方法如下。

- 创建
- 添加结点
- 查找结点
- 删除结点
- 获得树的高度
- 获得树的结点数
- 各种遍历方法

二叉树的许多方法是递归实现的，之前将块状链表背下来的同学应该还记得。递归会让程序非常清晰。

二叉树的实现代码如下：

```
class Node{
  constructor(data){
    this.parent = null;
    this.data = data;
    this.left = null;
    this.right = null;
  }
}
class Tree{
  constructor(){
    this.root = null;
    this._size = 0;
  }
  insert(data){}
  remove(data){}
  size(){}
  minNode(){}
  maxNode(){}
  min(){}
  max(){}
  getNodeSize()
  height(){}
  getNodeHeight(){}
}
```

5.2.1　树的插入操作

一棵树的插入操作要有什么参数,这个很难设计,你可以指定被插入元素的父结点,是插入左边还是右边,但这在快速构建树时不好处理。因此,我觉得还是让树内部进行处理,用户只要传入数据,让树在内部将数据封装成 Node,插入到适当的位置,让它尽量变成一个完全二叉树,并尽可能地往满二叉树靠近,这样树会长得"好看"些。

为此,我们可以添加一个私有属性_insertLeft,用于决定数据插入的位置。首先,我们需要先判定它有没有左孩子结点:没有则插入左边,如果有,则插入右边。如果这个结点满了,那么我们要选择是从左边还是右边的孩子结点再进行插入操作。我们通过_insertLeft 属性,决定左边还是右边,可以这次是左边,下次是右边。每次执行前修改_insertLeft 的值。示例代码如下:

```
insert(data) {
  let dir = this._insertLeft = !this._insertLeft;// 插入方向
  function insertIt(node, data) {
    if (node.data === data) {
      return false;
    } else if (!node.left) {
      node.left = new Node(data);
      node.left.parent = node;
      return true;
    } else if (!node.right) {
      node.right = new Node(data);
      node.right.parent = node;
```

```
            return true;
        } else {
            if (dir === true) {
                return insertIt(node.left, data);// 递归
            } else {
                return insertIt(node.right, data);// 递归
            }
        }
    }
    let ret = false;
    if (!this.root) {
        this.root = new Node(data);
        ret = true;
    } else {
        ret = insertIt(this.root, data);
    }
    if (ret) {
        this._size++;
    }
    return ret;
}
```

运行上述示例代码，得到如图 5-6 所示的运行结果。

```
▼ Tree {root: Node, _insertLeft: false}
  ▼ root: Node
      data: 1
    ▼ left: Node
        data: 2
      ▶ left: Node {parent: Node, data: 5, left: null, right: null}
      ▶ parent: Node {parent: null, data: 1, left: Node, right: Node}
      ▶ right: Node {parent: Node, data: 7, left: null, right: null}
      ▶ __proto__: Object
      parent: null
    ▼ right: Node
        data: 3
      ▶ left: Node {parent: Node, data: 4, left: null, right: null}
      ▶ parent: Node {parent: null, data: 1, left: Node, right: Node}
      ▼ right: Node
          data: 6
        ▶ left: Node {parent: Node, data: 8, left: null, right: null}
        ▶ parent: Node {parent: Node, data: 3, left: Node, right: Node}
          right: null
        ▶ __proto__: Object
      ▶ __proto__: Object
    ▶ __proto__: Object
    _insertLeft: false
  ▶ __proto__: Object
```

图 5-6 进行插入操作后的运行结果

5.2.2 树的查找操作

在开始删除树结点时，我们需要先实现一个查找方法，传入 `data`，有与之对应的数据就返回目标结点，没有则返回 `null`。由于我们的树的数据是没有放置的规则的，所以只能全局递归查找了。相关代码如下：

```
find(data) {
  let ret = null;

  function findIt(node, data) {
    if (node) {
      if (node.data === data) {
        ret = node;
      } else {
        findIt(node.left, data); // 递归
        findIt(node.right, data); // 递归
      }
    }
  }
  findIt(this.root, data);
  return ret;
}
```

5.2.3　树的删除操作

删除可以算是二叉树最为复杂的操作了，删除的时候要考虑到很多种情况。

(1) 被删除的结点是叶子结点。

(2) 被删除的结点只有左孩子结点。

(3) 被删除的结点只有右孩子结点。

(4) 被删除的结点有两个孩子结点。

在删除的时候，这 4 种情况都必须考虑进去，并且这 4 种情况还有更细的划分。示例代码如下：

```
remove(data) {
  let node = this.find(data);
  if(node){
    this._size--;
    if(node === this.root){
      this.root = null;
      return true;
    }
    let left = node.left,
        right = node.right,// 左右孩子结点
        parent = node.parent,
        isLeft = parent && parent.left === node;
    if(!left && !right){// 没有孩子结点
      // todo 0
    }else if(left && !right){// 只有左孩子结点
      // todo 1
    }else if(!left && right){// 只有右孩子结点
      // todo 2
    }else if(left && right){// 两个孩子结点
      // todo 3
    }
  }
}
```

(1) 如果被删除的结点是叶子结点，直接删掉即可，具体操作是判定它是父结点哪一边的孩子结点，将相应的属性设置为 null，相关代码如下：

```
if (isLeft) {
  parent.left = null;
} else {
  parent.right = null;
}
```

(2) 被删除的结点只有左孩子结点，相关代码如下：

```
if (isLeft) {
  parent.left = left;
} else {
  parent.right = left;
}
left.parent = parent;
```

当被删除的结点只有一个孩子结点时，就只需要用它的孩子结点，把它自己给替换下去。具体的操作跟上面一样，但最后我们要修正孩子的 parent 属性。

(3) 被删除的结点只有右孩子结点，这种情况跟第二种情况类似，相关代码如下：

```
if (isLeft) {
  parent.left = right;
} else {
  parent.right = right;
}
right.parent = parent;
```

(4) 被删除的结点有两个孩子结点，这种情况比较麻烦，如果我们随便选择它的一个孩子结点占据它的位置，那么这个分支上就只有一个孩子结点了。一个完全二叉树不能在中间出现一个孩子结点的情形。因此，我们可以在被删除元素的"孩子"里找一个叶子结点，先让它的值覆盖原先要删除的结点的值，然后改删叶子结点。相关代码如下：

```
let child = right; // 找到 left 下面的叶子结点
while (child.left) {
  child = child.left;
}
node.data = child.data;
this.remove(node.data);
```

我们将上面的代码填上 remove 方法就成功了。但是认真一看，这还有许多可以优化的余地。我们可以将一些重复代码独立出来，比如连接被删结点的"孩子"与"父亲"的代码，可以做成一个 transplant 方法。代码如下：

```
transplant(node, child) {
  if (node.parent == null) {
    this.root = child;
  } else if (node == node.parent.left) {
```

```
      node.parent.left = child;
    } else {
      node.parent.right = child;
    }
    if (child) {
      child.parent = node.parent;
    }
}
```

移除的方法可以弄成几个分支：有两个"孩子"，没有两个"孩子"和有一个"孩子"的情况。代码如下：

```
remove(data) {
  let p = this.find(data);
  if (p) {
    this.removeNode(p);// 方便递归
    this._size--;
  }
}

removeNode(node) {
  // replace 表示删除之后顶替上来的结点
  // parent 为 replace 结点的父结点
  // 如果删除的结点左右"孩子"都有
  if (node.left != null && node.right != null) {
    let succ = null;
    for (succ = node.right; succ.left != null; succ = succ.left); // 找到后继
    node.data = succ.data; // 覆盖值
    this.removeNode(succ); // 递归删除，只可能递归一次
  } else {
    // "叶子"或只有一个"孩子"的情况
    let child = node.left || node.right || null;
    this.transplant(node, child);
  }
}
```

5.2.4   求最大值和最小值

实现代码如下：

```
maxNode(node) {
  var cur = node || this.root;
  while (cur.right) {
    cur = cur.right;
  }
  return cur;
}
minNode(node) {
  var cur = node || this.root;
  while (cur.left) {
    cur = cur.left;
  }
```

```
  return cur;
}
getMax() {
  var node = this.maxNode();
  return node ? node.data : null;
}
getMin() {
  var node = this.minNode();
  return node ? node.data : null;
}
```

5.2.5 获得树的结点数

要获得二叉树的结点数，需要遍历所有子树，然后相加得出总和。实现代码如下：

```
size(){
  return this._size; // this.getNodeSize(this.root)
}
getNodeSize(node){
  if (node == null){
    return 0;
  }
  let leftChildSize = this.getNodeSize(node.left);
  let rightChildSize = this.getNodeSize(node.right);
  return leftChildSize + rightChildSize + 1;
}
```

5.2.6 获得树的高度

在二叉树中，树的高度是各个结点度的最大值。因此要获得树的高度，需要递归获取所有结点的度，然后取最大值。代码实现如下：

```
height(){
  return this.getNodeHeight(this.root);
}
// 获取指定结点的度
getNodeHeight(node){
  if (node === null){// 递归出口
    return 0;
  }
  let leftChildHeight = this.getNodeHeight(node.left);
  let rightChildHeight = this.getNodeHeight(node.right);
  let max = Math.max(leftChildHeight, rightChildHeight);
  return max + 1; // 加上自己本身
}
```

5.2.7 树的深度优先遍历

树的遍历是一个基础问题，有很多的实际应用，可以用来找到匹配的字符串、文本分词和文件路径等问题。树的遍历有两个基本形态：深度优先遍历和广度优先遍历。

深度优先遍历又根据处理某个子树的根结点的顺序不同，可以分为：前序遍历、中序遍历和后序遍历。这些知识点是深度优先遍历经常考察的。

广度优先遍历的考察在于层次遍历，比如需要我们按照层次，输出一棵树的所有结点的组合，又比如求一棵树的最左结点。这些问题本质上都是考察的广度优先遍历。

- **前序遍历**：先处理最上面的根结点，第二步为左子树，第三步为右子树，因此也叫先根遍历或先序遍历。
- **中序遍历**：将最上面的根结点留到第二步处理，第一步为左子树，第二步为根结点，第三步为右子树。
- **后序遍历**：将最上面的根结点留到最后一步处理，第一步为左子树，第二步为右子树，最后一步为根结点。

这三种遍历的应用如下。

- **前序遍历**：可以用来实现目录结构的显示。
- **中序遍历**：可以用来做表达式树，在编译器底层实现的时候用户可以实现基本的加减乘除，比如 a*b+c。如果是特殊的二叉查找树，还可以按从小到大的顺序输出所有数据。
- **后序遍历**：可以用来实现计算目录内的文件占用的数据大小。

从流程的描述来看，它们自然适合递归方式来实现，因此我们先看递归方式的实现。

5.2.8　深度优先遍历的递归实现

通过如下代码实现前序、中序、后序这 3 种遍历方式，借助 type 类型去选择遍历方式：

```
inOrder(callback) {// 左中右
  this._forEach(this.root, callback, "middle");
}
preOrder(callback) {// 中左右
  this._forEach(this.root, callback, "pre");
}
postOrder(callback) {
  this._forEach(this.root, callback, "post");
}
_forEach(node, callback, type) {
  if (node) {
    if (type === "middle") {// 中序遍历
      this._forEach(node.left, callback, type);
      callback(node);
      this._forEach(node.right, callback, type);
    } else if (type === "pre") {// 前序遍历
      callback(node);
      this._forEach(node.left, callback, type);
      this._forEach(node.right, callback, type);
```

```
  } else if (type === "post") {// 后序遍历
    this._forEach(node.left, callback, type);
    this._forEach(node.right, callback, type);
    callback(node);
  }
 }
}
```

我们再总结一下这 3 种遍历的输出结果有什么特点。

☐ **前序**：数组第一个元素是根结点。
☐ **中序**：根据根结点划分左右子树的元素。
☐ **后序**：数组最后一个元素是根结点。

学习完前面的知识，我们来做一道题巩固一下学习成果。

已知二叉树的中序遍历和前序遍历，如何求后序遍历？比如，已知一棵树的前序遍历是 "GDAFEMHZ"，而中序遍历是 "ADEFGHMZ"，应该如何求其后序遍历？

具体的步骤如下。

(1) root 最简单，前序遍历的第一个结点 G 就是 root。

(2) 看中序遍历，ADEF 应该在 G 的左边，HMZ 在 G 的右边。

(3) 观察左子树 ADEF，左子树中的根结点必然是大树 root 的 leftChild。在前序遍历中，大树 root 的 leftChild 位于 root 之后，所以左子树的根结点为 D。

(4) 同样的道理，root 的右子树结点 HMZ 中的根结点也可以通过前序遍历求得。在前序遍历中，一定是先把 root 和 root 的所有左子树结点遍历完之后才会遍历右子树，并且遍历右子树的第一个结点就是右子树的根结点。

如何知道哪里是前序遍历中左子树和右子树的分界线呢？通过中序遍历去数结点的个数。

在上一次中序遍历中，root 左侧是 A、D、E、F，所以有 4 个结点位于 root 左侧。那么在前序遍历中，必然第 1 个是 G，第 2 到第 5 个由 A、D、E、F 依次过去，第 6 个就是右子树的根结点了，是 M。

(5) 观察发现，上面的过程是递归的。先找到当前树的根结点，然后划分为左子树、右子树，然后进入左子树重复上面的过程，再进入右子树重复上面的过程。最后就可以还原一棵树了。

其实，如果仅仅要求写后序遍历，甚至不要求专门占用空间保存还原后的树。只需要稍微改动第(5)步，就能实现要求。仅需要把第(5)步的递归过程改为以下步骤。

① 确定根，确定左子树，确定右子树。

② 在左子树中递归。

③ 在右子树中递归。

④ 处理当前根。

用程序表达，则如下所示：

```javascript
function getPostorder(preorder, inorder, postorder) {
  let root = preorder[0],
      inLeftTree = [],
      inRightTree = [],
      list = inLeftTree;
      postorder = postorder || [];
  // 分离出中序遍历的左右树
  for (let i = 0, n = inorder.length; i < n; i++) {
    if (inorder[i] !== root) {
      list.push(inorder[i]);// 根结点不会放在这两个子树中
    } else {
      list = inRightTree;
    }
  }
  let boundary = inLeftTree.length,
      preLeftTree = [],
      preRightTree = [];
  // 分离出前序遍历的左右子树
  for (let i = 1, n = preorder.length; i < n; i++) {
    let el = preorder[i];
    if(preLeftTree.length < boundary){
      preLeftTree.push(el);
    }else{
      preRightTree.push(el);
    }
  }
  // 后序遍历，左树递归
  if (preLeftTree.length) {
      getPostorder(preLeftTree, inLeftTree,  postorder);
  }
  // 后序遍历，右树递归
  if (preRightTree.length) {
    getPostorder(preRightTree, inRightTree, postorder);
  }
  // 后序遍历，处理根
  if (root) {
    postorder.push(root);
  }
  return postorder;
}
let preorder = "GDAFEMHZ".split("");
let inorder = "ADEFGHMZ".split("");
console.log(getPostorder(preorder, inorder));// A E F D H Z M G**
```

通过前序与中序代码恢复出树的结构，如图 5-7 所示。

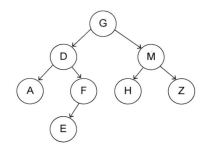

图 5-7　示例代码中的树结构

5.2.9　深度优先遍历的非递归实现

1. 前序遍历的非递归实现

递归本身其实是在语法内部帮我们调用了语言本身的栈实现，因此如果我们想非递归实现，则需要我们手动调用栈。我们看一下前序遍历是如何实现的。

假设树只有 3 个结点，根据栈的特点（如图 5-8 所示），想要按"中左右"的顺序输出，那么放置元素的顺序就是"右左中"。

假如不止 3 个结点呢？

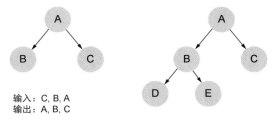

图 5-8　利用栈结构的结点输入与输出示意图

显然将所有结点全部放进栈，再一次性出栈的复杂度是很高的。而且放入结点的顺序很难把控。退而求之，我们可以先放一些进去，然后输出，再放另外一些进去。假如结点只有"左孩子"（如图 5-9 所示），先放 A，弹出 A，输出 A，再将 A 的"孩子"B 放进去，弹出 B，输出 B，再处理 B 的"孩子"C。

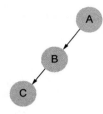

图 5-9 单个孩子结点的结构示意图

这个就很好实现。

如果 A 有两个"孩子"（如图 5-10 所示），那么为了先处理 B，我们必须先压入 D。因此弹出结点后，注意压入"孩子"的顺序。

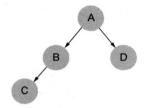

图 5-10 含双孩子结点的结构示意图

对于含双孩子结点的结构，非递归前序遍历代码如下：

```
preOrder(callback){
  let node = this.root;
  let stack = [];
  node && stack.push(node); // 根结点入栈
  while(stack.length){
    let node = stack.pop();// 不能全部压入再弹出，应立即弹出
    callback(node);
    // 栈会先进后出，因此先压入 right 再压入 left
    let {left, right} = node;
    if(right){
      stack.push(right);
    }
    // 当 left 被弹出来执行后，它又会放进它左边的右子树
    // 因此会延后其兄弟 right 的处理
    if(left){
      stack.push(left);
    }
  }
}
```

我们可以做一个实验来测试一下结果，测试代码如下：

```
function Node(val){
  this.data = val;
  this.left = this.right = null;
```

```
}
let tree = new Tree();
let root = tree.root = new Node(40);
root.left = new Node(20);
root.right = new Node(50);
root.left.left = new Node(10);
root.left.right = new Node(30);
root.right.left = new Node(55);
root.right.right  = new Node(51);
let array = [];
tree.preOrder(function(node){
  array.push(node.data);
});
console.log(array);// [40, 20, 10, 30, 50, 55, 51]
```

这个比较难以理解，具体流程我都写在了注释中，需要慢慢消化，因此深度优先遍历通常用递归实现。反正都是难以理解，那就使用一个不易出错的方式去实现。

2. 中序遍历的非递归实现

中序遍历的非递归实现则更难，从直观的结果来看，它是输出了一个递增数组。这个也很难预测它的行为。因此像前序遍历那样，简化成一条链表，发现它将左孩子结点全部入栈，一直到它没有左孩子结点为止，然后再不断地弹出来，发现右孩子结点，再压栈，再回到左孩子结点的过程。这期间涉及 3 个循环：主循环、压入循环与弹出循环。示例代码如下：

```
inOrder(callback){
  let node = this.root;
  let stack = [], hasRight = false;
  node && stack.push(node); // 根结点入栈
  while (stack.length) {
    // 继续将左边的放进
    while (node.left) {
      stack.push(node.left);
      node = node.left;
    }
    hasRight = false;
    // 如果没有左孩子结点
    while (stack.length && !hasRight) {
      node = stack.pop();// 弹出处理它
      let right = node.right;
      callback(node);
      if (right) {// 如果有右孩子结点，放进去，然后回到第一个循环，找它的左孩子结点
        stack.push(right);
        node = right;
        hasRight = true;
      }
    }
  }
}
```

执行上述中序遍历的代码，得到如图 5-11 所示的效果。

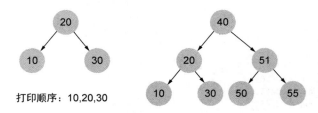

打印顺序：10,20,30

打印顺序：10,30,20,50,55,51,40

图 5-11　非递归中序遍历树结构输出

3. 后序遍历的非递归实现

后序遍历必须先将它的左右孩子结点都输出，才会输出自身，或者说它没有孩子结点，就会输出自身，因此我们需要一个变量，用来存放之前访问过的结点。示例代码如下：

```
postOrder(callback){
  let node = this.root;
  let stack = [], visited = false;
  node && stack.push(node);
  while (stack.length) {
    node = stack[stack.length - 1];// 没有直接弹出来，而是使用了 stack.peek 方法
    if ((!node.left && !node.right) || (visited &&
      (visited == node.left || visited == node.right))) {
      callback(node);
      stack.pop();
      visited = node;
    } else {
      if (node.right) {
        stack.push(node.right);
      }
      if (node.left) {
        stack.push(node.left);
      }
    }
  }
}
```

执行上述后序遍历代码，对指定树结构进行遍历，得到如图 5-12 所示的效果。

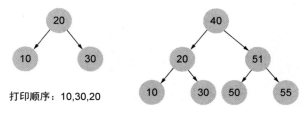

打印顺序：10,30,20

打印顺序：10,30,20,50,55,51,45

图 5-12　非递归后序遍历树结构输出

但这个技巧性太强了，很少有人会想出来。所以我们再寻找另一种思路。其实后序遍历与前序遍历很相似。

- 前序：根→左→右。
- 后序：左→右→根。

那么可以把后序当作：根→右→左，然后再反转一下即可。示例代码如下：

```
postOrder(callback){// 与前序遍历长得很像的 postOrder
  let node = this.root;
  let stack = [];
  let out = [];
  node && stack.push(node); // 根结点入栈
  while(stack.length){
    let node = stack.pop();// 不能全部压入再弹出，应立即弹出
    out.push(node); // 先放进去
    // 栈会先进后出，因此先压入 right 再压入 left
    let {left, right} = node;
    if(right){
      stack.push(right);
    }
    if(left){
      stack.push(left);
    }
  }
  while(out.length){
    callback(out.pop());
  }
}
```

如果没有最后的 postOrder，我们就会发现这 3 种遍历的实现实在相差太大了。与递归版那优美的实现相比，是天差地别。接下来，我们再研究一下如何简化，起码让结构看起来一致，这样方便我们记忆或准备面试。

5.2.10 优化深度优先遍历的非递归实现

首先要用一个循环代替原先的两个或三个循环，我们先不放根结点，统一在循环内部放。代码如下所示：

```
xxxOrder(callback){
  let stack = [];
  let node = this.root;
  while (node || stack.length) {// 将所有孩子结点压栈
    if(node){
      stack.push(node);
    }else{
      node = stack.pop();
    }
  }
}
```

循环里面有两个分支，分别是压栈与出栈，压栈的条件是 node 存在，以这个为界切开循环。前序与中序都是先压入 left 再压入 right。代码如下所示：

```
preOrder(callback) {// 口诀：中左右
  let stack = [];
  let node = this.root;
  while (node || stack.length) {// 将所有孩子结点压栈
    if (node) {
      callback(node);// 中先于左
      stack.push(node);
      node = node.left;// 压入 left
    } else {
      node = stack.pop();
      node = node.right;// 压入 right
    }
  }
}
inOrder(callback) {// 口诀：左中右
  let stack = [];
  let node = this.root;
  while (node || stack.length) {// 将所有孩子结点压栈
    if (node) {
      stack.push(node);
      node = node.left;// 压入 left
    } else {
      node = stack.pop();
      callback(node);// 中先于右
      node = node.right;// 压入 right
    }
  }
}
postOrder(callback) {// 口诀：左右中
  let stack = [];
  let out = [];
  let node = this.root;
  while (node || stack.length) {// 将所有孩子结点压栈
    if (node) {// 类似于 preOrder
      stack.push(node);
      out.push(node);// 源于 postOrder2 的思路
      node = node.right;// 先放右孩子结点
    } else {
      node = stack.pop();
      node = node.left;// 先放左孩子结点
    }
  }
  while(out.length){
    callback(out.pop());
  }
}
```

练习：一棵二叉查找树，找出树中的第 k 大结点。

方法一：最朴素的办法，是通过中序遍历将二叉树转换为数组，然后索引值为 k-1 的元素。示例代码如下：

```
function kthNode(root, k){
  if (!root || k < 0)
    return nullptr;

  let array = [];
  inOrder(root, array);
  if (k > array.length)
    return null;
  return array[k - 1];
}
function inOrder(root, array){
  if (root == null){
    return;
  }
  inOrder(root.left, array);
  array.push(root);
  inOrder(root.right, array);
}
```

方法二：不用收集所有结点，设置一个计数器，在中序遍历的过程中，累加访问过的结点数量，当计算器等于要求的 k 值时，返回该结点。示例代码如下：

```
let index = 0;
function kthNode(root, k){
  if(root){
    let node = kthNode(node.left, k);
    if(node != null){
      return node;
    }
    index ++;
    if(index == k){
      return root;
    }
    node = kthNode(node.right, k);
    if(node != null){
      return node;
    }
  }
  return null;
}
```

5.2.11 树的广度优先遍历

广度优先遍历又叫作层次遍历，比如需要我们按照层次输出一棵树的所有结点的组合（LeetCode 107），又比如求一棵树的最左结点（LeetCode 513）。这些问题本质上都是考察的广度优先遍历，其遍历树结构如图 5-13 所示。

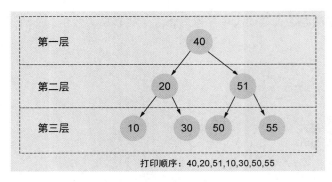

图 5-13　广度优先遍历树结构

广度优先遍历比较好实现，我们参考前序遍历的过程，先放入根结点，然后进行循环，在循环中把根结点拿出来打印，然后再依次放入它的左孩子结点和右孩子结点，再回到循环，把左边的孩子结点拿出来打印……这个过程要求先进先出，因此要用队列来实现。这里我们直接用数组代替，只用它的 shift 和 push 就能模拟队列的效果。示例代码如下：

```
levelOrder(callback) {
  let queue = [];
  let node = this.root;
  node && queue.push(node);
  while (queue.length) {
    node = queue.shift();// 先进先出
    callback(node);
    if (node.left) {
      queue.push(node.left);
    }
    if (node.right) {
      queue.push(node.right);
    }
  }
}
```

思考，如何基于广度优先遍历知道每一层有多少个元素呢？我们固然可以在每个结点上添加一个属性 level，不断往上找，就能知道它的层次，但还有没有其他办法呢？这就留给读者们自己探索了。

5.2.12　树的打印

为了检测我们输入的顺序是否正确，最佳的方法是图形化地将树打印出来。树的打印与树的遍历息息相关。下面介绍两种常用的打印方法。

1. 纵向打印

这是一种常见的目录树打印方法，比较节省空间，先打印根，再打印左右子树，因此需要用

到前序遍历。具体代码如下:

```
toString() {
  let out = [];
  this.preOrder(function (node) {
    let parent = node.parent;
    if (parent) {
      let isRight = parent.right === node;
      // 为了好看，我们加上└─ 和├─ 这样的装饰
      out.push(parent.prefix + (isRight ? '└─ ' : '├─ ') + node.data );
      let indent = parent.prefix + (isRight ? '    ' : '│   ');
      node.prefix = indent;
    } else {
      node.prefix = "   ";
      out.push("└─" + node.data);
    }
  });
  return out.join("\n");
}
```

有点不太直观，但我们可以分辨出 53 的左右结点分别是什么（如图 5-14 所示）。在 53 对应的一条垂直线上，有两条相交的水平线，上方挂着的是左结点，下方的是右结点。

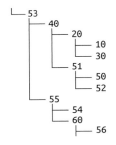

图 5-14　纵向打印的树结构

下面这个例子是超前的内容，需要学会二叉查找树才能运行:

```
class BST {
  constructor() {
    this.root = null;
    this._size = 0;
  }
  insert(data) {}
  ...
}
let tree = new BST();
[10, 50, 40, 30, 20, 60, 55, 54, 53, 52, 51, 56].forEach(function (el, i) {
  tree.insert(el);
});
console.log(tree + "");// 相当于 tree.toString()
```

2. 横向打印

说实话，如果长期盯着纵向打印的树，会治好你的颈椎病，但副作用是"烧脑"。如果树长成如图 5-15 所示的这样，是不是就更好分辨了呢？

图 5-15　横向打印的树结构

我们先从分层开始，这借助于队列与一个"0"作为当前层的结束标记。示例代码如下：

```javascript
let levelOrder = function(root) {
  let queue = [];
  root && queue.push(root, 0);
  let ret = [];
  while(queue.length){
    let el =  queue.shift();
    let level = queue.shift();
    if(ret[level]){
      ret[level].push(el.val);
    }else{
      ret[level] = [el.val];
    }

    el.left && queue.push(el.left, level+1 );
    el.right && queue.push(el.right, level+1);
  }
  return ret;
}

function levelOrder( root) {
  let res = [];
  levelHelper(res, root, 0);
  return res;
}

function levelHelper( res,  root,  height) {
  if (root == null) return;
  if (!res[height]) {
    res.push([]);
  }
  res[height].push(root);
  levelHelper(res, root.left, height+1);
  levelHelper(res, root.right, height+1);
}

class BST { // 沿用之前 class Tree 的方法，仅重写 insert、find、remove 和 toString 方法，新增 printNodeByLevel
  constructor() {
    this.root = null;
    this._size = 0;
```

```
}
insert(data) {}
find(data){}
transplant(){}
remove(data) {}
inOrder(){}
preOrder(){}
poseOrder(){}
size() {}
minNode(){}
maxNode(){}
min(){}
max(){}
getNodeSize()
height() {}
getNodeHeight() {}
printNodeByLevel(callback) {
  let queue = [];
  let node = this.root;
  if (node) {
    queue.push(node);
    queue.push(0);
  }
  while (queue.length) {
    node = queue.shift();// 先进先出
    if (node) {
      callback(node);
      if (node.left) {
        queue.push(node.left);
      }
      if (node.right) {
        queue.push(node.right);
      }
    } else if(queue.length){
      callback(node);// 输出 0
      queue.push(0) ;
    }
  }
  callback(0);
}
toString() {
  let allLevels = [];
  let curLevel = [];
  this.printNodeByLevel(function (node) {
    if (node === 0) {// 当前层已经结束
      allLevels.push(curLevel);
      curLevel = [];
    } else {
      curLevel.push(node.data);// 收集每一层的值
    }
  });
  return allLevels.map(function(el){
    return el.join(",");
  }).join("\n");
```

```
  }
let tree = new BST(); // 10, 50, 40, 30, 20, 60, 55, 54, 53, 52, 51, 56
[10, 50, 47, 30, 200, 60, 55, 504, 53, 52, 51, 56].forEach(function (el, i) {
  tree.insert(el);
});
console.log(tree+"");
```

执行上述代码，会得到如图 5-16 所示的结果。

```
53
47,60
10,51,55,200
30,50,52,56,504
```

图 5-16　示例代码执行结果

我们已经完成万里长征的第一步了，下面我们需要在数字间添加一些空白和下划线，让它好看些。假设树只有根与左右子树，那么树分为两层。在第一层中，根左边的空白应该为左子树值的字符长度，而根的右边，我们不需要填充东西，只要换行符就行了。在第二层中，左子树由于已经在最左边，所以左边不需再放东西了，中间则填上与根值的字符长度相同的空白，右子树已经在最右边，不需要再放东西了。规整的结果如图 5-17 所示。

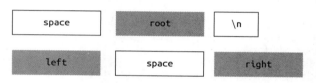

图 5-17　两层树结构的规整结果

如果不止两层，我们就要考虑 left 是否有孩子结点，这个孩子结点的左边有多少空白，left 本身又需要多少空白！但这样计算非常复杂，首先每个结点的 data 长度不统一，无法规律地推算某一层的某一个位置相对于最左边有多少距离。因此，我们需要先统一 data 的长度。想象我们的树是一个金字塔，每块砖头的长度为 4。如果这些砖头可能放结点的 data，这时长度不够，我们可以在两旁加上 "_"。如果这些砖头是空白，那么要保证它是长度为 4 的空白字符，如图 5-18 所示。

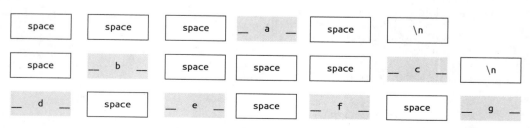

图 5-18　多层树的横向打印过程 1

然后我们再把一些空白全部替换为下划线，比如说 a 左右两边的 space，如图 5-19 所示。

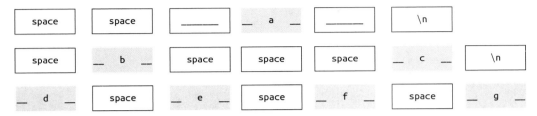

图 5-19 多层树的横向打印过程 2

此时我们就可以认出 b、c 是 a 的孩子结点，但是其他结点依然不明显。我们可以再在每一层间垫高一层，加上一些斜线，金字塔就建起来了，如图 5-20 所示。

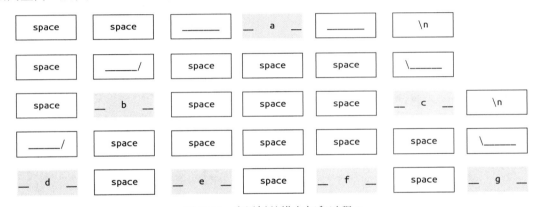

图 5-20 多层树的横向打印过程 3

要实现这个构想，我们需要经过两次遍历。第一次是广度优先遍历，得到每一层的结点。第二次是中序遍历，计算每个结点的索引值，即它在数组的位置。我们可以留意这个金字塔的每块金砖，它们的纵坐标都不会连在一起。知道索引值，是为了方便我们计算它到最左边的距离。

现在让我们重写 toString 方法：

```
toString(displayData) {
  // 辅助方法，让数据居中对齐
  const brickLen = 6, SW = " ", LINE = "_";
  displayData = displayData || function (node) {
    let s = "(" + node.data + ")", right = true, isLeaf = !node.left && !node.right;
    for (let i = s.length; i < brickLen; i++) {
      if (right) {
        s = s + (isLeaf ? SW : LINE);
      } else {
        s = (isLeaf ? SW : LINE) + s;
      }
      right = !right;
```

```
    }
    return s;
};
// 创建 4 个字符的空白或下划线
function createPadding(s, n) {
  let ret = "";
  n = n || brickLen;
  for (let i = 0; i < n; i++) {
    ret += s;
  }
  return ret;
}
// ==================================
// 添加索引值
let index = 0;
tree.inOrder(function (el) {
  el.index = index++;
});
// 收集每一层的结点
let allLevels = [];
let curLevel = [];
tree.printNodeByLevel(function (node) {
  if (node === 0) {// 当前层的结束标记
    allLevels.push(curLevel);
    curLevel = [];
  } else { // 收集当前层
    curLevel.push(node);
  }
});
// brickes 中有数据的层，branches 只是用来放斜线的层，都是二维数组
let brickes = [];
let branches = [];
for (let i = 0, n = allLevels.length; i < n; i++) {
  if (!brickes[i]) {
    brickes[i] = [];
    branches[i] = [];
  }
  let cbrick = brickes[i];
  let cbranch = branches[i];
  let level = allLevels[i];
  while (level.length) {
    let el = level.shift();
    let j = el.index;
    // 确保 cbrick[j]与 cbranch[j]等长
    cbrick[j] = displayData(el);
    cbranch[j] = createPadding(SW, cbrick[j].length);
    if (el.parent) {
      let pbrick = brickes[i - 1];
      let pbranch = branches[i - 1];
      let pindex = el.parent.index;
      if (el == el.parent.left) {// 左子树
        for (let k = j + 1; k < pindex; k++) {
```

```
        pbrick[k] = createPadding(LINE);
      }
      for (let k = j + 1; k < pindex; k++) {
        pbranch[k] = createPadding(SW);
      }
      pbranch[j] = createPadding(SW, brickLen - 1) + "/";
    } else {// 右子树
      for (let k = pindex + 1; k < j; k++) {
        pbrick[k] = createPadding(LINE);
      }
      for (let k = pindex + 1; k < j; k++) {
        pbranch[k] = createPadding(SW);
      }
      pbranch[j] = "\\" + createPadding(SW, brickLen - 1);
    }
  }
  j--;
  inner:
  while (j > -1) { // 添加空白
    if (cbrick[j] == null) {// 将非空结点变成空字符串
      cbrick[j] = createPadding(SW);
      cbranch[j] = createPadding(SW);
    } else {
      break inner;
    }
    j--;
  }
}
}
return brickes.map(function (el, i) {
  return el.join("") + "\n" + branches[i].join("");
}).join("\n");
}
```

运行上述代码，得到如图 5-21 所示的横向打印效果。

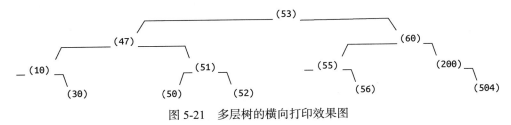

图 5-21　多层树的横向打印效果图

横向打印在调试时我们经常会用到，请务必掌握！

练一练

(1) 请编写一个递归算法，将二叉树中所有结点的左、右子树相互交换。

(2) 合上书，用非递归方式分别对二叉树进行前序、中序、后序遍历，看是否真的掌握了。

(3) 已知二叉树的前序遍历访问序列为 GFKDAIEBCHJ，后序遍历的访问序列为 DIAEKFCJHBG，求它的中序遍历访问序列。

(4) 让本节中的二叉树在插入时支持重复项。

(5) 已知完全二叉树的第七层有 10 个叶子结点，则整个二叉树的结点数最多是多少个?

5.3　二叉查找树

我们通过实现遍历发现，二叉树最大的优势是对称，从而实现各种可读性非常强的递归遍历。但实现二叉树不是科学家们的目标，我们一直在追求查找与增删都很快的结构。于是二叉查找树（binary search tree，BST）发明出来了，如图 5-22 所示。

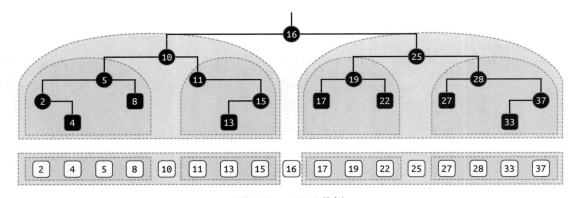

图 5-22　二叉查找树

查找方面，它对得住它的名字，时间复杂度能达到 $O(\log n)$，比 $O(n)$ 还快。二叉查找树相当于对序列建立了一个索引，可以简单地理解为在数据结构的层面上构造了一个二分查找算法。二分查找算法后面会讲到。

增删方面，也依赖一些规则，保证它的结构不被破坏。在插入时，保证左孩子结点的值比父结点的小，右孩子结点的值比父结点的大，并且每个子树都是这样的结构。删除也一样，需要做一些调整。这种操作与块状链表一样，能保证它的最佳结构。

从图 5-22 中我们也可以看到，二叉查找树的最小值和最大值是有规律的，总在最左与最右的叶子结点上。

下面我们看如何构建一个二叉查找树，其实它与二叉树大同小异，但要重写的方法太多了，就不使用继承了。构建二叉查找树的代码如下：

```
class Node{
  constructor(data){
    this.parent = null;
```

```
    this.data = data;
    this.left = null;
    this.right = null;
  }
}
// 沿用之前 class Tree 的方法，仅重写 insert、find、remove 和 toString 方法，新增 printNodeByLevel 和 show 方法
class BST {
  constructor() {
    this.root = null;
    this._size = 0;
  }
  insert(data) {}
  find(data){}
  transplant(){}
  remove(data) {}
  inOrder(){}
  preOrder(){}
  poseOrder(){}
  size() {}
  minNode(){}
  maxNode(){}
  min(){}
  max(){}
  getNodeSize()
  height() {}
  getNodeHeight() {}
  toString()
  printNodeByLevel() {}
  show()
}
```

5.3.1　前驱结点与后继结点

根据二叉查找树的定义，中序遍历得到的数组是一个递增数组。某个结点的前驱结点，应为小于该结点的所有结点中的最大结点。比如在图 5-23 中，结点 5 的前驱结点是结点 4，结点 12 的前驱结点是结点 10。

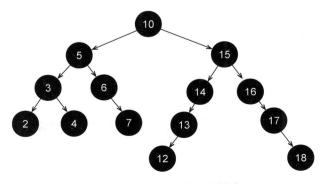

图 5-23　前驱结点与后继结点

前驱结点既可能在原结点的下面，也可能在上面。查找先驱结点的代码如下：

```javascript
function precursor(node){
  let ret;
  if(node.left){// 如果有左子树
    ret = node.left;
    while(ret.right){// 在左子树中查找最大的右结点
      ret = ret.right;
    }
    return ret;
  } else {
    let p = node.parent;
    while(p && p.left === node){
      node = p;// 找到一个父结点，是其父结点的父结点的左孩子结点
      p = p.parent;
    }
    return p;
  }
}
```

某个结点的后继结点，应为大于该结点的所有结点中的最小结点。如图 5-23 所示，结点 5 的后继结点是结点 6。查找后继结点的代码如下：

```javascript
function successor(node){
  if(node.right){// 如果有右子树
    let ret = node.right;
    while(ret.left){// 在右子树中查找最大的左结点
      ret = ret.left
    }
    return ret;
  }else{
    let p = node.parent;
    while(p && p.right === node){
      node = p;// 找到一个父结点，是其父结点的父结点的右孩子结点
      p = p.parent;
    }
    return p;
  }
}
```

5.3.2　二叉查找树的插入与查找操作

1. 插入操作

由于有了数值上的约定，我们不需要像二叉树那样搞一个 _insertLeft 属性来规定插入某棵子树了。我们只需要从根结点开始，循环比较每个结点的 data 与插入值，决定是往哪一边查找可以放置的父结点，在其下面添加孩子结点就行了。插入操作过程如图 5-24 所示。

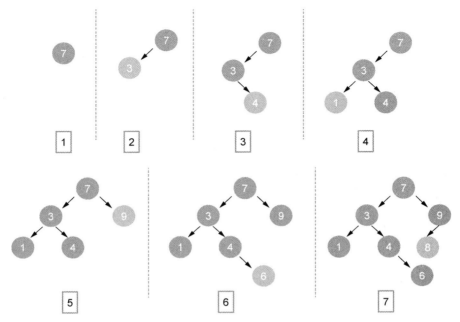

图 5-24 二叉查找树的插入操作过程

插入操作的代码如下所示:

```
insert(data) {
  const n = new Node(data);
  if (this.root == null) {
    this.root = n;
    this._size++;
    return true;
  }
  var current = this.root;
  var parent;
  while (true) {
    parent = current;
    if(data === current.data) return false;
    n.parent = parent;
    this._size++;
    if (data < current.data) {
      current = current.left;
      if (current == null) {
        parent.left = n;
        break;
      }
    } else {
      current = current.right;
      if (current == null) {
        parent.right = n;
        break;
```

```
          }
        }
      }
    }
```

2. 查找操作

查找操作与二叉树的大同小异，我们通过两值相减，根据相减的值决定分支情况。查找操作的代码如下：

```
find(data) {
  let node = this.root;
  while (node) {
    if (node.data === data) {
      return node;
    } else if (node.data < data) {
      node = node.right;
    } else if (node.data > data) {
      node = node.left;
    }
  }
  return node;
}
```

5.3.3　二叉查找树的移除操作

在二叉树的移除操作中，我们遇到两个孩子结点的情形时，是在它的下方随便找一个叶子结点来顶替它。但二叉查找树要保证数据的有序性，因此不能随便，所以我们通常找其下方的后继结点做顶替。

移除操作的代码如下：

```
remove(data) {
  let p = this.find(data);
    if (p) {
      this.removeNode(p); // 方便递归
      this._size--;
  }
}
// remove 里面的辅助方法 removeNode
removeNode(node) {
  // 如果删除的结点左右“孩子”都有
  if (node.left != null && node.right != null) {
    let succ = null;
    for (succ = node.right; succ.left != null; succ = succ.left); // 找到后继结点
    node.data = succ.data; // 覆盖值
    this.removeNode(succ); // 递归删除，只可能递归一次
  } else {
    // 叶子结点或只有一个孩子结点的情况
    let child = node.left || node.right || null;
    this.transplant(node, child);
```

```
    }
}
```

最后，我们测试一下：

```
let tree = new BST();
String("7,15,5,3,9,8,10,13,20,18,25").split(",").forEach(function(a) {
  tree.insert(~~a);
});
let str = "";
tree.inOrder(function(a) {
  str += " " + a.data;
});
console.log(str);
str = "";
tree.preOrder(function(a) {
  str += " " + a.data;
});
console.log(str);
str = "";
tree.postOrder(function(a) {
  str += " " + a.data;
});
console.log(str);
str = "";
console.log("============");
tree.remove(25);
tree.inOrder(function(a) {
  str += " " + a.data;
});
console.log(str);
```

执行上述代码，得到如图 5-25 所示的执行结果。

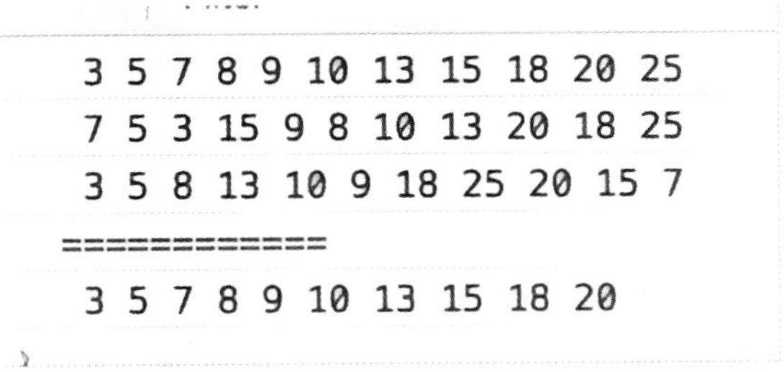

图 5-25　二叉查找树移除操作示例的执行结果

添加一个方法显示其结构，代码如下：

```
show(node, parentNode) {
  node = node || this.root;
  if (!parentNode) {
    parentNode = document.createElement("div");
    document.body.appendChild(parentNode);
```

```
    this.uuid =  this.uuid  || "uuid" + (new Date - 0);
    parentNode.id = this.uuid;
    let top = parentNode.appendChild(document.createElement("center"));
    top.style.cssText = "background:"+bg();
    top.innerHTML = node.data;
  }
  let a = parentNode.appendChild(document.createElement("div"));
  a.style.cssText = "overflow:hidden";
  if (node.left) {
    let b = a.appendChild(document.createElement("div"));
    b.style.cssText = "float:left; width:49%;text-align:center;background:"+bg();
    b.innerHTML = node.left.data;
    this.show(node.left, b);
  }
  if (node.right) {
    let c = a.appendChild(document.createElement("div"));
    c.style.cssText = "float:right; width:49%;text-align:center;background:"+bg();
    c.innerHTML = node.right.data;
    this.show(node.right, c);
  }
}

function bg() {
  return '#' + (Math.random() * 0xffffff << 0).toString(16);
}
tree.show();
```

在原本的基础上优化显示，得到如图 5-26 所示的效果。

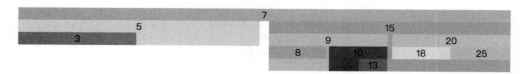

图 5-26　显示优化后的结果

练一练

(1) 判断一棵二叉树是否是二叉查找树。

(2) 不依赖 find 方法，自己设计递归结构实现 remove 方法。

(3) 给定一棵二叉查找树，请找出其中第 k 小的结点。

5.4　总结

本章中我们了解了"树"这种数据结构，其中二叉树是应用较多的一种。一个结点上最多有两个孩子结点，满足这个条件的树我们称为二叉树。二叉树的两个孩子结点，我们分别称为左子树和右子树。二叉树单个结点的数据结构是下面这样的。

```
{
    data, // 存放的数据
    leftChild, // 左子树
    rightChild, // 右子树
}
```

二叉树有以下属性。

- 第 n 层的结点数量最多是 2^{n-1}。
- 有 n 层的二叉树结点总数量最多是 $2^n - 1$。
- 包含 n 个结点的二叉树最小高度（也就是最小层级数量）为 $\log(N+1)$。

二叉树的遍历方式有如下两种。

- 深度优先遍历：这个前中后的对象是根结点，实现方式有递归和非递归。

  - 前序遍历：根结点→左子树→右子树。
  - 中序遍历：左子树→根结点→右子树。
  - 后序遍历：左子树→右子树→根结点。

- 广度优先遍历（层次遍历）

  - 首先以一个未被访问过的结点作为起始顶点，访问其所有相邻的结点。
  - 然后对每个相邻的结点，再访问它们相邻的未被访问过的结点。
  - 直到所有结点都被访问过，遍历结束。

第 6 章

堆与优先队列

不要被标题迷惑，本章还是讲以树为基础的数据结构。堆是一种根结点比孩子结点都大或都小的树。优先队列有许多种实现方式，可以用数组和链表，但最常见的还是用堆。堆也分许多种，本章只介绍最简单的二叉堆。

6.1 二叉堆

二叉堆是二叉树的一种，并且添加了更多约束，下面是二叉堆的 3 条性质。

(1) 它是一棵完全二叉树，可以是空。
(2) 树的叶子结点的值总是不大于或者不小于其孩子结点的值。
(3) 每一个结点的子树也是一个堆。

尤其是第(2)条，决定了堆的类型是大顶堆还是小顶堆。当然，还有其他叫法，比如大根堆与小根堆，最大堆与最小堆。

- ❏ **大顶堆**：根结点的值是所有堆结点的值中最大的，且每个结点的值都比其孩子结点的值大。
- ❏ **小顶堆**：根结点的值是所有堆结点的值中最小的，且每个结点的值都比其孩子结点的值小。

具体如图 6-1 所示。

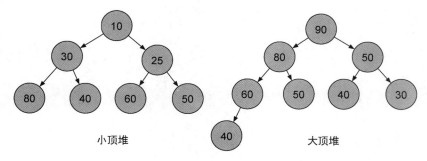

图 6-1　小顶堆与大顶堆

在大顶堆中，父结点的值大于或等于每一个孩子结点的值。在小顶堆中，父结点的值小于或等于每一个孩子结点的值。这就是所谓的"堆属性"，并且这个属性对堆中的每一个结点都成立。

根据这一属性，我们就可以得知大顶堆根结点的值是所有结点中最大的，而小顶堆根结点的值是所有结点中最小的。

但是我们也仅仅知道根结点中存放的是最大或者最小的元素，其他结点的情况仍不可知。为了让堆更具可用性，科学家们发明了以数组来描述堆的形式（如图 6-2 所示），简单又好用，因此网上看到的堆基本上都是以数组形式表示的。渐渐就误传为堆就是用数组实现的二叉堆。

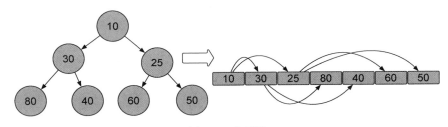

图 6-2　小顶堆

比如上面的小顶堆：[10, 30, 25, 80, 40, 60, 50]，其实就是对树进行广度优先遍历的结果。

如果一开始只给出这个数组，不给出树的图形，我们怎么知道哪一个结点是父结点，哪一个结点是它的孩子结点呢？根据完全二叉树的性质，结点在数组中的位置 index 与它的父结点以及孩子结点的索引之间存在一个映射关系：

```
parent(i) = Math.floor((i - 1)/2) = (i-1) >> 1;
left(i)   = 2i + 1;
right(i)  = 2i + 2;
```

注意 right(i)就是 left(i) + 1。左右结点总是处于相邻的位置。我们将这个公式放到前面的例子中验证一下，如图 6-3 和表 6-1 所示。

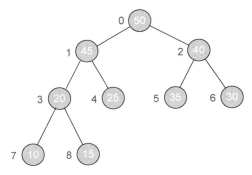

图 6-3　完全二叉树结点索引

表 6-1   结点及其索引对应表

结点	索引	父结点索引	左子树索引	右子树索引
50	0	null	1	2
45	1	0	3	4
40	2	0	5	6
20	3	1	7	8
25	4	1	null	null
35	5	2	null	null
30	6	2	null	null

复习一下，在大顶堆中，父结点的值总是大于（或者等于）其孩子结点的值。这意味下面的公式对数组中任意一个索引 i 都成立：

```
array[parent(i)] >= array[i]
```

可以用上面的例子来验证一下这个堆属性。

如你所见，这些公式允许我们不使用指针就可以找到任何一个结点的父结点或者孩子结点。虽然比简单地去掉指针要复杂些，但大大节约了空间。进行计算时，只需要 $O(1)$ 的时间复杂度。

根据性质(1)，我们还可以推导出结点数量与树的高度的关系，因为我们必须填满上面一层，才能填下一层，每一层的结点数量都是 2 的幂次方，如 1，2，4，8，16……因此，如果一个堆有 n 个结点，那么它的高度是 h = Math.floor(Math.log2(n))。

比如上面的 Math.floor(Math.log2(6)) = 2，因为是从零开始计算，所以是 3 层。

最下面的一层是叶子结点，由于上面是满的，共有 $n/2$ 个元素，叶子结点只能位于数组的 Math.floor(n/2) 和 n−1 之间。

6.2   堆排序

堆排序是指利用堆这种数据结构所设计的一种排序算法，就是一个将二叉树转换成堆的过程。

堆的转换过程与选择排序非常相似。回顾选择排序，数组划分为两部分——有序区与无序区，有序区一开始为空集，然后从无序区中找到最小元素，放到有序区的最后，直到无序区的元素被取完。我们可以发现，无序区最小的元素恰好是有序区的最大元素。

选择排序最坏情况的时间复杂度为 $O(n^2)$。这是因为无序区是没有规律可言的，每次找都需要将里面的元素遍历一次。要想提高性能，自然是要将无序区先转换成某种有序（这个"有序"

指的不是"有顺序"而是指"有一定规律")的形式,借此来提高查找性能。堆排序算法就是先把一个无序的系统变成一种叫作"堆"的有序形式,并且每次拿出一个最小(或最大)的元素后,再次保持它堆的性质。

因此,堆排序分成两部分。

(1) 将数组变成一个堆。

(2) 将堆的顶拿掉,放到有序区,再将剩下的无顶堆变回一个堆,然后再拿掉顶,再对无顶堆下手……直到堆被拿完。

先将原先的数组当成二叉树,我们从最后一个非叶子结点下手,因为它与它的孩子结点最多形成一个不超过 3 个结点的子树。根据 left(i) = 2i + 1; right(i) = 2i + 2 我们很容易拿到这 3 个结点,然后交换它们的位置,让它们变成大顶堆或小顶堆。这种知道父结点找孩子结点的交换算法叫**元素下沉**。

元素下沉的实现:首先判定最大的孩子结点是左结点还是右结点,取最大孩子结点的索引值,并且需要确认孩子结点有没有超过数组的长度。其次,让父结点与最大孩子结点进行比较,如果最大孩子结点的值比父结点的大,就进行交换,这时将孩子结点变成父结点,父结点变成孩子结点,并让父结点继续递归这个过程,直到孩子结点的长度超过数组长度。

元素下沉的实现代码如下:

```javascript
function maxHeapDown(array, i, n) {
  var parent = i;
  while (parent < n) {
    var left = 2 * parent + 1;
    var bigChild = null;
    if( left < n ){ // 存在左孩子结点(判定是否越界)
      bigChild = left;
      var right = left + 1;
      if(right < n && array[left] < array[right]){
          // 存在右孩子结点,并且比左孩子结点大
          bigChild = right;
      }
    }
    if(bigChild !== null && array[bigChild] > array[parent]){
      // 让父结点与大孩子结点互换,确保值大的在上面
      swap(array, bigChild, parent);
      parent = bigChild; // 修正父结点的索引
    }else{
        break;
    }
  }
}
```

堆建好后,array[0]是最大的,我们将它放到最右边(目的是将原数组变成升序数组),再

将最右边的元素放到 array[0]。这时大顶堆就退化为二叉树，需要重新有序化。由于右边的有序
区已经占了一个元素了，换言之，现在堆的长度要减 1。我们在不断缩小的大顶堆中"抽牌"，
然后放到有序区，再对堆有序化……上述过程如图 6-4 所示。

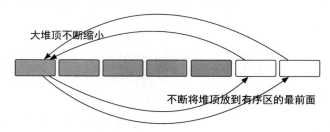

图 6-4   大顶堆排序过程

这个过程与选择排序非常像，选择排序总是先将无序区的最大或最小元素抽出来放到某个地
方，然后逐渐扩大有序区，缩小无序区。

我们也可以和插入排序比较，插入排序也分有序区和无序区，但插入有序区时需要计算插入
位置。而选择排序与堆排序是不用的，只对要插入的元素进行计算。因此选择排序与堆排序是同
一类型，我们也通常把之前学的那个排序叫简单选择排序。

最后给出完整过程：

```
function maxHeapDown(array, i, n) { /**略**/ }

function swap(array, a, b) {
  var temp = array[a];
  array[a] = array[b];
  array[b] = temp;
}

function heapSort(array) {
  var n = array.length;
  // 数组现在分成两个区域，左边是大顶堆，右边是有序区
  for (var i = n >> 1; i >= 0; i--) {
    maxHeapDown(array, i, n);// 找到最后一个非叶子结点并将其与它的孩子结点交换
  }
  // 现在 array[0]是大顶堆的堆顶，是最大的
  for (var i = n - 1; i > 0; i--) {
    swap(array, 0, i); // 将堆顶挪到有序区的最前面
    maxHeapDown(array, 0, i); // 重新有序化变小了的大顶堆
  }
}
var array = [3, 6, 8, 1, 9, 0, 4, 5, 2];
heapSort(array);
console.log(array);
// [0,1,2,3,4,5,6,8,9]
```

运行上述代码，得到的结果如图 6-5 所示。

```
▸ (12) [17, 9, 11, 2, 6, 8, 3, 1, 0, 4, 5, 18]
▸ (12) [11, 9, 8, 2, 6, 5, 3, 1, 0, 4, 17, 18]
▸ (12) [9, 6, 8, 2, 4, 5, 3, 1, 0, 11, 17, 18]
▸ (12) [8, 6, 5, 2, 4, 0, 3, 1, 9, 11, 17, 18]
▸ (12) [6, 4, 5, 2, 1, 0, 3, 8, 9, 11, 17, 18]
▸ (12) [5, 4, 3, 2, 1, 0, 6, 8, 9, 11, 17, 18]
▸ (12) [4, 2, 3, 0, 1, 5, 6, 8, 9, 11, 17, 18]
▸ (12) [3, 2, 1, 0, 4, 5, 6, 8, 9, 11, 17, 18]
▸ (12) [2, 0, 1, 3, 4, 5, 6, 8, 9, 11, 17, 18]
▸ (12) [1, 0, 2, 3, 4, 5, 6, 8, 9, 11, 17, 18]
▸ (12) [0, 1, 2, 3, 4, 5, 6, 8, 9, 11, 17, 18]
▸ (12) [0, 1, 2, 3, 4, 5, 6, 8, 9, 11, 17, 18]
```

图 6-5 示例代码的执行结果

上面的排序全称为大顶堆排序，接下来我们看小顶堆排序，相关代码如下：

```javascript
function minHeapDown(array, i, n) {
  var parent = i;
  while (parent < n) {
    var left = 2 * parent + 1;
    var tinyChild = null;
    if(left < n){
      tinyChild = left;
      var right = left+1;
      if(right < n && array[left] > array[right]){
        // 存在右孩子结点，并且比左孩子结点小
        tinyChild = right;
      }
    }
    if(tinyChild !== null && array[tinyChild] < array[parent]){
      // 让父结点与小孩子结点互换，确保值小的在上面
      swap(array, tinyChild, parent);
      parent = tinyChild; // 修正父结点的索引
    }else{
      break;
    }
  }
}

function swap(array, a, b) {/**略**/}

function heapSort(array) {
  var n = array.length;
  // 数组现在分成两个区域，左边是小顶堆，右边是有序区
  for (var i = n >> 1; i >= 0; i--) {
    minHeapDown(array, i, n);
  }
  for (var i = n - 1; i > 0; i--) {
    swap(array, 0, i); // 将堆顶挪到有序区的最前面
    minHeapDown(array, 0, i); // 需要重新有序化成小顶堆
  }
}
```

```
}
var array = [3, 6, 8, 1, 9, 0, 4, 5, 2];
heapSort(array);
console.log(array);
// [9, 8, 6, 5, 4, 3, 2, 1, 0]
```

上述代码得到的是一个倒序数组,看来我们不能照搬原代码。我们可以先将元素从一个数组倒进另一个数组中,形成小顶堆。再将小顶堆的堆顶取出来,放到数组的第 i 项,并且调整缩小的小顶堆,让其符合有序性,实现代码如下:

```
function minHeapDown(array, i, n) {/**略**/}

function swap(array, a, b) {/**略**/}

function popMin(heap, n) {
  // 取出最小元素
  var ret = heap[0];
  // 使用堆尾元素直接覆盖堆顶元素
  heap[0] = heap[n - 1];
  minHeapDown(heap, 0, n);
  return ret;
}
function heapSort(array) {
  var heap = [],  n = array.length;
  // 首先复制原数组,其实也可以使用 heap = array.slice(0)或 heap.concat()
  for (var i = 0; i < n; i++) {
    heap[i] = array[i];
  }
  // 建立小顶堆
  for (i = n >> 1; i >= 0; i--) {
    minHeapDown(heap, i, n);
  }
  // 有小顶堆的堆顶挨个移回去
  for (var i = 0; i < n; i++) {
    array[i] = popMin(heap, n - i);
  }
}
var array = [3, 6, 8, 1, 17, 18, 11, 9, 0, 4, 5, 2];
heapSort(array);
console.log(array);
// [0, 1, 2, 3, 4, 5, 6, 8, 9, 11, 17, 18]
```

小顶堆排序比较麻烦,因此网上见到的都是大顶堆排序。但小顶堆排序还是需要掌握的,如我们有 10 000 个数,取里面第三大的数,就需要用到小顶堆排序。

6.3 TopK 问题

TopK 问题是一个经典的海量数据处理问题,比如热搜上每天都会更新出排名前十的热门搜索信息,再或者通过大数据找出陕西人最爱吃的水果等,这些都归为 TopK 问题。TopK 问题有许多种解法，比如暴力排序再取数、快速排序、优先队列（不巧的是 JavaScript 没有这种数据结构，它也是用小顶堆来实现的），还有最大堆或最小堆的解法。

我们先看如何取一个数，代码如下：

```javascript
function swap(array, a, b) {/**略**/}

function maxHeapDown(array, i, n) {/**略**/}

function findKthLargest(array, k) {// k 从 0 开始
  var n = array.length;
  for (var i = (n >> 1); i >= 0; i--) {
    maxHeapDown(array, i, n);
  }
  if (k === 0) {
    return array[0]; // 最大数
  }
  k--;
  for (var i = n - 1; i > 0; i--) {
    swap(array, 0, i);
    maxHeapDown(array, 0, i);
    if (k-- === 0) {
      return array[0];
    }
  }
  throw `${k}超过数组长度!`;
}
// 求最大数
var el = findKthLargest([3, 11, 1, 5, 6, 9, 7, 8], 0);
console.log(el);
// 求第二大数
var el = findKthLargest([3, 11, 1, 5, 6, 9, 7, 8], 1);
console.log(el);
// 求第三大数
var el = findKthLargest([3, 11, 1, 5, 6, 9, 7, 8], 2);
console.log(el);
```

如果求最大的几个数，该怎么办呢？先建立一个新数组，长度为 k，然后将其转换成小顶堆，再继续用剩下的元素与小顶堆的堆顶比较，若发现比堆顶大，那么替换它并重新对堆进行有序化。这样堆里面的元素会越来越大，是原来数组中最大的那 k 个。相关代码如下：

```javascript
// 省略前面几个函数
function swap(array, a, b) {/**略**/}

function minHeapDown(array, i, n) {/**略**/}

function findLargest(array, k) {
  var ret = [],
    n = array.length;
  // 将数据分成两部分：体制内的与体制外的
  for (var i = 0; i < k; i++) {
    ret[i] = array[i];
```

```
}
// 将体制内的元素转换成小顶堆，方便优胜劣汰
for (var j = k >> 1; j >= 0; --j) {
  minHeapDown(ret, j, k);
}
for (var j = k; j < n; j++) {
  if (ret[0] < array[j]) { // 用外部的元素顶替小顶堆的堆顶
    ret[0] = array[j];
    minHeapDown(ret, 0, k); // 继续转换小顶堆，将最小的值置顶
  }
}
return ret;
}
var ret = findLargest([3, 11, 1, 5, 6, 9, 7, 8], 4);
console.log(ret);
// [7, 9, 8, 11]
```

由于仅仅保存了 K 个数据，又因为调整最小堆的时间复杂度为 $O(\log K)$，因此使用堆来解决 TopK 问题的时间复杂度为 $O(n\log K)$。表 6-2 展示了 TopK 问题的不同解决方案。

表 6-2　TopK 问题的解决方案

方　　案	说　　明
全局排序	其时间复杂度为 $O(n\log n)$
局部排序	只排序 TopK 个数，其时间复杂度为 $O(nk)$
堆	TopK 个数也不排序了，其时间复杂度为 $O(n\log k)$
分治法	每个分支"都要"递归，例如：快速排序，其时间复杂度为 $O(n\log n)$
减治法	"只要"递归一个分支，例如：二分查找的时间复杂度为 $O(\log n)$，随机选择的时间复杂度为 $O(n)$
bitmap	计数

6.4　优先队列

首先我们来回顾一下队列。普通的队列是一种先进先出的数据结构，元素在队列尾追加，从队列头删除。在优先队列（priority queue）中，元素被赋予优先级。当访问元素时，具有最高优先级的元素最先删除。优先队列具有最高级先出的行为特征，就像 VIP，即便他最迟来，也是最先得到服务。

可以想象，为了让 VIP 先得到服务，我们需要将优先级最高的元素在插入时就调整到最前面，如果优先队列使用链表或普通的数组实现，其时间复杂度是 $O(n)$；如果换成最大堆，则每次插入和移除的时间复杂度只有 $O(\log n)$。上面我们已经学习了建堆与调整堆，而想实现优先队列，我们还要实现堆的移除与添加。

我们先看优先队列的 API：

```
class PriorityQueue {
  constructor(){
    this.heap = [];
  }
  push(){} // 添加元素，调整堆
  pop(){}  // 删除最大的元素（堆顶）
  max(){// 返回最大的元素
    return this.heap[0];
  }
  size(){// 大小
    return this.heap.length;
  }
  empty(){// 是否为空
    return !this.heap.length;
  }
}
```

难点在于添加元素与移除元素。先看添加元素，我们一般是将元素放到最后，然后让它上浮到适合的位置。其中变量的命名很重要，元素上浮是"**孩子找父亲**"，"父亲"是基于 parent = (child - 1) >> 1 计算出来的。现在我们要实现大顶堆，因此如果孩子结点比父结点大，就进行交换，直到交换不了，此时循环直接用 while(true){}就行了。

添加元素的代码如下：

```
push(el){
  var array = this.heap;
  array.push(el);
  var child = array.length - 1;// 知道"孩子"，找"父亲"
  while (true) {
    var parent = (child - 1) >> 1;
    if (array[parent] < array[child]) {
      swap(array, child, parent);// 让大的在上面
      child = parent;
    } else {
      break;
    }
  }
}
```

再看移除元素，我们只移除优先级最高的，也就是第一个元素，当然也可以允许用户传参，反正我们找到目标元素后，就将它与最后一个元素进行交换。这时要保证新的第一个元素的优先级是最高的，又不能影响到最后一个，所以我们需要从第一个元素开始往下调整，这叫元素下沉法。当我们的元素碰到目标元素后就中止。最后把目标元素移除。

移除元素的代码如下：

```
pop(el) {
  var array = this.heap, index = 0;
  for (var i = 0; i < array.length; i++) {
    if (array[i] === el) {
```

```
      index = i;
      break;
    }
  }
  var target = array[index];
  swap(array, index, array.length - 1);
  // 知道 "父亲"，找 "孩子"，不断往下找 ( 数组的右边方向 )
  var parent = 0, child = parent * 2 + 1;
  while (true) {
    if (array[child] < array[child + 1] && array[child + 1] != target) {// 找到大的 "孩子"
      child++;
    }
    // 让大的 "孩子" 与 "父亲" 交换
    if (array[parent] < array[child] && array[child] != target) {
      swap(array, parent, child);
      parent = child;
      child = parent * 2 + 1; // 不断往右走
    } else {
      break;
    }
  }
  return array.pop();
}
```

下面是一些测试数据，可见 heap 值并不是完全按顺序排列，只是保证第一个是最大的。相关代码如下所示：

```
var a = new PriorityQueue();
a.push(1);
a.push(13);
a.push(4);
a.push(17);
a.push(2);
console.log(a.heap+"");
a.push(18);
console.log(a.heap+"");
a.push(15);
console.log(a.heap+"");
a.push(29);
console.log(a.heap+"");
a.pop();
console.log(a.heap+"");
```

代码执行结果如图 6-6 所示。

```
17,13,4,1,2
18,13,17,1,2,4
18,13,17,1,2,4,15
29,18,17,13,2,4,15,1
18,13,17,1,2,4,15
18,13,17,1,15,4
```

图 6-6   示例代码执行结果

如果我们想实现一个小顶堆的优先队列呢？这也很简单，在 pop 与 push 涉及元素比较的地方，将大于号和小于号交换一下。代码如下所示：

```
push(el){
  var array = this.heap;
  array.push(el);
  var child = array.length - 1;// 知道"孩子"，找"父亲"
  while (true) {
    var parent = (child - 1) >> 1;
    if (array[parent] > array[child]) {
      swap(array, child, parent);// 让小的在上面
      child = parent;
    } else {
      break;
    }
  }
}
pop(el) {
  var array = this.heap, index = 0;
  for (var i = 0; i < array.length; i++) {
    if (array[i] === el) {
      index = i;
      break;
    }
  }
  var target = array[index];
  swap(array, index, array.length - 1);
  // 知道"父亲"，找"孩子"，不断往下找（数组的右边方向）
  var parent = 0, child = parent * 2 + 1;
  while (true) {
    if (array[child] > array[child + 1] && array[child + 1] != target) {// 找到小的"孩子"
      child++;
    }
    // 让小的"孩子"与"父亲"交换
    if (array[parent] > array[child] && array[child] != target) {
      swap(array, parent, child);
      parent = child;
      child = parent * 2 + 1; // 不断往右走
    } else {
      break;
    }
  }
  return array.pop();
}
```

6.5　丑数

我们把只包含因子 2、3 和 5 的数称作丑数，并且习惯把 1 当作第一个丑数。

设计一个算法，找出只含素因子 2，3，5 的第 n 小的数，符合条件的数如 1，2，3，4，5，6，8，9，10，12……

分析：经过观察，除了第一个数 1 外，其他数都是乘以 2、3、5 得出来的，在每次相乘得到的数中，移除被乘数后，找到最小的数，继续乘以 2、3、5。即：

```
1 -> 2, 3, 5 -> 2
2 -> 4, 6, 10 -> 3
3 -> 6, 9, 15 -> 4
4 -> 8, 12, 20 -> 5
```

因此我们可以用散列进行去重，并用最小堆取最小数：

```javascript
class PriorityQueue {
  // 最小堆构建的优先队列
}

var nthUglyNumber = function (n) {
  var hash = {};
  var queue = new PriorityQueue();
  queue.push(1);
  hash[1] = true;
  var factors = [2, 3, 5], num;
  for (var i = 0; i <= n; i++) {
    num = queue.pop();
    for (var j = 0; j < 3; j++) {
      var next = num * factors[j];
      if (!hash[next]) {
        hash[next] = true;
        queue.push(next);
      }
    }
  }
  return num;
};
console.log(nthUglyNumber(1));
console.log(nthUglyNumber(2));
console.log(nthUglyNumber(3));
console.log(nthUglyNumber(4));
console.log(nthUglyNumber(5));
console.log(nthUglyNumber(10));
console.log(nthUglyNumber(400));
console.log(nthUglyNumber(1212));
```

示例代码的执行结果如图 6-7 所示。

```
1    1
2    2
3    3
4    4
5    5
6    12
7    311040
8    188743680
```

图 6-7　示例代码的执行结果

6.6　总结

二叉堆是优先队列的实现方式之一，是 1964 年提出的，它有两个重要性质。

(1) 二叉堆是完全二叉树，因此完全二叉树的特性都适用于二叉堆。

(2) 每个结点都比其孩子结点大或小。

JavaScript 中没有优先队列这种数据结构，因此我们需要自己实现。实现一个二叉堆或优先队列时，需要实现插入、删除、堆顶等方法。

堆排序就是利用堆这种数据结构进行的排序，其时间复杂度是 $O(n)$。

TopK 是一个应用很广泛的问题，也包含了很多值得讨论的算法基础知识，其解法有很多。

(1) 全局排序，其中排序方法又有很多种。

(2) 局部冒泡，冒泡出最大的 k 个元素，这 k 个元素也是有序的，因此会浪费一些时间。

(3) 堆，建堆的时间复杂度是 $O(n)$，建堆的好处是可以处理动态数据集，加入新数据的操作时间复杂度足够低（是 $O(\log k)$）。

第 7 章

并查集

现实中，我们经常遇到一类问题：查询某个元素是否属于某个集合，或者某个元素和另一个元素是否属于同一个集合。这种问题的最佳解决方案就是并查集。

并查集一般以树形结构存储。多棵树构成一个森林，每棵树构成一个集合，树中的每个结点就是该集合的元素。

并查集在许多算法书中没有介绍，我们先一步步推导它的形成过程。

7.1 没有优化的并查集

并查集，顾名思义，它支持两种操作：并和查。查就是查询两个元素是否属于同一个集合。并就是将两个小集合并成一个大集合。在实践中，并也是通过指定两个元素、合并这两个元素所属的集合来实现的。

我们先用一个数组来代表集合，虽然现在 JavaScript 也有集合（Set）了，但还是建议使用最通用的数组。假设有 10 个元素，0 ~ 9，每个元素都有自己的小组，自己是自己的"老大"。0 属于第 0 个小组（集合），1 属于第 1 个小组（集合），2 属于第 2 个小组（集合）……如图 7-1 所示。

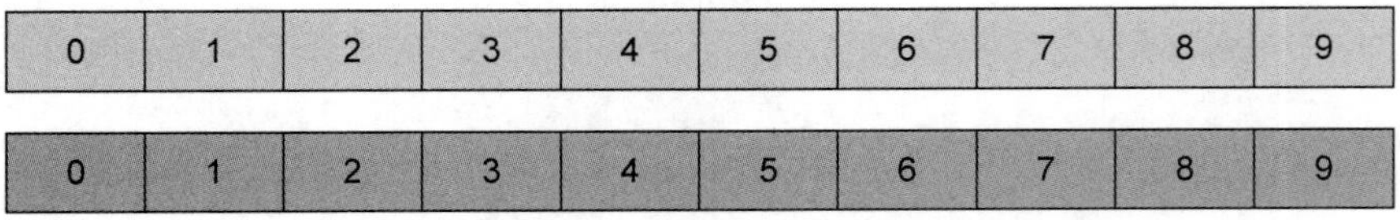

图 7-1　未做合并操作的数组

现在我们做合并操作，比如让 5 与 6 合并，都归为第 6 组，1 与 2 合并，都归为第 2 组，如图 7-2 所示。

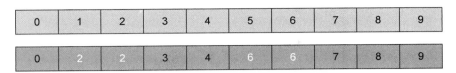

图 7-2 5 与 6、1 与 2 合并后的数组

这么简单的合并，代码实现起来也简单，arr[1] = arr[2]，arr[5] = arr[6]。

如果第 2 组要与第 3 组合并呢，这时代码量就多一点了。arr[1] = arr[2] = arr[3]，这样一来，1、2、3 都归为第 3 组，如图 7-3 所示。

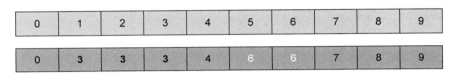

图 7-3 2 与 3 合并后的数组

然后第 3 组与第 4 组合并，则变成：arr[1] = arr[2] = arr[3] = arr[4]，如图 7-4 所示。

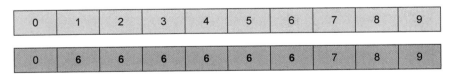

图 7-4 3 与 4 合并后的数组

接着第 4 组和第 5 组进行组队，1 带着原先所有的队友一起加入 5 所在的队伍。5 在哪个队伍呢？因为 arr[5]==6，所以 5 在第 6 小组。1 带着所有队友进入小组 6，如图 7-5 所示。

图 7-5 4 和 5 合并后的数组

最后，我们用代码描述一下：

```
class UnionFind {
  constructor(size) {
    this.size = size; // 表示当前还有多少个小组
    this.parents = new Array(size);
    for (var i = 0; i < size; i++) {
      this.parents[i] = i;
    }
  }
```

```javascript
  // 查看元素属于哪个集合
  query(element) {
    return this.parents[element];
  }

  // 合并 a、b 所在的集合
  merge(a, b) {
    var p1 = this.query(a);
    var p2 = this.query(b);
    // 如果这两个元素不是同一个集合，那么合并
    if (p1 !== p2) {
      this.size--;
      // 遍历数组，使原来的 p1、p2 合并为 p2
      for (var i = 0; i < this.size; i++) {
        if (this.parents[i] === p1) {
          this.parents[i] = p2;
        }
      }
    }
  }
  // 查看元素 a、b 是否在同一个集合，如果不在，那么合并（有专门的术语叫连接）
  isConnected(a, b) {
    return this.query(a) === this.query(b);
  }
  toString() {
    return this.parents.join(" ");
  }
}
var union = new UnionFind(10);
console.log("初始化");
console.log(union + "");

console.log("连接了 5 6");
union.merge(5, 6);
console.log(union + "");

console.log("连接了 1 2");
union.merge(1, 2);
console.log(union + "");

console.log("连接了 2 3");
union.merge(2, 3);
console.log(union + "");

console.log("连接了 1 4");
union.merge(1, 4);
console.log(union + "");

console.log("连接了 1 5");
union.merge(1, 5);
console.log(union + "");

console.log("1  6 是否连接: " + union.isConnected(1, 6));
console.log("1  8 是否连接: " + union.isConnected(1, 8));
```

代码执行结果如图 7-6 所示。

```
初始化
0 1 2 3 4 5 6 7 8 9
连接了5 6
0 1 2 3 4 6 6 7 8 9
连接了1 2
0 2 2 3 4 6 6 7 8 9
连接了2 3
0 3 3 3 4 6 6 7 8 9
连接了1 4
0 4 4 4 4 6 6 7 8 9
连接了1 5
0 6 6 6 6 6 6 7 8 9
1   6 是否连接: true
1   8 是否连接: false
```

图 7-6　示例代码执行结果

7.2　快速合并，慢查找

在上面的并查集中，数组保存着元素对应的集合编号。当我们合并时，需要对某一个组的所有元素进行重置，这样的合并操作性能比较差，合并一次的时间复杂度为 $O(n)$。

怎么办？不要全部都改，只改一个。为了实现这一点，我们就要在最开始的合并时，决定某一个是新小组的"老大"，让每个元素都有从属关系。在数据结构中，从属关系通常表示为父子结点。如果一个父结点有多个孩子结点，就是树了。但这里我们不想改动太多，还是用数组表示。

最开始时还是与上面一样，如图 7-7 所示。

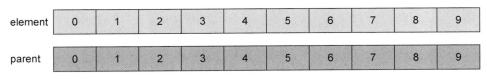

图 7-7　未做合并操作的数组

当 5 组与 6 组合并，1 组与 2 组合并时，看似与原来的合并没什么区别。

然后 2 组与 3 组合并，2 组的"老大"是 2，那么我们只需要将 2 改变成 3，如图 7-8 所示。

图 7-8　合并后的数组

然后 3 组与 4 组合并，3 组的"老大"是 3，那么我们只需要将 3 改变成 4，如图 7-9 所示。

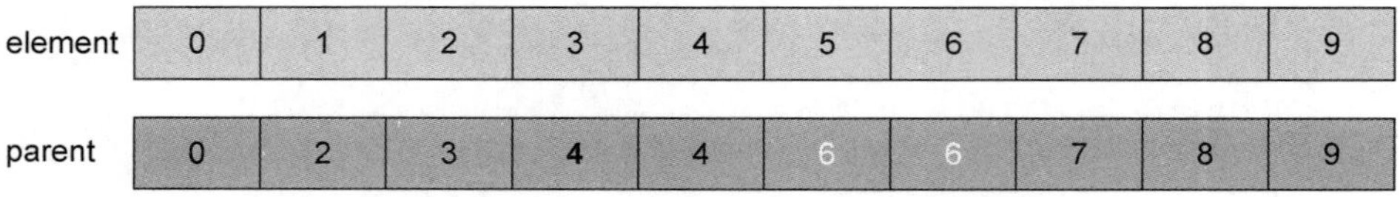

图 7-9   合并后的数组

最后 4 组与 5 组合并，其实 5 组已经不存在，变成 6 组，那么我们将 4 组"老大"的值改成 6 组"老大"的值，如图 7-10 所示。

图 7-10   合并后的数组

这样横着排不直观，我们将一部分有从属关系的改成纵向的，如图 7-11 所示。

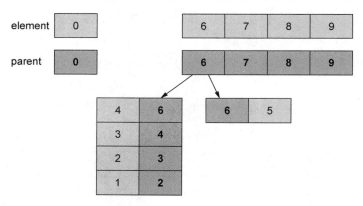

图 7-11   数组纵向排列

现在我们重新用编程实现，代码如下：

```
class UnionFind {
  constructor(size) {
    this.size = size; // 表示当前还有多少个小组
    this.parents = new Array(size);
    for (var i = 0; i < size; i++) {
      this.parents[i] = i;
    }
  }
  // 查看元素属于哪个集合
  query(element) {// 只上报最终 BOSS 的组名
```

```
    var p = this.parents;
    while (element !== p[element]) { // 一样，说明到顶，否则往上找
      element = p[element];
    }
    return element;
  }

  // 合并元素 a、b 所在的集合
  merge(a, b) {
    var p1 = this.query(a);
    var p2 = this.query(b);
    // 如果这两个元素不是同一个集合，那么将其中一个 "老大" 的值改写为另一个 "老大" 的值
    if (p1 !== p2) {
      this.size--;
      this.parents[p1] = p2;
    }
  }
  // 查看元素 a、b 是否在同一个集合
  isConnected(a, b) { /**略**/ }
  toString() { /**略**/ }
}
var union = new UnionFind(10);
console.log("初始化");
console.log(union + "");

console.log("连接了 5 6");
union.merge(5, 6);
console.log(union + "");

console.log("连接了 1 2");
union.merge(1, 2);
console.log(union + "");

console.log("连接了 2 3");
union.merge(2, 3);
console.log(union + "");

console.log("连接了 1 4");
union.merge(1, 4);
console.log(union + "");

console.log("连接了 1 5");
union.merge(1, 5);
console.log(union + "");

console.log("1  6 是否连接: " + union.isConnected(1, 6));

console.log("1  8 是否连接: " + union.isConnected(1, 8));
```

运行上述代码，得到的结果如图 7-12 所示。

```
初始化
0 1 2 3 4 5 6 7 8 9
连接了5 6
0 1 2 3 4 6 6 7 8 9
连接了1 2
0 2 2 3 4 6 6 7 8 9
连接了2 3
0 2 3 3 4 6 6 7 8 9
连接了1 4
0 2 3 4 4 6 6 7 8 9
连接了1 5
0 2 3 4 6 6 6 7 8 9
1  6 是否连接: true
1  8 是否连接: false
```

图 7-12　示例代码的运行结果

7.3　基于权重的快速合并，快速查找

现在合并的性能提升了，开始考虑优化查询速度。仔细观察，查询速度取决于合并时产生的父结点的数量。换言之，树越深，查询越慢。而我们在建树时，只是盲目地选择往某一个方向添加，比如 2 组与 3 组合并，我们总是选择后者为新组的"老大"。这会导致成树越来越长，最糟的情况会退化成链。

为了避免出现这种情况，我们需要调整建树的方式，其中比较常用的有基于权重进行拼接和基于深度进行拼接。我们先讲第一种。

比如：有下面两个集合（如图 7-13 所示）。其中 2 和 6 是两个集合的根。现在对它们进行合并，那么新"老大"该是谁？一般来说，就是谁的"手下"多，谁就是新集合的"老大"。这就是基于权重的合并逻辑。权重，其实是指代一个组的成员数量。

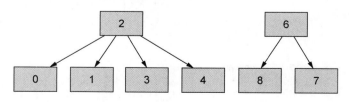

图 7-13　权重不同的两个集合

元素 2 有 4 个"手下"，再算上自己，那就是 5 个人。元素 6 有 2 个"手下"，再算上自己，那就是 3 个人。很明显是元素 2 的人手多，所以 2 来充当合并之后的根。

基于权重的快速合并、快速查找的代码如下：

```javascript
class UnionFind {
  constructor(size) {
    this.size = size; // 表示当前还有多少个小组
    this.parents = new Array(size);
    this.weights = new Array(size);
    for (var i = 0; i < size; i++) {
      this.parents[i] = i;
      this.weights[i] = 1; // 每一个集合只有一个元素
    }
  }
  // 查看元素属于哪个集合
  query(element) {
    var p = this.parents;
    while (element !== p[element]) { // 如果一样，就到顶，否则继续往上找
      element = p[element];
    }
    return element;
  }
  // 合并元素 a、b 所在的集合
  merge(a, b) {
    var p1 = this.query(a);
    var p2 = this.query(b);
    // 如果这两个元素不是同一个集合，那么将其中一个"老大"的值改写为另一个"老大"的值
    if (p1 !== p2) {
      this.size--;
      if (this.weights[p1] > this.weights[p2]) {
        this.parents[p2] = p1;
        this.weights[p1] += this.weights[p2];
      } else {
        this.parents[p1] = p2;
        this.weights[p2] += this.weights[p1];
      }
    }
  }
  // 查看元素 a、b 是否在同一个集合
  isConnected(a, b) { /**略**/ }
  toString() { /**略**/ }
}
var union = new UnionFind(10);
console.log("初始化");
console.log(union + "");

console.log("连接了 5 6");
union.merge(5, 6);
console.log(union + "");

console.log("连接了 1 2");
union.merge(1, 2);
console.log(union + "");
```

```
console.log("连接了 2 3");
union.merge(2, 3);
console.log(union + "");

console.log("连接了 1 4");
union.merge(1, 4);
console.log(union + "");

console.log("连接了 1 5");
union.merge(1, 5);
console.log(union + "");

console.log("1  6 是否连接: " + union.isConnected(1, 6));

console.log("1  8 是否连接: " + union.isConnected(1, 8));
```

代码的执行结果如图 7-14 所示。

```
初始化
0 1 2 3 4 5 6 7 8 9
连接了5 6
0 1 2 3 4 6 6 7 8 9
连接了1 2
0 2 2 3 4 6 6 7 8 9
连接了2 3
0 2 2 2 4 6 6 7 8 9
连接了1 4
0 2 2 2 2 6 6 7 8 9
连接了1 5
0 2 2 2 2 6 2 7 8 9
1  6 是否连接: true
1  8 是否连接: false
```

图 7-14   示例代码的执行结果

7.4   基于深度的快速合并，快速查找

上面介绍的是，当两个集合合并时，谁的权重大，谁就来当合并之后的根。效率比以前好多了，但还是有并查集深度太深的问题。并查集越深，就越接近线性，query 函数的时间复杂度就越接近 $O(n)$。于是有了这种基于深度的合并。合并时，谁的深度深，谁就是新的根。这样集合的深度最多为够深的集合的深度，而不会让深度增加。

比如上面的例子中，元素 2 的深度是 2，元素 6 的深度是 3，基于权重合并后，新的集合深度是 4。如果基于深度，新的集合深度是 3。其过程如图 7-15 所示。

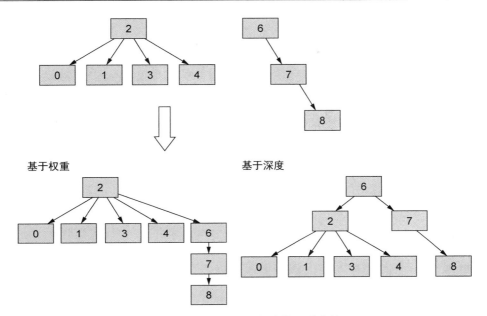

图 7-15 基于权重和深度的两种合并

如果两组的深度一样呢？那就随便取一个，为新组的深度加 1。

基于深度的快速合并、快速查找的代码如下：

```
class UnionFind {
  constructor(size) {
    this.size = size; // 表示当前还有多少个小组
    this.parents = new Array(size);
    this.depth = new Array(size);
    for (var i = 0; i < size; i++) {
      this.parents[i] = i;
      this.depth[i] = 1;
    }
  }
  // 查看元素属于哪个集合
  query(element) {
    var p = this.parents;
    while (element !== p[element]) {// 如果一样，就到顶，否则继续往上找
      element = p[element];
    }
    return element;
  }
  // 合并 a、b 所在的集合
  merge(a, b) {
    var p1 = this.query(a);
    var p2 = this.query(b);
    // 如果这两个元素不是同一个集合，那么将其中一个"老大"的值改写为另一个"老大"的值
    if (p1 !== p2) {
```

```javascript
        this.size--;
        if (this.depth[p1] > this.depth[p2]) {
          this.parents[p2] = p1;
        } else if (this.depth[p2] > this.depth[p1]) {
          this.parents[p1] = p2;
        } else {
          this.parents[p1] = p2;
          this.depth[p2] += 1;
        }
      }
  }
  // 查看元素 a、b 是否在同一个集合
  isConnected(a, b) { /**略**/ }
  toString() { /**略**/ }
}
var union = new UnionFind(10);
console.log("初始化");
console.log(union + "");

console.log("连接了 5 6");
union.merge(5, 6);
console.log(union + "");

console.log("连接了 1 2");
union.merge(1, 2);
console.log(union + "");

console.log("连接了 2 3");
union.merge(2, 3);
console.log(union + "");

console.log("连接了 1 4");
union.merge(1, 4);
console.log(union + "");

console.log("连接了 1 5");
union.merge(1, 5);
console.log(union + "");

console.log("1  6 是否连接: " + union.isConnected(1, 6));

console.log("1  8 是否连接: " + union.isConnected(1, 8));
```

7.5   基于权重与路径压缩的快速合并，快速查找

　　路径压缩就是处理并查集中过深的结点。实现方法很简单，就是在 query 函数里加上一句 parents[element] = parents[parents[element]];就好了，就是让当前结点指向自己父亲的父亲，减少深度，同时还没有改变根结点的权重（非根结点的权重改变了无所谓）。具体过程如图 7-16 所示。

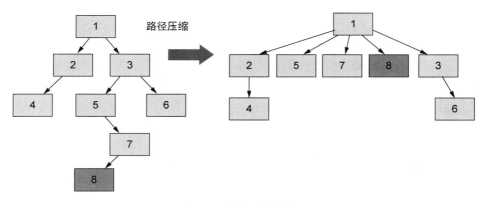

图 7-16 路径压缩的过程

注意：只能在基于权重的并查集上改 query 函数，而不能在基于深度的并查集上采用这个优化。因为路径压缩后，根的权重不变，但深度会变，然而深度改变后又不方便重新计算。

基于权重与路径压缩的快速合并、快速查找的代码如下：

```
class UnionFind {
  constructor(size) {
    this.size = size; // 表示当前还有多少个小组
    this.parents = new Array(size);
    this.weights = new Array(size);
    for (var i = 0; i < size; i++) {
      this.parents[i] = i;
      this.weights[i] = 1;
    }
  }
  // 查看元素属于哪个集合
  query(element) {
    var p = this.parents;
    while (element !== p[element]) { // 如果一样，就到顶，否则继续往上找
      p[element] = p[p[element]];
      element = p[element];
    }
    return element;
  }
  // 合并元素 a、b 所在的集合
  merge(a, b) {
    var p1 = this.query(a);
    var p2 = this.query(b);
    // 如果这两个元素不是同一个集合，那么将其中一个“老大”的值改写为另一个“老大”的值
    if (p1 !== p2) {
      this.size--;
      if (this.weights[p1] > this.weights[p2]) {
        this.parents[p2] = p1;
        this.weights[p1] += this.weights[p2];
```

```
    } else {
      this.parents[p1] = p2;
      this.weights[p2] += this.weights[p1];
    }
  }
}
  // 查看元素 a、b 是否在同一个集合
  isConnected(a, b) { /**略**/ }
  toString() { /**略**/ }
}
var union = new UnionFind(10);
console.log("初始化");
console.log(union + "");

console.log("连接了 5 6");
union.merge(5, 6);
console.log(union + "");
console.log("连接了 5 6 之后的 weights: ");
console.log(union.weights);

console.log("连接了 1 2");
union.merge(1, 2);
console.log(union + "");
console.log("连接了 1 2 之后的 weights: ");
console.log(union.weights);

console.log("连接了 2 3");
union.merge(2, 3);
console.log(union + "");
console.log("连接了 2 3 之后的 weights: ");
console.log(union.weights);

console.log("连接了 1 4");
union.merge(1, 4);
console.log(union + "");
console.log("连接了 1 4 之后的 weights: ");
console.log(union.weights);

console.log("连接了 1 5");
union.merge(1, 5);
console.log(union + "");
console.log("连接了 1 5 之后的 weights: ");
console.log(union.weights);

console.log("1  6 是否连接: " + union.isConnected(1, 6));

console.log("1  8 是否连接: " + union.isConnected(1, 8));
```

代码执行结果如图 7-17 所示。

```
初始化
0 1 2 3 4 5 6 7 8 9
连接了5 6
0 1 2 3 4 6 6 7 8 9
连接了5 6 之后的weights:
▶(10) [1, 1, 1, 1, 1, 1, 2, 1, 1, 1]
连接了1 2
0 2 2 3 4 6 6 7 8 9
连接了1 2 之后的weights:
▶(10) [1, 1, 2, 1, 1, 1, 2, 1, 1, 1]
连接了2 3
0 2 2 2 4 6 6 7 8 9
连接了2 3 之后的weights:
▶(10) [1, 1, 3, 1, 1, 1, 2, 1, 1, 1]
连接了1 4
0 2 2 2 2 6 6 7 8 9
连接了1 4 之后的weights:
▶(10) [1, 1, 4, 1, 1, 1, 2, 1, 1, 1]
连接了1 5
0 2 2 2 2 6 2 7 8 9
连接了1 5 之后的weights:
▶(10) [1, 1, 6, 1, 1, 1, 2, 1, 1, 1]
1   6 是否连接: true
1   8 是否连接: false
```

图 7-17　示例代码的执行结果

至此并查集的算法基本介绍完了，从容易想到的快速查找到相对复杂但是更加高效的快速合并，然后到对快速合并的几项改进，我们算法的效率不断提高。并查集算法的汇总如表 7-1 所示。

表 7-1　并查集算法

算　　法	构　　建	合　　并	寻　　找
快速查找	N	N	1
快速合并	N	树深度	树深度
基于权重的快速合并	N	$\lg N$	$\lg N$
基于深度的快速合并	N	树深度	树深度
基于权重与路径压缩的快速合并	N	几乎接近 1	几乎接近 1

基于深度的快速合并的树深度比普通的快速合并低很多，因此性能会高一些。

7.6　相关问题

基于并查集的合并查找特点，可以加快朋友圈、岛屿数量、账户合并等问题的求解。

7.6.1　朋友圈

有个班级，里面有 N 个学生，他们之中有些是朋友有些不是，比如如果 A 是 B 的朋友，B 是 C 的朋友，那么 A 就是 C 的间接朋友，而朋友圈就是由直系朋友和间接朋友所组成的群体。

给定一个 $N \times N$ 的矩阵 **M**，代表这个班级里所有学生的朋友关系，如果 $M_i = 1$，那么第 i 个学生和第 j 个学生就互为直系朋友，不为 1 的话就不是朋友。而你的任务就是输出整个班级里总的朋友圈数量。

例子 1

输入：

```
[[1,1,0],
 [1,1,0],
 [0,0,1]]
```

输出：2

解释：第 0 个学生和第 1 个学生是直系朋友，所以记为 1 个朋友圈。第 2 个学生他没什么朋友也要算一个朋友圈，所以结果为 2。

例子 2

输入：

```
[[1,1,0],
 [1,1,1],
 [0,1,1]]
```

输出：1

解释：第 0 个学生和第 1 个学生是直系朋友，第 1 个学生和第 2 个学生也是，所以第 0 个学生和第 2 个学生是间接朋友，3 个学生都在同一个朋友圈里，返回 1。

解答：这就是典型的并查集问题，这个二维数组表示 11、22、33、44 这样的平方数，因此这班的总人数可以确认为 1、2、3、4……然后我们遍历这个二维数组，调用 merge 方法即可。

解决朋友圈问题的代码如下：

```
class UnionFind{
  // 直接借鉴上面最后一种实现
}
function findCircleNum(matrix) {
  var union = new UnionFind(matrix.length);
  for(var i = 0; i < matrix.length; i++){
    var row = matrix[i];
    for(var j = 0; j < row.length; j++){
```

```
      if(matrix[i][j] === 1){
        union.merge(i, j );
      }
    }
  }
  return union.size;
}

console.log(findCircleNum( [[1,1,0],[1,1,0],[0,0,1]])); // 2
console.log(findCircleNum( [[1,1,0],[1,1,1],[0,1,1]])); // 1
```

7.6.2　岛屿的数量

给定一个 01 矩阵，求岛屿的数量。0 代表海，1 代表岛屿，如果两个 1 相邻（上下左右靠近，但不包括斜线），那么这两个 1 属于同一个岛屿。假设矩阵外围都是水。

例子 1

输入：

```
    11110
    11010
    11000
    00000
```

输出：1

例子 2

输入：

```
    11000
    11000
    00100
    00011
```

输出：3

解答：我们首先要确定初始状态下有多少个小组。由于长宽个数不一样，不是平方数，因此我们就直接把数字的数量当成小组了。但是里面的许多小组是无效的（0 肯定不参与合并），因此要过滤掉。接下来，就根据上下左右关系进行合并，最后得到的 size 就是岛屿数。

解决岛屿数量问题的代码如下：

```
class UnionFind{
  // 直接借鉴上面最后一种实现
}
function numIslands(grid) {
  var size = 0,total = 0;
  for (var i = 0; i < grid.length; i++) {
```

```
    var row = grid[i];
    for (var j = 0; j < row.length; j++) {
      if (row[j] === '1') {
        size++;
      }
      total ++;
    }
  }
  var union = new UnionFind(total);
  union.size = size;
  for (var i = 0; i < grid.length; i++) {
    var row = grid[i];
    var topRow = grid[i - 1];// 上面一行
    var n = row.length;
    for (var j = 0; j < n; j++) {
      if (row[j] === '1' && row[j + 1] === '1') {
        union.merge(i * n + j, i * n + j + 1); // 左右相邻，合并
      }
      if (topRow && row[j] === '1'  && topRow[j] === '1') {
        union.merge(i * n + j, (i - 1) * n + j);// 上下相邻，合并
      }
    }
  }
  return union.size;
}
```

7.6.3   账户合并

给定一个列表 accounts，每个元素 accounts[i] 都是一个字符串列表，其中第一个元素 accounts[0]是名称(name)，其余元素是 emails，表示该账户的邮箱地址。

现在我们想合并这些账户。如果两个账户有一些共同的邮件地址，则这两个账户必定属于同一个人。请注意，即使两个账户具有相同的名称，它们也可能属于不同的人，因为人们可能具有相同的名称。一个人最初可以拥有任意数量的账户，但其所有账户都具有相同的名称。

合并账户后，按以下格式返回账户：每个账户的第一个元素是名称，其余元素是按顺序排列的邮箱地址。accounts 本身能以任意顺序返回。

例子 1

输入：

```
accounts = [["John", "johnsmith@mail.com", "john00@mail.com"], ["John", "johnnybravo@mail.com"],
["John", "johnsmith@mail.com", "john_newyork@mail.com"], ["Mary", "mary@mail.com"]];
```

输出：

```
[["John", "john00@mail.com", "john_newyork@mail.com", "johnsmith@mail.com"],  ["John",
"johnnybravo@mail.com"], ["Mary", "mary@mail.com"]];
```

解释：第一个和第三个 John 是同一个人，因为他们有共同的电子邮件"johnsmith@mail.com"。

第二个 John 和 Mary 是不同的人，因为他们的电子邮件地址没有被其他账户使用。我们可以以任何顺序返回这些列表，例如答案[["Mary", "mary@mail.com"], ["John", "johnnybravo@mail.com"], ["John", "john00@mail.com", "john_newyork@mail.com", "johnsmith@mail.com"]]仍然会被接受。

解答：难点是高效判定邮件是否属于某个人。既然名字不可靠，那么我们就用索引值。索引值在并查集中就是小组的编号。

解决账户合并问题的代码如下：

```
class UnionFind{
  // 直接借鉴前面最后一种实现
}
function accountsMerge(accounts) {
  var union = new UnionFind(accounts.length);
  var owners = {};
  // 开始合并账户
  for (var i = 0; i < accounts.length; i++) {
    var emails = accounts[i];
    for (var j = 1; j < emails.length; j++) {
      var email = emails[j];
      if (owners.hasOwnProperty(email)) {
        var person = owners[email];
        union.merge(i, person); // 如果共用一个邮箱，说明是同一个人，合并
      } else {
        owners[email] = i;
      }
    }
  }
  // 提取用户对应的邮件
  var userEmails = {};
  for (var i = 0; i < accounts.length; i++) {
    var rootIndex = union.query(i);// 找到合并后的小组的索引值名
    var emails = accounts[i];
    if (!userEmails[rootIndex]) {
      userEmails[rootIndex] = new Set();
    }
    emails.forEach((a, i) => {
      if (i) {
        userEmails[rootIndex].add(a);
      }
    });
  }
  var result = [];
  for (var i in userEmails) {
    var name = accounts[i][0];
    var emails = Array.from(userEmails[i]).sort();
    emails.unshift(name);
```

```
      result.push(emails);
    }
  return result;
}
```

7.6.4 团伙问题

1920 年的芝加哥，出现了一群强盗。如果两个强盗遇上了，他们要么是朋友，要么是敌人。而且有两点是肯定的：

(1) 我朋友的朋友是我的朋友；
(2) 我敌人的敌人也是我的朋友。

两个强盗是同一团伙的条件是当且仅当他们是朋友。现在给你一些关于强盗们的信息，问你最多有多少个强盗团伙。

输入：

```
6, 4,
[['E', 1, 4],
['F', 3, 5],
['F', 4, 6],
['E', 1, 2]]
```

输出：3

解释：第 1 行为 n 和 m，$1 < n < 1000$，$1 \leqslant m \leqslant 100\ 000$；接下来是一个二维数组，每个子数组为 p，x，y。p 的值为 F 或 E。p 为 F 时，表示 x 和 y 是朋友；p 为 E 时，表示 x 和 y 是敌人。

解答：并查集只能合并同类，但是不能处理敌人。但敌人的敌人是同类。由于不知道它是什么编号，我们可以扩展数组，将它放在[n+1, 2n]的位置上，然后通过 merge(x, y+n) 的方式进行合并，最后将得到的团伙数量除以 2 就行了。

解决团伙问题的代码如下：

```
function getGangs(n, counts, descriptions) {
  var union = new UnionFind(n * 2);// 放大两倍
  var result = 0;
  for (var i = 0; i < counts; i++) {
    var [type, a, b] = descriptions[i];
    if (type === 'E') {
      union.merge(a, b);
    } else {
      union.merge(a, b + n);// a 与 b 的敌人是同伙
      union.merge(a + n, b);// a 的敌人与 b 是同伙
    }
  }
  return union.size / 2;
```

```
}
var descriptions = [['E', 1, 4],
  ['F', 3, 5],
  ['F', 4, 6],
  ['E', 1, 2]];

console.log(getGangs(6, 4, descriptions));
```

7.6.5 食物链

动物王国中有三类动物 A、B 和 C，这三类动物的食物链构成了有趣的环形。A 吃 B，B 吃 C，C 吃 A。

现有 N 个动物，以 1 到 N 编号。每个动物都是 A、B 和 C 中的一种，但是我们并不知道它到底是哪一种。

有人用两种说法对这 N 个动物所构成的食物链关系进行描述。

第一种说法是 "1 X Y"，表示 X 和 Y 是同类。

第二种说法是 "2 X Y"，表示 X 吃 Y。

此人对这 N 个动物，用上述两种说法，一句接一句地说出 K 句话，这 K 句话有的是真的，有的是假的。当一句话满足下列三条之一时，这句话就是假话，否则就是真话。

(1) 当前的话与前面的某些真话冲突，就是假话；
(2) 当前的话中 X 或 Y 比 N 大，就是假话；
(3) 当前的话表示 X 吃 X，就是假话。

你的任务是根据给定的 N（$1 \leqslant N \leqslant 50\,000$）个动物和 K 句话（$0 \leqslant K \leqslant 100\,000$），输出假话的总数。数组中每行是 3 个正整数 D、X 和 Y，其中 D 表示说法的种类，X 和 Y 表示某个动物的编号。

输入：

```
100, 7
[[1,101,1],
[2, 1, 2], // a, b, c
[2, 2, 3],
[2, 3, 3],
[1, 1, 3],
[2, 3, 1],
[1, 5, 5]]
```

输出：3

解答：与上题比起来，派系更为复杂。团伙只有朋友与敌人，这题却有同类、食物、天敌三种关系。通俗地说，是大象弄死猫，猫弄死老鼠，老鼠弄死大象。这时我们要开三倍空间，设编号[1,n]表示动物本身的编号，[n+1,2*n]表示它们食物的编号，[2*n+1,3*n]表示它们天敌的编号。

在每次增加指令的时候判断一下。

同类：判断两只动物的祖先是否存在于另一动物的吃或被吃编号的并查集里。

食物：同理，判断两只动物的关系是否矛盾。如果是假话，就累计答案；如果是真话，就把新的指令加入相应的并查集里。

解决食物链问题的代码如下：

```javascript
function getLies(n, counts, descriptions) {
  var union = new UnionFind(n * 3);
  var result = 0;
  // 总共三种物种
  for (var i = 0; i < counts; i++) {
    var [type, a, b] = descriptions[i];
    if (a === b && type === 2) {// 如果它们是同类，但又互相捕食，那就是假话
      result++;
    } else if (a > n || b > n) {// a 或 b 比 N 大，就是假话
      result++;
    } else {
      if (type === 1) { // 假定这是真话，a、b 是同一物种
        // a 与它的天敌是同名，或 a 与它的食物是同名
        if (union.isConnected(a + n, b) || union.isConnected(a + 2 * n, b)) {
          result++;
        } else {
          union.merge(a, b);// 如果 a、b 是同类
          union.merge(a + n, b + n);// 那么它们的食物也是同类
          union.merge(a + 2 * n, b + 2 * n);// 那么它们的天敌也是同类
        }
      } else {// type == 2 假定这是真话，a、b 是不同物种
        // a 与 b 是同种，a 与它的天敌是同种
        if (union.isConnected(a, b) || union.isConnected(a, b + 2 * n)) {
          result++;
        } else {
          union.merge(a + 2 * n, b);// a 的天敌与 b 的食物是同种
          union.merge(a + n, b + 2 * n);// a 的食物与 b 的天敌是同种
          union.merge(a, b + n);// a 与 b 的食物是同种
        }
      }
    }
  }
  return result;
}
var descriptions = [
    [1,101,1],
    [2, 1, 2],
    [2, 2, 3],
    [2, 3, 3],
    [1, 1, 3],
```

```
    [2, 3, 1],
    [1, 5, 5],
];
console.log(getLies(100, 7, descriptions));
```

7.7　总结

并查集（disjoint set 或者 union-find set）是一种树形的数据结构，常用于处理一些不相交集合的合并及查询问题。

它有如下几种优化。

(1) 基于权重优化：当我们指定由谁连接谁的时候，`weights` 数组维护的是当前集合中元素的个数，让数据少的集合指向数据多的集合。

(2) 基于深度优化：当我们指定由谁连接谁的时候，`depth` 数组维护的是当前集合中树的深度，让深度低的集合指向深度高的集合。

(3) 路径压缩优化：可以提升查询的速度。我们只关心集合的代表是谁（也就是并查集树形结构中的根是谁），而并不关心树的形态，因此可以在每次执行往上找根结点的时候，把路径上所有元素的父结点全部指向根（也就是通过改变树结构，降低了树的深度，加快了查询速度），这样的时间复杂度为 $O(\log N)$。

第8章

线段树

本章中我们来学习另一种二叉查找树——线段树（segment tree），它的每个结点存储着一个区间（线段）。假设有编号从 1 到 n 的 n 个点，每个点都存了一些信息，用[L,R]表示下标从 L 到 R 的这些点。线段树的用处就是对编号连续的一些点进行修改或者统计操作，修改和统计的复杂度都是 $O(\log2n)$。

线段树的原理是，将[1，n]分解成若干特定的子区间（数量不超过 4×n），然后将每个区间[L，R]都分解为少量特定的子区间，通过对这些子区间的修改或者统计，快速实现对[L，R]的修改或统计。

现在有一个数组[2,3,7,99,11,8,2]，我们要将其转换为一个表示区间[1,6]的线段树，那么数组的元素将被放在左右端点都相同的叶子结点上。如果我们想取某一区间的和，比如[2,4]区间，那么我们在建树时，叶子结点的和就是数组元素，然后往上合并，到树的根结点，就是数组的和。想取[2,4]区间的和，就是将线段树的部分结点查询出来相加，这个例子中我们只需要找两个结点！

线段树如图 8-1 所示。

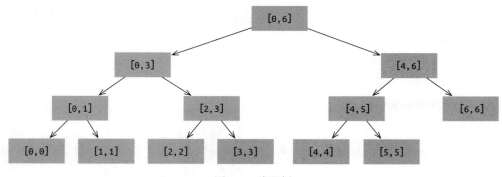

图 8-1　线段树

8.1 普通线段树

在研究线段树的查询修改之前，首先要考虑如何对其进行构建。

8.1.1 构建

线段树是一种特殊的二叉平衡树，一旦构建完成，不能增删，只能修改与查询。通常我们有两种形式表示线段树：指针法和数组法。指针法就是面向对象的方法，需要定义一个类来表示结点，然后再定义一个类来操作这些结点类。数组法，就是把结点的信息分散在多个数组中，好处是占空间更少，但在许多语言中数组是定长的，我们需要预留足够的长度。

假设我们有一个[2,3,7,99,11,8,2]数组，要将其转换成一个表示[0,6]区间的线段树。根据我们的定义，根结点的区间为[0,6]，那么它的左孩子是[0,3]，右孩子是[4,6]（如图 8-2 所示），这样不断递归与二分下去，最后它的区间只能表示一个元素。

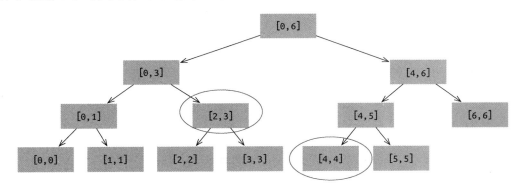

图 8-2　示例线段树

我们清点一下，若用数组法，需要一个 4×n 数组，n 为原数组的长度。当然，在 JavaScript 中没有这个烦恼。目前我们先学习指针法。

首先我们定义结点，其最重要的是 begin 与 end 属性，表示结点所代表的区间。当 begin === end 时，它就是一个叶子结点。叶子结点的数据可以从原始数组中捞出来，其他则需要推算，比如 sum。

定义结点的代码如下：

```
function Node(begin, end) {
  this.begin = begin;
  this.end = end;
  this.left = null;
  this.right = null;
  this.sum = 0; // 求区间和，还可以加 min 和 max 等区间极值
}
```

接着开始建树。只需要传入两个端点，就能得到它对应的结点。

线段树的基本操作包括构造、更新和询问，都是深度优先搜索的过程。其中构造方法的代码如下：

```javascript
function build(begin, end, cb) {
  var node = new Node(begin, end);
  if (begin != end) { // 1+2 > 2
    var mid = (begin + end) >> 1;
    node.left = build(begin, mid, cb);
    node.right = build(mid + 1, end, cb);
  }
  cb(node);
  return node;
}
```

其中，cb 是回调函数，方便我们为结点添加 sum、value、min 和 max 等更多额外信息。

下面我们尝试将一个数组转换成线段树。随机生成一个数组，为了方便查看，我们可以序列化它，将它放进 build 方法中。代码如下：

```javascript
var array = [], unique = {};
for (var i = 0; i < 8; i++) {
  var el = Math.floor(20 * Math.random());
  if(unique[el]){
    --i;
  }else{
    unique[el] = 1;
    array.push(el);
  }
}
console.log(JSON.stringify(array)); // [10,18,12,5,7,11,4,15]

// 这样就可以在控制台中拿到这个数组
function build(begin, end, cb) {
  var node = new Node(begin, end);
  if (begin != end) { // 1+2 > 2
    var mid = (begin + end) >> 1;
    node.left = build(begin, mid, cb);
    node.right = build(mid + 1, end, cb);
  }
  cb( node);
  return node;
}
class SegmentTree {
  constructor(array) {
    this.root = build(0, array.length - 1, function (node) {
      if (node.begin === node.end) {
        node.sum = array[node.end];
      } else {
        node.sum = node.left.sum + node.right.sum;
      }
    });
  }
```

```
  inOrder(){}
  printNodeByLevel(){}
  toString(){}
}
var t = new SegmentTree([10,18,12,5,7,11,4,15]);
console.log(t+""); // 自行根据第 5 章实现 toString 等方法
```

线段树的结构如图 8-3 所示。

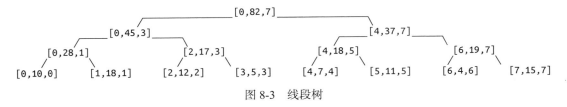

图 8-3　线段树

8.1.2　单点查询

给出某个结点的索引值，查询其中的信息。由于是二叉树，所以我们通过计算中间值就能确认它是左子树还是右子树，一层层递归下去就能找到目标结点。示例代码如下：

```
function Node() {} // 沿用
function build() {} // 沿用
class SegmentTree {
  constructor(array) {
    this.root = build(0, array.length - 1, function (node) {
      if (node.begin === node.end) {
        node.sum = array[node.end];
      } else {
        node.sum = node.left.sum + node.right.sum;
      }
    });
  }
  inOrder(){}
  printNodeByLevel(){}
  toString(){}
  get(k){
    return queryOne(this.root, k);
  }
}
function queryOne(node, k) {
  if (!node) {
    return 0;
  }
  if (node.begin == k && node.end == k) {
    // 如果查询区间覆盖了当前结点
    return node.sum;
  }
  var mid = node.begin + ((node.end - node.begin) >> 1);
  if (k <= mid) {
    // 如果查询到结点的左孩子结点的范围
    return queryOne(node.left, k);
```

```
  } else if (k > mid) {
    return queryOne(node.right, k);
  }
}
var t = new SegmentTree([10,18,12,5,7,11,4,15]);
console.log(t.get(7), 'get'); // 15
```

8.1.3　单点修改

单点修改与单点查询相似，但是我们改了目标结点，基于它的祖先结点们的某些数据都要改动，是牵一发动全身。示例代码如下：

```
function Node() {} // 沿用
function build() {} // 沿用
class SegmentTree {
  // 沿用上述章节
  add(k, delta){
    return updateOne(this.root, k, delta);
  }
}
function updateOne(node, k, delta) { // 对 k 位置的值，加上 delta
  if (!node) {
    return 0;
  }
  if (node.begin == node.end && node.begin == k) {
    return node.sum += delta;                    // 对该点的值进行操作，可以为+、-、*、/等
  }else{
    var mid = node.begin + ((node.end - node.begin) >> 1);// 判断该点在左区间还是右区间
    if (k <= mid) {// 左子树
      updateOne(node.left, k, delta);
    } else {// 右子树
      updateOne(node.right, k, delta);
    }
    // 会影响到它的父结点的 sum
    return node.sum = node.left.sum + node.right.sum;
  }
}
var t = new SegmentTree([10,18,12,5,7,11,4,15]);
console.log(t.add(7, 4), 'add');// 86
```

假如我们是将结点的值修改成某个值，而不是加上多少，这要怎么做到呢？求出原值与新值的差值，再调用 updateOne 方法就好了，相关代码如下：

```
function Node() {} // 沿用
function build() {} // 沿用
class SegmentTree {
  // 沿用上述章节
  set(k, value){
    var diff = value - this.get(k);
    return updateOne(this.root, k, diff);
  }
}
var t = new SegmentTree([10,18,12,5,7,11,4,15]);
console.log(t.set(7, 4), 'set');// 71
```

8.1.4 区间查询

给出一个区间[x,y]，求出它们的和。

每个结点都表示一个区间，因此两个区间的关系无外乎三种：完全重叠、非完全重叠与不重叠。在非完全重叠时，又存在三种关系：完全在左边、完全在右边、左右边各一部分。区间关系示意如图 8-4 所示。

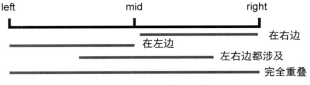

图 8-4　区间关系示意

区间查询代码如下：

```javascript
function Node() {} // 沿用
function build() {} // 沿用
class SegmentTree {
  // 沿用
  querySum(x, y){
    return queryRange(this.root, x, y);
  }
}
function queryRange(node, x, y) {
  if (!node) {
    return 0;
  }
  if (node.begin == x && node.end == y) {
    // 如果查询区间覆盖了当前结点
    return node.sum;
  } else {
    var mid = node.begin + ((node.end - node.begin) >> 1);
    if (y <= mid) {// 如果查询区间在 mid 左边，因为 x<y<=mid
      return queryRange(node.left, x, y);
    } else if (x > mid) {// 如果查询区间在 mid 右边，因为 mid<x<y
      return queryRange(node.right, x, y);
    } else {
      return queryRange(node.left, x, mid) +
             queryRange(node.right, mid + 1, y);
    }
  }
}
var t = new SegmentTree([10,18,12,5,7,11,4,15]);
console.log(t.querySum(2, 7),'querySum'); // 43
```

8.1.5 区间修改

将区间[x,y]里面的结点全部加上 delta，实现代码如下：

```javascript
function Node() {} // 沿用
function build() {} // 沿用
class SegmentTree {
  // 沿用
  querySum(x, y, delta){
    return updateRange(this.root, x, y, delta);
  }
}
function updateRange(node, x, y, delta) { // 设区间为[x,y]，修改的值为k
  if (!node) {
    return 0;
  }
  if (node.begin == node.end && node.begin == x) {  // 如果是这个区间内的元素，就让它+delta
    return node.sum += delta;
  } else {
    var mid = node.begin + ((node.end - node.begin) >> 1);     // 判断该点在左区间还是右区间
    if (y <= mid) {// 如果区间在中值的左侧
      return node.sum = updateRange(node.left, x, y, delta) +
            (Object(node.right).sum || 0);
    } else if (x > mid) {// 如果区间在中值的右侧
      return node.sum = updateRange(node.right, x, y, delta) +
            (Object(node.left).sum || 0);
    } else {
      // 如果区间被中值分开
      return node.sum = updateRange(node.left, x, mid, delta) +
        updateRange(node.right, mid + 1, y, delta);
    }
  }
}
var t = new SegmentTree([10,18,12,5,7,11,4,15]);
console.log(t.get(7), 'get'); // 15
console.log(t.add(7, 4), 'add');// 86
// console.log(t.set(7, 4), 'set');// 71
// console.log(t.querySum(2, 7),'querySum'); // 43
console.log(t.root.sum); // 86
console.log(t.querySum( 4, 7, 3), 'rangeAdd');
// 98 = 86+ (7-4+1) * 3
```

8.1.6　延迟标记

让我们来回想一下，在区间修改的过程中，每次都要深入到叶子结点，大部分情况下，这样的操作会造成 TLE（time limit exceeded，超出时间限制）。因此我们需要引入一个优化方法 LazyTag，即延迟标记或懒标记，这也是线段树的精华所在。

LazyTag 标记：每个结点新增加一个标记，记录这个结点是否进行了某种修改（这种修改操作会影响其孩子结点）。对于任意区间的修改，我们先按照区间查询的方式将其划分成线段树中的结点，然后修改这些结点的信息，并给这些结点标记上代表这种修改操作的标记。在修改和查询的时候，如果到了一个结点 p，并且决定考虑其孩子结点，那么我们就要看结点 p 是否被标记，如果有，就要按照标记修改其孩子结点的信息，并且给孩子结点都标上相同的标记，同时消掉结点 p 的标记。

用程序表达就是这样，目前我们是对区间求和，因此 LazyTag 就改名为 sumTag 吧。实现代码如下：

```
function pushDown(node) {
  if (node.sumTag !== 0) {
    // 设置左结点的 sumTag，因为孩子结点可能被多次延迟标记又没有向下传递
    // 所以是 +=
    if (node.left) {
      node.left.sumTag += node.sumTag;
      // 根据 sumTag 设置孩子结点的值

      // 因为我们是求区间和，因此当区间内每个结点加上一个值时，区间的 sum 也加上这个值
      node.left.sum += node.sumTag;
    }
    if (node.right) {
      node.right.sumTag += node.sumTag;
      node.right.sum += node.sumTag;
    }
    // 传递后，当前结点标的 sumTag 清空
    node.sumTag = 0;
  }
}
```

同时结点的定义也要改一下，多添加一个 sumTag 属性，初始值为 0：

```
function Node(begin, end) {
  this.begin = begin;
  this.end = end;
  this.left = null;
  this.right = null;
  this.sum = 0;
  this.sumTag = 0;
}
```

LazyTag 对建树、单点查询和单点修改这些操作没有影响，不需要改变。

1. 基于延迟标记的区间查询

在区间查询的基础上，引入延迟标记，代码示例如下：

```
function queryRange(node, x, y) {
  if (!node) {
    return 0;
  }
  if(node.sumTag != 0){
    pushDown(node);// 校正当前结点的数据，如果下一行刚好命中，就不用处理孩子结点
  }
  if (node.begin == x && node.end == y) {
    // 如果查询区间覆盖了当前结点
    return node.sum;
  }
```

```
var mid = node.begin + ((node.end - node.begin) >> 1);
if (y <= mid) {// 如果查询区间在 mid 左边, 因为 x<y<=mid
  return queryRange(node.left, x, y);
} else if (x > mid) {// 如果查询区间在 mid 右边, 因为 mid<x<y
  return queryRange(node.right, x, y);
} else {
  return queryRange(node.left, x, mid) +
      queryRange(node.right, mid + 1, y);
}
}
```

2. 基于延迟标记的区间修改

在区间修改的基础上，引入延迟标记，其代码示例如下：

```
function updateRange(node, x, y, delta) {
  if (!node) {
    return 0;
  }
  if(node.sumTag !== 0){
     pushDown(node);
  }
  if (node.begin == x && node.end == y) {  // 如果是这个区间内的元素, 就让它+delta
    node.sumTag += delta;
    return node.sum += delta * (y-x+1);
  }
  if (node.begin == node.end && node.begin == x) {  // 略
}
```

在不使用线段树的情况时，每一次查询，我们都需要遍历每个元素，一层层往上汇总，总时间复杂度是 $O(NM)$，（M 为查询数据的范围，M 为 x~y），N 为原数据的大小。用了线段树后，时间复杂度为 $O(M\log N)$。使用了 LazyTag 后，时间复杂度进一步压缩到 $O(\log N)$。那还有没有优化的余地呢？比如空间复杂度，用数组代替对象，或者将递归变成遍历呢？有！有一种改进型的线段树就是要求这样写的，并自带 LazyTag 效果。这就是 ZKW 线段树。

8.2   ZKW 线段树

ZKW 线段树是算法大牛张昆玮发明的一种非递归式的线段树，名字也取自他的姓名缩写。

8.2.1   构建

我们先观察图 8-5。我们以指针形式组织这棵树，然后以广度优先遍历方式为每个元素分配索引值。1，2，3，4，5……将其转换为二进制，我们发现没有规律，将最底层的叶子结点舍去最低位，或者说进行左移一位操作后，就变成它们的父结点。同理，第二层中的结点也可以通过相同的方式变成根结点。

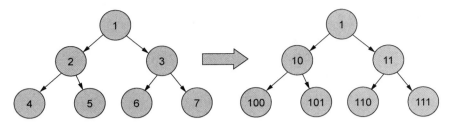

图 8-5 构建 ZKW 线段树

因此，我们在构建这棵树时，可以利用二进制的思想，达到快速简单的目的。实现代码如下：

```
var sum = [], m = 1;
function build(n, array) {
  // 构建一个满二叉树，并且保证最后一层的结点数必须多于 n+2 个
  while (m <= n + 2) m <<= 1;
  sum = new Array(m + m).fill(0);
  // 还是刚才区间求和的问题，定义一个 sum 数组，默认都是 0
  for (var i = m + 1; i <= m + n; i++) {
    sum[i] = array[i - m - 1];
  }
  for (var i = m - 1; i; i--) {// 自底向上求和
    sum[i] = sum[i << 1] + sum[(i << 1) + 1];// 后面的也可以写成 sum[i<<1|1]
  }
}
var array = [10, 18, 12, 5, 7, 11, 4, 15];
build(array.length, array);
console.log(sum.concat());
```

输出结果如图 8-6 所示。

```
[ 0, 82, 67, 15, 40, 27, 15, 0, 10, 30, 12, 15, 15, 0, 0, 0,
  0, 10, 18, 12, 5, 7, 11, 4, 15, 0, 0, 0, 0, 0, 0, 0 ]
```

图 8-6 示例代码的输出结果

我们可以留意一下最后一行，它其实是从第 2 个结点开始数起。其个中缘由见区间查询。

图 8-7 为构建的普通线段树与 ZKW 线段树。

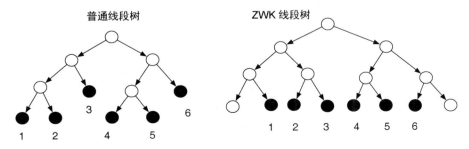

图 8-7 普通线段树与 ZKW 线段树

8.2.2　单点查询

因为我们知道最后一层上面有多少个元素，所以直接将 k 和 m 相加就能得到目标的索引值，连二分查找也省了。实现代码如下：

```
// 沿用 8.2.1 节添加的方法以及逐步测试修改的数组 sum
function queryOne(k){// k 从 1 算起
  return sum[k+m];
}
console.log(queryOne(1)); // 10, 原数组的第 1 个元素, 从 1 数起
console.log(queryOne(2)); // 18, 原数组的第 2 个元素, 从 1 数起
```

8.2.3　单点修改

实现代码如下：

```
// 沿用 8.2.1 节之后逐步添加的方法以及逐步测试修改的数组 sum
function updateOne(k, value){
  for(var i=k+m;i;i>>=1){
    sum[i]+=value;
  }
}
updateOne(2, 4);// 第 2 个元素加上 4
console.log(sum[1]); // 82--> 86
```

8.2.4　区间查询

实现代码如下：

```
// 沿用 8.2.1 节之后逐步添加的方法以及逐步测试修改的数组 sum
function queryRangeSum(s, t) {
  var rangeSum = 0;
  for (s += m - 1, t += m + 1; s ^ t ^ 1; s >>= 1, t >>= 1) {
    if (~s & 1) {
      rangeSum += sum[s ^ 1];  // sum[s^1]是 sum[s]的兄弟
    }
    if (t & 1) {
      rangeSum += sum[t ^ 1]; // sum[t^1]是 sum[t]的兄弟
    }
  }
  return rangeSum;
}
```

这个比较复杂些，要用到大量技术。根据上面的单点查询，我们求两个端点的数据 s、t，其实是转换成 s+m、t+m，而且我们还需要追溯到其父结点和祖父结点。当 s 为左孩子结点时，s 的父结点被 s-t 包含，反之该区间内只有 s 被包含。同理，当 t 为右孩子结点时，t 的父结点被 s-t 包含。

因此我们将[s+m,t+m]变成[s+m-1, s+m+1]，如果 s 是左孩子结点，那么它的兄弟结点一定在区间内。同理，如果 t 是右孩子结点，那么它的兄弟结点也一定在区间内！查询[3, 5]区间的图示如图 8-8 所示。

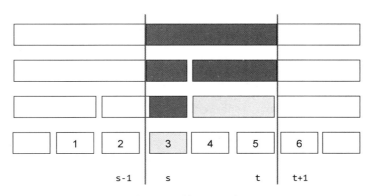

图 8-8　查询[3, 5]区间

这也解释了为什么从最后一行的**第 2 个**叶子结点**开始放数据**：方便我们减 1！此外，不但左边垫了一个空白结点，右边也垫了一个空白结点，因此我们在建树时，结点数要求比 n+2 大！

我们再来解释里面的位操作。

- **~s & 1**：相当于 s % 2 === 0，用来判定偶数，即左结点。
- **t & 1**：相当于 s % 1 === 0，用来判定奇数，即右结点。
- **s ^ 1 和 t ^ 1**：用来取兄弟结点的索引，比如 4^1 === 5，5^1 === 4。
- **t >>1**：就相当于 t 被 2 整除。
- **s^t^1**：用来判断对应结点是否为兄弟结点。当 s 与 t 在同一个父结点下时，t-s == 1，那么 s^t == 1；s^t^1 == 0，此时就退出循环。

一个非常不错的知识点：用 & 确定左右子树，用 ^ 确定兄弟关系。

测试代码如下：

```
console.log(queryRange(2, 5)); // 46 === 22 + 12 + 5 + 7，因为 18 在前面已经加 4 了
```

8.3　标记永久化技巧

接下来，我们要实现区间修改。回顾一下，在普通线段树上，我们是通过 LazyTag 标记方式实现的，当修改和查询操作调用到时，再下传标记。而在 ZKW 线段树中，显然向下传递标记的方式毫无用武之地。因此，我们引入一种新的标记思想：标记永久化。

对于一个结点，若修改操作对结点所代表的整个区间产生影响，显然我们可以直接对该结点进行标记，而非逐层递归修改。那么，在自底向上的线段树中，我们可以不下传标记，而是在每一次查询时，累加一路上所有标记对答案产生的影响，这种标记思想被称为标记永久化。

关于标记永久化，我们可以这么定义：add[i]代表线段树中 i 号结点的关键值已经进行修改，但是其所有孩子结点均有一个值为 add[i]的增量未进行处理。

我们采用上一版本 ZKW 线段树区间查询的方式，设置两个开区间指针 l、r，并同时向上遍历。同时，我们维护 3 个变量 lcnt、rcnt、cnt，分别代表左指针处理增量的结点个数、右指针处理增量的结点个数，以及两个指针当前所在结点所包含的叶子结点的个数。

然后利用上述变量和 add 标记的定义，沿路更新 add 标记和原线段树即可。当然，l、r 成为兄弟后，我们还需要将 add 标记一直上推到根结点。

8.3.1 基于标记永久化的区间修改

基于标记永久化的区间修改代码如下：

```
// 沿用 8.2.1 节之后逐步添加的方法以及逐步测试修改的数组 sum
function updateRange(s, t, delta) {
  var add = new Array(m + m).fill(0);
  var lcnt = 0, rcnt = 0, cnt = 1;
  for (s = m + s - 1, t = m + t + 1; s ^ t ^ 1; s >>= 1, t >>= 1, cnt <<= 1) {
    sum[s] += delta * lcnt;
    sum[t] += delta * rcnt;
    if (~s & 1) {
      add[s ^ 1] += delta;
      sum[s ^ 1] += delta * cnt;
      lcnt += cnt;
    }
    if (t & 1) {
      add[t ^ 1] += delta;
      sum[t ^ 1] += delta * cnt;
      rcnt += cnt;
    }
  }
  while (s || t) {
    sum[s] += delta * lcnt;
    sum[t] += delta * rcnt;
    s >>= 1;
    t >>= 1;
  }
}

updateRange(1,5, 3);
console.log(sum[1]);// 101 === 86 + 5*3
```

8.3.2 基于标记永久化的区间查询

有了 add 标记，我们就很容易求得区间的和了。还是一样的方式，将闭区间转换为开区间，然后向上遍历，同样维护 lcnt、rcnt、cnt，然后利用 add 标记进行累加，再加上原来的区间和，就能得到答案。实现代码如下：

```
// 沿用 8.2.1 节之后逐步添加的方法以及逐步测试修改的数组 sum
function queryRange(s, t) {
  var add = new Array(m + m).fill(0);
  var lcnt = 0, rcnt = 0, cnt = 1, res = 0;
  for (s = m + s - 1, t = m + t + 1; s ^ t ^ 1; s >>= 1, t >>= 1, cnt <<= 1) {
    if (add[s]) res += add[s] * lcnt;
    if (add[t]) res += add[t] * rcnt;

    if (~s & 1) {
      res += sum[s ^ 1];
      lcnt += cnt;
    }
    if (t & 1) {
      res += sum[t ^ 1];
      rcnt += cnt;
    }
  }
  while (s || t) {
    res += add[s] * lcnt;
    res += add[t] * rcnt;
    s >>= 1;
    t >>= 1;
  }
  return res;
}
console.log(queryRange(1, 5)); // 10+22+12+5+7 = 56 + 15 = 71
```

接下来，我们将要尝试实现使用区间查询的另一种形式：区间最值的查询。

将上述两个模板稍微结合，更改一下不就可以实现区间最值的 ZKW 线段树了吗？答案是否定的。在区间修改的限制下，如果还用标记永久化的思想，由于标记的大小和位置未知，区间最值的查询就会出问题。

8.4 差分思想

现在线段树上的结点将不再存对应区间的关键值了。我们需要用 ZKW 线段树来维护原关键值的差分值，若原来的 val[i]代表结点 i 所表示区间的最大值，那现在我们要维护的 val'i=val[i]-val[i/2]。特殊地，val[1]仍代表整个区间的最大值。

读者可能已经发现这一性质了：从任意叶子结点 y 开始，一直向上找父结点，并累加对应点的权值，就得到了原结点的权值。

其实，我们还可以用这样的方式理解：val[i]代表 i 结点所在区间的最大值比其父结点所在区间的最大值大多少（可能负数）。

我们需要重新实现树的构建，实现代码如下：

```
var min = [], max = [], m = 1;
function build(n, array) {
  // 构建一个满二叉树，并且保证最后一层的结点数必须多于 n+2 个
  while (m <= n + 2) m <<= 1;
  min = new Array(m + m).fill(Infinity);
  max = new Array(m + m).fill(-Infinity);
  // 还是刚才区间求和的问题，定义一个 sum 数组，默认都是 0
  for (var i = m + 1; i <= m + n; i++) {
    min[i] = array[i - m - 1];
    max[i] = array[i - m - 1];
  }
  for (var i = m - 1; i; i--) {// 自底向上求和
    min[i] = Math.min(min[i << 1] , min[i << 1|1] );
    min[i<<1] -= min[i];
    min[i<<1|1] -= min[i];

    max[i] = Math.max(max[i << 1] , max[i << 1|1] );

    max[i<<1] -= max[i];
    max[i<<1|1] -= max[i];
  }
}
var array = [10, 18, 12, 5, 7, 11, 4, 15];
build(array.length, array);
console.log(min.concat(), max.concat() );
```

改造后的 min 数组如图 8-9 所示。

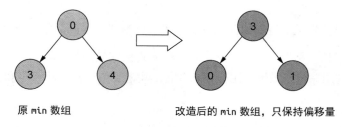

原 min 数组　　　　　　改造后的 min 数组，只保持偏移量

图 8-9　改造后的 min 数组

8.4.1　基于差分思想的区间修改

有了差分线段树以后，我们发现区间修改可以直接在树上操作。还是利用开区间的方式，向上查找父结点并更新线段树，对于沿路访问到的每一个结点，由于可能其子树中包含修改过的结点，所以要利用差分定义上传差值给父结点，就还能维护之前所提到的性质，而不用再去操作孩子结点。

同样，l、r 指针成为兄弟后，还需将差值上推到根结点。

实现代码如下：

```
function updateRange(s, t, delta) {
  var temp = 0;
  for (s = m + s - 1, t = m + t + 1; s ^ t ^ 1; s >>= 1, t >>= 1) {
    if (~s & 1) {
      max[s ^ 1] += delta;
    }
    if (t & 1) {
      max[t ^ 1] += delta;
    }
    temp = Math.max(max[s], max[s ^ 1]);
    max[s] -= temp;
    max[s ^ 1] -= temp; // 兄弟结点
    max[s >> 1] += temp; // 父结点

    temp = Math.max(max[t], max[t ^ 1]);
    max[t] -= temp;
    max[t ^ 1] -= temp; // 兄弟结点
    max[t >> 1] += temp; // 父结点

  }
  while (s > 1) {
    temp = Math.max(max[s], max[s ^ 1]);
    max[s] -= temp; // 父结点
    max[s ^ 1] -= temp; // 兄弟结点
    max[s >> 1] += temp; // 父结点
    s >>= 1;
  }
}
updateRange(1, 5, 3) // 沿用 8.4 节逐步添加的方法以及逐步测试修改的数组 sum
console.log(max[1]) // 21
```

8.4.2　基于差分思想的区间查询

基于前述这样一棵差分线段树，我们可以用一种简单的方式来查询区间最值了。

这次我们维护 s、t 为闭区间的左右指针，在向上找父结点的过程中，对左右指针遍历到结点的区间差分值取最大值，再一直向上累加，累加到根结点，最后的结果就是区间最大值，这和单点向上累加的道理是一样的。实现代码如下：

```
function queryRange(s, t) { // 闭区间
  var sAns = 0, tAns = 0;
  s += m + 1, t += m - 1;
  if (s != t) { // 防止查询单点时死循环
    for (; s ^ t ^ 1; s >>= 1, t >>= 1) {
      sAns += max[s]; tAns += max[t];
      if (~s & 1) sAns = Math.min(sAns, max[s ^ 1]);
      if (t & 1) tAns = Math.min(tAns, max[t ^ 1]);
```

```
    }
  }
  var ans = Math.min(sAns + max[s], tAns + max[t]);
  while (s > 1) ans += max[s >>= 1];
  return ans;
}
// 沿用 8.4 节逐步添加的方法以及逐步测试修改的数组 sum
console.log(queryRange(1, 3));// 21
console.log(queryRange(2, 4));// 15
```

至此，ZKW 线段树的三类基础模板就已经实现了。至于更多的拓展，需要我们灵活运用。

8.5   总结

利用线段树，我们可以高效查询和修改一个数列中某个区间的信息，并且代码也不算特别复杂。但是线段树也有一定的局限性，其中最明显的就是数列中数的个数必须固定，即不能添加或删除数列中的数。

线段树的优先方案有延迟标记、标记永久化和差分。

第 9 章

树状数组

本章中我们将学习另一种能迅速搞定区间求和与区间极值的数据结构——树状数组（Fenwick Tree 或 Binary Indexed Tree）。树状数组是 1994 年由 Peter M. Fenwick 发明的，故名 Fenwick 树。

从性能上说，树状数组优于 ZKW 线段树和普通线段树，它的查询和修改复杂度都能达到 $O(\log n)$。但缺点是，能用树状数组解决的问题，基本上都能用线段树解决，而线段树能解决的树状数组不一定能解决。

9.1 原理

在学习 ZKW 线段树时，我们发现通过某些技巧可以省略遍历的过程，一步到位，直接得到与结果相关的结点。树状数组也是如此，但它不存在树的结构，而是通过索引的二进制表示来对数组元素进行逻辑上的分层存储。

众所周知，所有整数都可以通过若干个 2 的幂次方之和来表示。比如说，7 可以表示为 2^2、2^1、2^0 这 3 个数之和，13 可以表示为 2^3、2^2、2^0 这 3 个数之和。

至于为什么拆成这几个数，我们需要追究到二进制层面，以 13 为例：

$$13 \to 1101 \quad 8 \to 1000 \quad 4 \to 100 \quad 1 \to 1$$

那么 8 与 2^3、4 与 2^2、1 与 2^0 有什么关系呢？我们发现，从最低位的 1 数起，有多少个连续的零，就是 2 的多少幂次方。比如 8 的右边有 3 个连续的零，因此是 2^3。

怎么求最低位的连续零的个数呢？前辈们已经为我们准备好了算法。一种叫 lowbit（低位技术）的算法早早被提出来，并且有三种不同的实现。lowbit 允许我们传入一个数，将其转化成二进制数后，只保留最低位的 1 及其后面的 0，我们根据零的个数（k），让它成为 2 的 k 次幂后返回。lowbit 的实现代码如下：

```
function lowbit(a){
  return a & (a ^ (a-1));
}
```

```
function lowbit(a){
  return a&(~a+1);
}
function lowbit(a){
  return a&(-a);
}
console.log( lowbit(13));  // 1101  -> 1 -> 2 ^ 1 -> 1
console.log( lowbit(8));   // 1000  -> 2^3 -> 8
console.log( lowbit(4));   // 100   -> 2^2 -> 4
console.log( lowbit(1));   // 0     -> 2^0 -> 1
console.log( lowbit(18));  // 10010 -> 10 -> 2^1 -> 2
```

我们再来考察 13 与 8、4、1 的关系。我们也是通过 lowbit 来计算它们的。设计一个函数 getChildSet，拿到一个整数的子集，子集的数都是 2 的 N 次幂。实现代码如下：

```
function getChildSet(x){
  var start = x;
  // 获得一个数的子集
  var set = [];
  while(x){
    var v = lowbit(x);
    set.push(v);
    x = x -v;
  }
  console.log( start+" -> "+ set);
  return set;
}
getChildSet(1);
getChildSet(2);
getChildSet(3);
getChildSet(4);
getChildSet(5);
getChildSet(6);
getChildSet(7);
getChildSet(8);
getChildSet(9);
getChildSet(10);
```

代码的执行结果如图 9-1 所示。

```
1 -> 1
2 -> 2
3 -> 1,2
4 -> 4
5 -> 1,4
6 -> 2,4
7 -> 1,2,4
8 -> 8
9 -> 1,8
10 -> 2,8
```

图 9-1　示例代码的执行结果

类似地，对数组求前缀和，我们也希望将它拆分成几个恰当的、不相交的子集，这样相加求最终值，就不用一个个元素相加，可以提高求值速度。

前缀和：我们将之理解为数学上数列的前 n 项和。给定一个数组 a 的前缀和数组 s，$s[i] = a[1]+a[2]+\cdots+a[i]$。

我们尝试构建一个新数组，它的每个元素都是原数组的若干个元素之和，如表 9-1 所示。

表 9-1 索引与包含元素对应表

索　引	1	2	3	4	5	6	7	8
包含元素	1	1~2	3	1~4	5	5~6	7	1~8

为什么要这样划分的呢？与刚才的整数拆分有点相似，但又不完全一样。我们回到二叉树的表示形式上。如图 9-2 所示，这是一个二叉树。

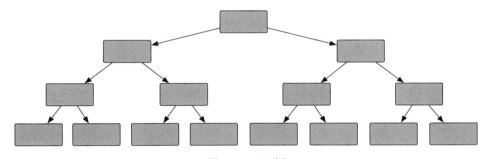

图 9-2　二叉树

我们挪一下位置，就会变成本章的主角——树状数组，如图 9-3 所示。

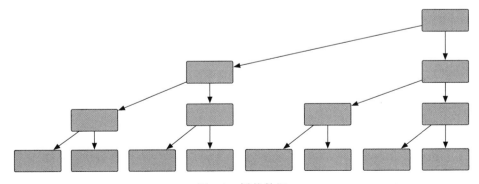

图 9-3　树状数组

再填上数据，最下面是我们的原数组 a，上面的是树状数组 c。其实通过线段的箭头（如图 9-4 所示），我们可以看到它管辖的结点数量。

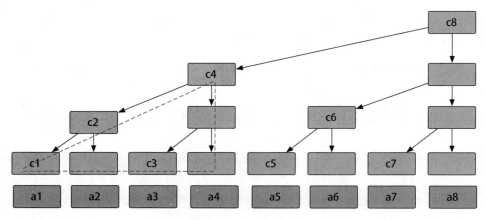

图 9-4　填上数据的树状数组

好了，现在 c 数组就是一个表示若干元素子集和的数组。省略掉没有用到的结点，其长度与原数组一样。现在它就是名副其实的树状**数组**，如图 9-5 所示。

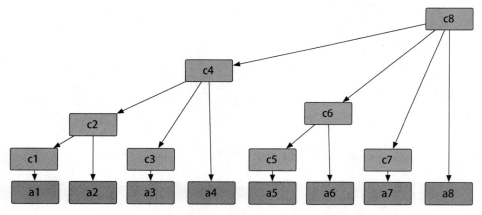

图 9-5　省略没有用到的结点的树状数组

这种既是树又是数组的东西，怎么知晓它们的父子关系呢？比如 c8，它有 c4、c6、c7、a8 这几个直属的孩子结点。我们发现，每个孩子结点的索引加上 lowbit，就是父结点的索引。

知道孩子结点求父结点，其实现代码如下：

```
function getParent(x){
  var bit = lowbit(x);
  console.log(x, bit);
  return x === bit ? x : x + bit;
}
console.log(getParent(7)); // 7 1 8
console.log(getParent(6)); // 6 2 8
console.log(getParent(4)); // 4 4(4===4)4
```

反过来，知道父结点，怎么求孩子结点？计算机通用的做法是暴力求解，实现代码如下：

```
function getChildNodes(x){
  var nodes = [];
  for(var i = 1; i < x; i++){
    if(i + lowbit(i) === x){
      nodes.push(i);
    }
  }
  nodes.push(x);
  console.log(x+" has "+ nodes);
  return nodes;
}
getChildNodes(8); // 8 has 4、6、7、8
```

或者，一层层地求其孩子结点，实现代码如下：

```
function getChildNodes(x){
  var nodes = [], old = x;
  var z = x - lowbit(x);
  nodes.push(x);
  x--; // 去掉它本身
  while (x != z) {
    nodes.push(x);
    x -= lowbit(x);// 求得它的孩子结点
  }
  console.log(old+" has "+ nodes);
  return nodes;
}
getChildNodes(8); // 8 has 4、6、7、8
```

现在我们搞清了父结点与孩子结点的关系及子集和，那么怎么求前缀和呢？看表 9-2。

表 9-2　计算前缀和

索　　引	1	2	3	4	5	6	7	8	9	10	11	12
原　数　组	2	0	1	1	0	2	3	0	1	0	2	1
管辖元素	1	1···2	3	1···4	5	5···6	7	1···8	9	9···10	11	9···12
子集和 c	2	2	1	4	0	2	3	9	1	1	2	4
前缀和 sum	2	2	3	4	4	6	9	9	10	10	12	13

比如我们要求 0~7 的前缀和，即 sum(7)，该怎么计算呢？使用上面获取孩子结点的方法。getChildNodes(7) 得到 4、6、7，然后 c[4]+c[6]+c[7]=4+2+3=9!，测试通过。

如果还不明白，可以看图 9-6 来更直观地理解**子集和**的含义。

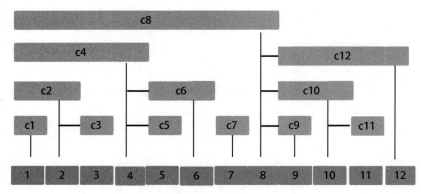

图 9-6　子集和

因此，树状数组其实就是一个**子集和**数组。

9.2　构建

了解树状数组的原理后，我们开始着手实现。由于 lowbit(0)== 0 没有意义，所以数组的最小索引值从 1 开始，c 表示子集和数组，代码如下：

```
class BinaryIndexedTree {
  // 为了统一下标，所以 c[0]不被使用，数组有效范围为 1~length
  constructor(array) {
    var n = array.length;
    this.length = n;
    this.c = new Array(n + 1).fill(0);
    for (var i = 0; i < n; i++) {
      // 构建子集和数组
    }
  }
}
```

子集和数组的每个元素肯定包含原数组本身的那个结点，再加上它的孩子结点。在前面由父结点求孩子结点的代码中，getChildNodes 的返回值是包含原结点的，可以修改一下，代码如下所示：

```
function prefixSum(x, c){
  var z = x - lowbit(x);
  var sum = 0;
  x--; // 去掉它本身
  while (x != z) {
    sum += c[x];
    x -= lowbit(x);// 求得它的孩子结点
  }
  return sum;
}
```

```
class BinaryIndexedTree{
  constructor(array) {
    var n = array.length;
    this.length = n;
    this.c = new Array(n + 1).fill(0);
    for (var i = 0; i < n; i++) {
      this.c[i+1] = array[i] + prefixSum(i+1, this.c);
      // 构建子集和数组
    }
  }
}

var t = new BinaryIndexedTree([10, 18, 12, 5, 7, 11, 4, 15]);

console.log(t.c); // [0,10,28,12,45,7,18,4,82]
  /**
   * 10
   * 28 = 10+18
   * 12
   * 45 = 28+12+5
   * 7
   * 18 = 7+11
   * 4
   * 82 = 45+18+4+15
   */
```

9.3 单点查询

给出索引值，求其对应的值。我们只要减去它的所有孩子结点就行了。比如求元素 4 的原值，我们用子集和数组 c4 - c3 - c2 就行，如图 9-7 所示。

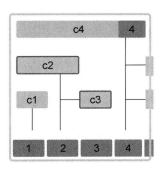

图 9-7　单点查询

实现代码如下：

```
get(index) {
  if (index < 1 && index > this.length) {
    throw new RangeError("Out of Range!");
  }
```

```
    return this.c[index] - prefixSum(index, this.c);
}
```

9.4   单点修改

为某个元素添加一个值，会影响到其所有父结点。实现代码如下：

```
add(index, delta) {
  while(index <= this.length){
    this.c[index] += delta;
    index += lowbit(index);// 求其父结点
  }
}
```

回想起来，我们在构建数组时，区间和数组的初始值都是 0，为它设置一个值，相当于为它加上一个值，因此可以改为如下代码：

```
class BinaryIndexedTree{
  constructor(array) {
    var n = array.length;
    this.length = n;
    this.c = new Array(n + 1).fill(0);
    for (var i = 0; i < n; i++) {
      this.add(i+1, array[i]); // 构建子集和数组
    }
  }
}
```

如果我们将数组某个元素直接变成某个值呢？只要求出差值就行了。实现代码如下：

```
set(index, value) {
  var diff = value - this[c];
  this.add(index, diff);
}
```

9.5   求前 n 项之和

this.c 数组的元素有时是孤独的单个数，有时是多个元素之和。我们通过 lowbit，跳到下一个没有覆盖到的数位置上。可以参看上面子集和的图 9-6。实现代码如下：

```
sum(n) {
  if (n < 1 && n > this.length) {
    throw new RangeError("Out of Range!");
  }
  var ret = 0;
  while (n > 0) {
    console.log("跳到"+n+"位置上");// only test
    ret += this.c[n];
    n -= lowbit(n);
  }
```

```
        return ret;
    }

    // ----------
    var t = new BinaryIndexedTree([10, 18, 12, 5, 7, 11, 4, 15]);
    console.log(t.c); // [0,10,28,12,45,7,18,4,82]
    console.log(t.sum(7));
```

代码的执行结果如图 9-8 所示。

```
▶ (9) [0, 10, 28, 12, 45, 7, 18, 4, 82]
跳到7位置上
跳到6位置上
跳到4位置上
67
```

图 9-8　示例代码的执行结果

9.6　求 a～b 项之和

就是单纯的减法。不妨想象一下，a = 6，b = 8，那么 aSum = [1,2,3,4,5,6]，bSum = [1,2,3, 4,5,6,7,8]，要求 6 到 8 项的和，包括 6，只要用后 8 个的和减去前 5 个的和即可。实现代码如下：

```
rangeSum(a, b) {
    return this.sum(b) - this.sum(a - 1);
}
```

9.7　区间更新

我们需要回顾 add 方法的逻辑。add 会更新父结点，因此更新 a，会更新到 b，甚至比 b 更高的祖先结点，而我们只要求更新到 b，那么 b+1 及之后的结点都要减去 delta。实现代码如下：

```
rangeAdd(a, b, delta) {
    this.add(a, delta);
    this.add(b + 1, -delta);
}
```

9.8　区间最值

由于 c 数组存的是区间和，c[x]表示[x，x-lowbit(x)+1]中每个数的和，直接照搬求前缀和的方法是不行的，因此我们需要另建一个数组 h，h[y]表示[y，y-lowbit(y)+1]的最大值。相关代码如下：

```
class BinaryIndexedTree{
    constructor(array) {
        var n = array.length;
```

```
    this.length = n;
    this.c = new Array(n + 1).fill(0);
    this.h = new Array(n + 1).fill(-Infinity);
    for (var i = 0; i < n; i++) {
      this.add(i+1, array[i]); // 构建子集和数组
      this.calcMax(i+1, array[i]);
    }
  }
  calcMax(x, value){
    while (x <= this.length) {
      this.h[x] = Math.max(this.h[x], value);
      x += lowbit(x);
    }
  }
}
```

但问题来了，当我们改动其中一个值时，现有的方式只能将 h 数组清空，重新计算它的值，这个复杂度有点高。经仔细观察，修改 x，受影响的元素只有 $x-2^0$, $x-2^1$, $x-2^2$, ..., $x-2^k$（k 满足 $2^k <$ lowbit(x)且 $2^{k+1} >=$ lowbit(x)）。所以对于每一个 h[i]，在保证 h[1...i-1]都正确的前提下，重新计算 h[i]值的时间复杂度是 $O(\log n)$，具体代码如下：

```
class BinaryIndexedTree{
  constructor(array) {
    var n = array.length;
    this.length = n;
    this.c = new Array(n + 1).fill(0);
    this.a = [0].concat(array);// 将有效数据后挪一位，这样我们能从 1 数起
    this.h = new Array(n + 1).fill(-Infinity);
    for (var i = 0; i < n; i++) {
      this.add(i+1, array[i]); // 构建子集和数组
      this.calcMax(i+1);
    }
  }
  calcMax(x){
    var h = this.h, a = this.a;
    for(var i = x; i <= this.length; i+= lowbit(i)){
      h[i] = a[i];
      for (var j=1; j< lowbit(i); j<<=1){
        h[i] = Math.max(h[i], h[i-j] );
      }
    }
  }
}
```

我们改变了 a[i]，那么就要修改所有与 a[i]相关联的 h[i]，相关代码如下：

```
modifyMax(x, value){
  this.a[x] = value, h = this.h;
  for(var i = x; i <= this.length; i += lowbit(i)){
    h[i] = Math.max(h[i], value);
    for(var j = 1; j < lowbit(i); j <<= 1){
      h[i] = Math.max(h[i], h[i-j]);
```

```
      }
   }
}
```

查询从 a[i] 到 a[j] 之间的最值（i <= j）。我们不能直接查看 c[j]，因为也许 c[j] 中包含的区间[x, y]中 x < i 或 x > i，c[j] 不能恰好包含区间[i, j]。

因此，当 x < i 时，我们取 a[j] 与当前已经取到的最值比较，如果 a[j] 满足取代条件，就用 a[j] 取代当前最值。

当 x >= i 时，我们取 c[j] 与当前最值比较，如果 c[j] 满足取代条件，就用 c[j] 取代当前最值。

当 x == i 时，比较结束。

实现代码如下：

```
queryMax (x, y) {
  var h = this.h;
  var ret = 0;
  while (y >= x) {
    ret = Math.max (ret, this.a[y]);
    // 如果x还没有到y时，那么我们找到y的孩子结点，比较两者的峰值
    for(y -= 1; y-lowbit(y) >= x; y -= lowbit(y)){
      ret = Math.max(ret, h[y]);
    }
  }
  return ret;
}
```

9.9　求逆序数

第 2 章已经给出两种方法来解决逆数对，要用树状数组的话，就需要用到离散化了。离散化是程序设计中的一个常用技巧，它能够有效降低时间复杂度。

如果有些数据特别大，无法作为数组的下标保存对应的属性，而我们又需要这些数据的相对属性的话，此时就可以直接进行离散化了。原数组与离散化后的数组的对比如表 9-3 所示。

表 9-3　原数组与离散化后对比表

原　数　组	1 000	65	32	1 200	87
离散化后	3	1	0	4	2

这里只需要保存排序后的数组下标（即是第几小的）。

离散化有两种常见的方式：数组离散化和二分离散化。这里只介绍数组离散化，二分离散

需要用到 C 语言的内置方法，如果读者有兴趣，可以自己找资料学习。

9.10　数组离散化

数组离散化，即将数组的元素转换为其排序后对应的索引值，示例代码如下：

```
var nums = [1000, 65, 32, 1200, 78];
function discretize(nums){
  var dispersed = nums.concat();
  nums.sort(function (a, b) {
    return a - b;
  });
  var hash = [];
  nums.forEach(function (el, i) {
    hash[el] = i;
  });

  dispersed.forEach(function (el, i) {
    dispersed[i] = hash[el];
  });
  return dispersed;
}

console.log(discretize(nums)); // [3,1,0,4,2]
```

然后我们将离散化后的数组转换为树状数组。以数字为下标，每来一个新的数就让其对应数字为下标的数增加一，代表下标在当前已处理的数字中出现的次数。

方案一：倒序做树状数组，此时当前数字的前一个数的前缀和即为以该数为较大数的逆序对的个数。

因为我们是倒序处理的，每个数的前一个数的前缀和其实就是当前处理过的数中小于它的数的个数，也就是原数列中它后面的数字里小于它的个数，不必考虑会有多算或少算的情况发生。

实现代码如下：

```
function discretize(nums) {
  var dispersed = nums.concat();
  nums.sort(function (a, b) {
    return a - b;
  });
  var hash = [];
  nums.forEach(function (el, i) {
    hash[el] = i + 1; // 注意，索引值不能为零，否则 lowbit(0) == 0
  });
  dispersed.forEach(function (el, i) {
    dispersed[i] = hash[el];
  });
  return dispersed;
}
```

```
function add(c, index, delta) {
  while (index <= c.length) {
    c[index] += delta;
    var old = index;
    index += lowbit(index);// 求其父结点
    if (old == index) {
      console.log(index, '不能为 0');
      break;
    }
  }
}
function sum(c, n) {
  var ret = 0;
  while (n > 0) {
    ret += c[n];
    n -= lowbit(n);
  }
  return ret;
}
var nums = [1, 4, 2, 3, 5];
var a = discretize(nums);
var n = a.length;
var c = new Array(n).fill(0);// 树状数组
var ans = 0;
for (var i = n; i > 0; --i) {
  add(c, a[i], 1);
  ans += sum(c, a[i] - 1);
}
console.log(ans); // 2
```

方案二：正序做树状数组，此时当前下标减掉当前数字的前缀和即为以该数为较小数的逆序对个数。

因为是正序，那么对于每个当前的数，已加入的数字个数（算当前数）即为当前数字在数列中的下标，也就是树状数组中已经加入了这么多个数，那么它的前缀和代表小于它且在它前面的数的个数，用总数减掉前缀和即为以该数为较小数的逆序对个数。同样，我们也不需要考虑多算或少算的情况发生。

实现代码如下：

```
// discretize、lowbit、add 和 sum 等略
var nums = [1, 4, 2, 3, 5];
var a = discretize(nums);
var n = a.length;
var c = new Array(n).fill(0);// 树状数组
var ans = 0;
for (var i = 0; i < n; i++) {
  add(c, a[i], 1);
  ans += i - sum(c, a[i] - 1);
}
console.log(ans); // 2
```

9.11　总结

　　学习下来可以发现，树状数组和线段树的作用是相似的，线段树的功能要比树状数组更强大一些，而树状数组在解决单个结点的问题上速度要更快一些，思路也更简洁一些。

　　我们引入了 lowbit 低位技术来求最低位的连续零的个数，从而知道数所在的区间，后边构建了单点查询和单点修改的操作。

第 10 章

前缀树

上一章中，我们学习了一种虚拟的多叉树，这一章学习一种真正的多叉树——前缀树，又叫字典树，其英文名为 Trie，来源于单词 retrieval（检索）。我们之前学习的普通线段树、ZKW 线段树、树状数组的处理对象是线段，而前缀树的处理对象是另一种常见数据类型——字符串。前缀树用来解决在一组字符串集合中快速查找某个字符串的问题。

10.1　原理

假设我们有 5 个字符串——code、ruby、rubycon、cool、java，现在需要在里面多次查找某个字符串是否存在。如果每次查找都要拿目标字符串与这 5 个字符串进行字符串匹配，效率非常低。如果我们将这些字符串以下面的方式拆成一个个字符，放到如图 10-1 所示的树的每个结点中，那么我们查找时，是沿着树的某个路径前进了，性能会大大提高。

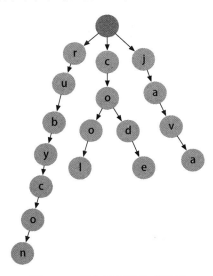

图 10-1　拆分字符串生成的树

值得注意的是前缀树的根结点为空，因为多个字符串共存于一棵树，选哪一个字符串的首字符做根结点都不合适，所以根结点干脆什么也不放，只用于引用孩子结点。其他结点都放上一个字符。

ruby 与 rubycon 存在重合，我们怎么表示这棵树包含 ruby 这个字符串呢？我们可以在这个结点上加个标识，表示在此可以断开成为一个子串。因此这个结点至少有两个属性，此外我们还要想办法引用孩子结点，以前我们都是用 left、right 来引用两个孩子结点，现在孩子结点太多了，连接用的属性也只能用下一个相邻的字符起名。但为了防止连接属性太多，我们可以将它们统一放在 children 属性上，children 是一个对象，在 JavaScript 中对象是一个天然的散列。搞定连接的问题与标识一个单独的字符串的问题后，我们顺着根结点，以目标字符串的长度为步数，就可以判定目标字符串是否在树中（已有的几个字符串集合中）。实现代码如下：

```javascript
function Node(value){
  this.value = value;
  this.isEnd = false;
  this.children = {};
}
class Trie {
  constructor(){
    this.root = new Node(null);
  }
}
```

查询 ruby 的过程如图 10-2 所示。

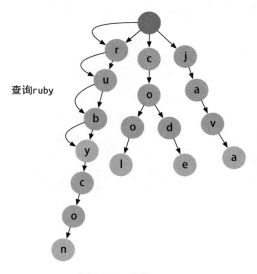

图 10-2   查询 ruby

由于前缀树是可以动态添加与删除的，因此不存在专门的构建方法。

10.2 插入字符串

我们添加一个方法，以方便我们将一个字符串放入前缀树，实现代码如下：

```
insert(word){
  if(!word){
    return;
  }
  var cur = this.root;
  for (var i = 0; i < word.length; i++) {
    var c = word[i];
    if (!cur.children[c]) {
      cur.children[c] = new Node(c);
    }
    cur =  cur.children[c];
  }
  cur.isEnd = true; // 标记有字符串到此结点结束
}
```

接着我们要实现移除，但是在移除一个字符串相关联的结点时，需要检测这些结点有没有被其他字符串使用，比如上面的 rubycon 与 ruby，我们要移除 rubycon，需要用户先移除 ruby 字符串才行。为了防止误操作，我们需要给结点添加一个新属性，以记录它的使用次数，当它只被使用一次时，才能安全删除。如果用户多次添加同一个字符串怎么办？事实上，的确有词频统计这样的需求，也有防止用户重复添加的需求，因此我们需要更多属性。相关代码如下：

```
function Node(value){
  this.value = value;
  this.passCount = 0;
  this.endCount = 0; // 代替之前的 isEnd
  this.children = {};
}
class Trie {
  constructor(){
    this.root = new Node(null);
  }
  insert(word){
    if(!word){
      return;
    }
    var cur = this.root;
    for(var i = 0; i < word.length; i++){
      var c = word[i];
      if( !cur.children[c] ){
        cur.children[c] = new Node(word[i]);
      }
      cur = cur.children[c];
      cur.passCount++; // 有多个字符串经过此结点
    }
    cur.endCount++; // 有多个字符串在这里结束
  }
}
```

```
var t = new Trie(); // test
t.insert("I");
t.insert("Love");
t.insert("China");
t.insert("China");
t.insert("Ch");
console.log(t);
```

10.3 移除字符串

要移除一个字符串，首先要判定是否包含这个字符串。我们可以沿途收集结点，然后判定结点数是否等于目标字符串的长度，等于才将它的 passCount 减一，然后判定 passCount 是否为零，若为零，我们才删掉这些结点。实现代码如下：

```
remove(word) {
  var cur = this.root, array = [], n = word.length;
  for (var i = 0; i < n; i++) {
    var c = word[i];
    var node = cur.children[c];
    if (node) {
      array.push(node);
      cur = node;
    } else { // 如果缺少 word 的某个字符, 立即返回
      return false;
    }
  }
  // word 可能包含已有的某个字符串, 也算不命中, 此时 array.length > n
  if (array.length === n) {
    var parent = this.root;
    cur.endCount--;
    array.forEach(function (el) {
      el.passCount--;// 减 1
      if (!el.passCount) {// 减到零则从父结点删掉此字符串
        delete parent.children[el.value];
      }
      parent = el;
    });
  } else {
    return false;
  }
}
```

10.4 是否包含某个字符串

这个判定其实我们上面已经实现了。我们可以将其抽象成一个内部方法，供这两个方法调用。相关代码如下：

```
search(word, cb) { // 收集命中的结点，并交给回调进一步处理
  var cur = this.root, array = [], n = word.length;
  for (var i = 0; i < n; i++) {
    var c = word[i];
    var node = cur.children[c];
    if (node) {
      array.push(node);
      cur = node;
    } else { // 如果缺少 word 的某个字符，立即返回
      return false;
    }
  }
  return cb(cur, array);
}
isContainWord(word){ // 是否包含某个字符串
  return this.search(word, function (last) {
    return last.endCount;
  });
}
remove(word, cb) { // 移除字符串
  var root = this.root;
  return this.search(word, function (last, array) {
    if (array.length === word.length) {
      var parent = root;
      last.endCount--;
      array.forEach(function (el) {
        el.passCount--;// 减 1
        if (!el.passCount) {// 减到零则从父结点删掉此字符串
          delete parent.children[el.value];
        }
        parent = el;
      });
    }
  });
}
```

此外，insert 方法也要改一下，改动后的代码如下：

```
// insert
var c = word.charCodeAt(i) - 33;
var node = cur.children[c];
```

10.5　是否包含某个前缀

这时我们传入 Chin 也能返回 true，非常简单，通过 search 方法，拿到最后一个结点，只要它不是根结点就行了。相关代码如下：

```
isContainPrefix(word){ // 是否包含某个字符串的前缀
  return this.search(word, (last) =>{
    return last !== this.root;
  });
}
```

10.6　统计某个字符串出现的次数

对此我们早有准备，通过 search 方法拿到最后一个结点 endCount 的值就行了。但是要注意，如果没有命中，它会返回 false，所以我们要处理一下。

相关代码如下：

```
CountWord(word) {
  // 统计某字符串出现次数的方法
  return this.search(word, (last) =>{
    return last.endCount;
  }) || 0; // 处理 false
}
```

10.7　统计某个前缀出现的次数

这就是结点被经过的次数。相关代码如下：

```
countWord(word) {
  // 统计某字符串出现次数的方法
  return this.search(word, (last) =>{
    return last.passCount;
  }) || 0; // 处理 false
}
```

10.8　优化

我们使用散列来保存孩子结点的引用，这其实性能很差。有时如果字符串没有特殊字符或中文，用数组来代替对象可以换来不错的性能。在其他语言中，则可以使用定长数组，基本上 33~108 字节的数组就够了。因为在 ASCII 中，1~32 对应的都不是可以输出的字符，因此 String. formCharCode(a)会输出空字符串，而 108 为机械键盘的最大按键数量，如图 10-3 所示。

```
> String.fromCharCode(1)
< " "
> String.fromCharCode(2)
< " "
> String.fromCharCode(32)
< " "
> String.fromCharCode(33)
< "!"
> String.fromCharCode(34)
< """
> String.fromCharCode(48)
< "0"
```

图 10-3　结果输出

我们将结点的 children 属性变成一个数组，然后改动一下 search 方法就行了。优化后的代码如下：

```
function Node(value){
  this.value = value;
  this.passCount = 0;
  this.endCount = 0;
  this.children = new Array(75);
}
search(word, cb) { // 收集命中的结点，并交给回调进一步处理
  var cur = this.root, array = [], n = word.length;
  for (var i = 0; i < n; i++) {
    var c = word.charCodeAt(i) - 33;
    var node = cur.children[c];
    if (node) {
      array.push(node);
      cur = node;
    } else { // 如果缺少 word 的某个字符，立即返回
    return false;
    }
  }
  return cb(cur, array);
}
```

将散列改成数字带来了一个好处，即我们可以对已有的字符串进行处理。因为在 JavaScript 对象中，for in 循环基本上按添加时的顺序进行输出，所以我们按字母排序有点难。变成数组则好办多了。相关代码如下：

```
var a = new Array(75);
a[7] = 7;
a[8] = 8;
a[4] = 4;
a[2] = 2;
for (var i in a) {
  console.log(i);
}
// 输出 2, 4, 7, 8
```

10.9 排序

基于上面的理论，我们添加一个 getSortedArray 方法吧。相关代码如下：

```
getSortedArray() {
  this.root.value = ''; // 根结点的 value 为 null 时要处理一下
  function collect(node, cb, str) {
    var nextStr = str + node.value;
    if (node.endCount) {
      cb(nextStr);
    }
    for (var i in node.children) {
      collect(node.children[i], cb, nextStr);
```

```
      }
    }
    var array = [];
    collect(this.root, function (str) {
      array.push(str);
    }, "");
    return array;
  }
// test
  var trie = new Trie();
  trie.insert("I");
  trie.insert("Love");
  trie.insert("China");
  trie.insert("rubylouvre");
  trie.insert("rubylouvre");
  trie.insert("man");
  trie.insert("handsome");
  trie.insert("love");
  trie.insert("Chinaha");
  trie.insert("her");
  trie.insert("know");
  var array = trie.getSortedArray();
  console.log(array, '!!');
```

示例代码的输出结果如图 10-4 所示。

```
                                                                    index1.html:
["China", "Chinaha", "I", "Love", "handsome", "her", "know", "love", "man", "rubylouvre"] "!!"
```

图 10-4   示例代码的输出结果

美中不足是 rubylouvre 原本出现两次，现在只有一次了。当然我们也发现了前缀树的另一个用途——去重。由于去重是前缀树的天然属性，我们不可能更改其结构，但是我们也早有准备，endCount 会告诉我们这个字符串重复了几次，因此我们直接在这里添加一个循环就行了。相关代码如下：

```
getSortedArray() {
  this.root.value = ''; // 根结点的 value 为 null 时要处理一下
  function collect(node, cb, str) {
    var nextStr = str + node.value;
    if (node.endCount) {
      for(let i = 0; i < node.endCount; i++){
        cb(nextStr);
      }
    }
    for (let i in node.children) {
      collect(node.children[i], cb, nextStr);
    }
  }
  var array = [];
  collect(this.root, function (str) {
    array.push(str);
```

```
    }, "");
    return array;
}
```

10.10 求最长公共前缀

最长公共前缀，即要求这些字符串的前半部分要有几个字符是一样的，因此我们在遍历结点时，要判定是否出现分叉。如果分叉，说明有某一个字符串在首字符就与其他字符串不一样。然后我们再到下一个孤单结点，判定是否出现分叉。我们把这条路径上的结点值全部串起来，就是最长公共前缀。

但是这有一个问题，我们的 children 是基于 JavaScript 数组的，可能会出现数组原型被污染的情况，所以我们需要做好代码防御。相关代码如下：

```
longestCommonPrefix() {
  var cur = this.root, lcp = '',wordsCount = 0;
  while (true) {
    var count = 0;
    var kids = cur.children;
    for (var i in kids) {
      // 处理数组原型链被污染的问题，防止这是一个 polyfill 添加的方法名
      // 而不是一个整数类型的值
      if (cur.children.hasOwnProperty(i)) { // cur.children.hasOwnProperty(i)也可以
        count++;
      }
    }
    // 如果这个父结点只有一个孩子，说明没有分叉
    if (count === 1) {
      cur = kids[i];
      // 根结点的独生子的 passCount，就是插入字符串的总数量，只计算一次
      if (!wordsCount) {
        wordsCount = cur.passCount;
      }
      if (cur.passCount == wordsCount) {
        // 由于是共同前缀，要保证所有字符串都经过这个结点
        lcp += cur.value;
        continue; // 继续搜索下一个结点
      }
      return break;
    }
    else break;
  }
  return lcp;
}

var trie = new Trie();
trie.insert("flower");
trie.insert("flow");
trie.insert("flight");

console.log(trie.longestCommonPrefix(), '!!');// fl
```

10.11   模糊搜索

支持通配符*，它可以代表任意一个字符。这时我们的方法需要能做回退操作，如果不匹配，需要回到上一个位置。相关代码如下：

```
searchRecursively( cur, word, index){
  if(index == word.length) {
    return cur.endCount;
  }
  var c = word.charAt(index);
  if(c=='*'){
    for(var i in cur.children){ // 下一层
      if(searchRecursively(cur.children[i], word,index+1)){
        return true;
      }
    }
    return false;
  }else{
    var node = cur.children[c.charCodeAt(0) - 33];
    if(node){
      return searchRecursively(node,word,index+1);
    }else{
      return false;
    }
  }
  return false;
}

fuzzySearch(word){
  return searchRecursively(this.root, word, 0);
}
```

10.12   总结

前缀树有以下 3 个特点。

(1) 根结点不包含字符，除根结点外每一个结点都只包含一个字符。

(2) 从根结点到某一结点，路径上的字符连接起来，为该结点对应的字符串。

(3) 每个结点的所有孩子结点包含的字符都不相同。

前缀树的核心思想是空间换时间。利用字符串的公共前缀来降低查询的时间开销以达到提高效率的目的。前缀树的用途非常广，比起之前专门处理数字的线段树的用途都多许多。不奇怪，凡人用字符串，勇者用数字。

第11章

跳　　表

跳表（skip list）又叫跳跃表，是一种能快速查找的有序链表结构，是由美国科学家 William Pugh 于 1989 年发明的。它的效率与后面章节说到的 AVL 不相上下，但更好理解，也更易开发，我们会在 Redis、LevelDB、Cassandra 等著名产品中看到它的身影。

11.1　跳表的结构

图 11-1 就是一个跳表，跳表是由多个链表组成的。最下面一层包含所有数据，每上跳一层，结点就减少一些，最上层是最少的。上一层的结点可以连接下一层的结点。这样设计的好处是，查找某一个数据，我们不用从左到右挨个查找，最开始时是在最高层找，一旦发现右边的数比目标值大，就往下跳，然后继续往左找。这个行为有点像二分查找，可以跳过许多无效的比较。但二分查找是建立在有序数组或二叉树的基础上。如果我们的数据一开始就是乱序的呢？我们也很难做到每一层的间隔都是下一层的两倍，图 11-1 中就不是。因此原作者属于另辟蹊径，通过一个随机函数来决定新结点插入到哪几层中，然后连接上下左右的结点。

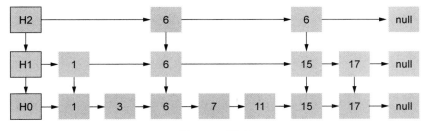

图 11-1　跳表

11.2　跳表的性质

跳表有以下 5 个性质。

(1) 由很多层组成，插入哪一层是由随机数生成器决定的。

(2) 每一层都是一个有序链表，默认是升序。

(3) 最底层的链表包含所有结点。

(4) 如果一个值出现在 Level i 的链表中，则它在 Level i 之下的链表中也都会出现。

(5) 每个结点至少有两个指针，一个指向同一层中的右边结点，另一个指向下一层的结点。

11.3　插入

在跳表初始化时，可指定层高，否则默认为 4，增删操作会动态改变层高。下面的代码主要阐释了跳表的结点结构以及构造过程：

```javascript
function Node(val, level) {
  this.value = val;
  this.level = level;
  this.next = null;
  this.down = null;
}
class SkipList {
  constructor(maxLevel) {
    this.maxLevel = maxLevel || 4;
    var heads = [];
    var below = null;
    for (var i = 0; i <= this.maxLevel; i++) {
      var node = new Node(-Infinity, i);// 我们要保证升序的结构，因此必须保证 head 最小
      heads.push(node);
      if (below) {
        node.down = below;// 建楼梯
      }
      below = node;
    }
    this.heads = heads;
  }
  insert(){}
  remove(){}
  find(){}
}
var s = new SkipList(2);
```

想象这是一栋建在悬崖边的楼，一开始有三层，并且只能从上往下走，如图 11-2 所示。

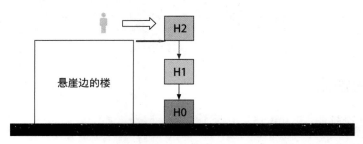

图 11-2　悬崖边的三层楼

开始修建一个房间，通过随机数决定将它建在第几层中。因此我们需要一个随机函数。其代码如下：

```
randomLevel() {
  var level = 0;
  for (var i = 0; i < this.maxLevel; i++) {
    level = Math.floor(Math.random() * (this.maxLevel + 1));
  }
  return level;
}
```

掷色子来决定将房间建在第几层，比如说建在 2 层，即最高的层，我们从最高层的左边结点进去（如图 11-3 所示），看它右边有没有房间，没有就建在它旁边。否则就往下走。建好后，我们需要建它下面的房间，因为不存在空中楼阁。这时我们可以看一下建好的房间左边的房间有没有楼梯往下走，没有就走大楼最初的楼梯，否则走捷径。

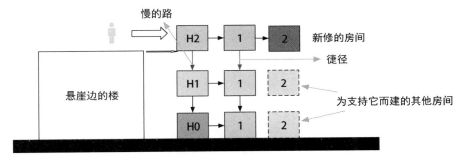

图 11-3　修建房间后的楼

换而言之，插入一个值，可能要插入很多个结点，这就是它与普通链表的不同之处。我们还要修往下走的楼梯。它们将成为查找或修建其他房间时的捷径。实现代码如下：

```
insert(value) {
  var level = this.randomLevel();
  var node = this.heads[level];
  var upNode;
  while (true) {
    if (node.value == value) { // 命中
      // 已经存在对应结点则忽略，如果允许重复结点，我们可以为结点添加一个 count 属性，记录插入了多少次
      return false;
    }
    // 如果右边有结点，并且它比 value 小
    if (node.next && node.next.value <= value) { // 向右找
      node = node.next;
      continue;
    }
    // 没有往下找的分支，换成**插入**分支
    if (!node.next || node.next.value > value) {
      var next = node.next;
```

```
      var newNode = new Node(value, level);
      node.next = newNode;
      newNode.next = next;
      if (upNode) {
        upNode.down = newNode; // 修楼梯
      }
      upNode = newNode;
      level--; // 看还有没有下一层
      node = node.down || this.heads[level]; // 先走捷径，否则走最左边的结点
      if (node) {
        continue;
      } else {
        return false;
      }
    }
  }
  return true;
}
```

11.4　查找

查找就是判定目标值是否在跳表中。也就是从最高层找起，最高层中的值大于目标值就跳到下一层。相关代码如下：

```
find(value) {
  var node = this.heads[this.maxLevel];
  while (true) {
    if (node.value == value) {// 命中
      return true;
    }
    if (node.next && node.next.value <= value) { // 向右找
      node = node.next;
      continue;
    }
    if (node.down) {// 向下找
      node = node.down;
      continue;
    }
    return false;
  }
}
```

11.5　删除

删除与查找的逻辑很像，如果我们把链表弄成一个双向链表，就可以直接复用它的逻辑。Redis 里面的跳表用的就是双向链表。此外需要注意的是，即使拆掉的不是最底层的结点，我们也需要将它下面的房间拆掉。图 11-4 展示了删除的过程。

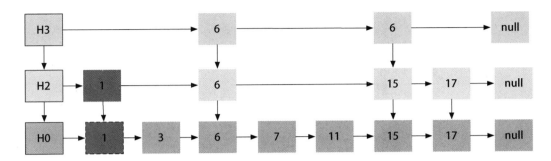

要拆掉1，那么下面的1也要拆掉

图 11-4   删除过程

实现代码如下：

```
remove(value) {
  var node = this.heads[this.maxLevel], prev = node;
  while (true) {
    if (node.value == value) {// 命中
      var next = node.next;
      node.next = null;
      prev.next = next;// 移除当前楼层
      node = prev.down || this.heads[node.level - 1]; // 如果还存在下一层
      if (!node) {
        break;
      }
    }
    if (node.next && node.next.value <= value) {// 向右找
      prev = node;
      node = prev.next;
      continue;
    }
    if (node.down) {// 往下走
      node = node.down;
      continue;
    }
    break;
  }
}
```

这里面的几个方法，都用了 while (true)加多个 continue 的结构，这相当于 C 语言的 goto 语句，在做跳表时是非常好用的。它本来就跳来跳去，我们也顺应语义弄一个 goto 出来。

11.6   得到排序数组

这与二叉查找树一样，都可以非常方便地得到排序后的数组。因此，我们只要访问最底层的结点，一个个 "掏" 出来就行了。相关代码如下：

```
getSortedArray() {
  var array = [1, 3, 6, 7, 11, 15, 17].sort(function () {
    return Math.random > 0.5;
  });
  array.forEach(function (el) {
    s.insert(el);
  });
  return array;
}
var s = new SkipList(2);
console.log(s.getSortedArray());
console.log(s);
```

代码的执行结果如图 11-5 所示。

```
▶ (7) [1, 3, 6, 7, 11, 15, 17]
▼ SkipList {maxLevel: 2, heads: Array(3)} ▦
  ▼ heads: Array(3)
    ▼ 0: Node
        down: null
        level: 2
      ▼ next: Node
          down: null
          level: 0
        ▶ next: Node {value: 3, level: 0, next: Node, down: null}
          value: 1
        ▶ __proto__: Object
        value: -Infinity
      ▶ __proto__: Object
    ▶ 1: Node {value: -Infinity, level: 1, next: Node, down: Node}
    ▶ 2: Node {value: -Infinity, level: 0, next: Node, down: Node}
      length: 3
    ▶ __proto__: Array(0)
    maxLevel: 2
  ▶ __proto__: Object
```

图 11-5   示例代码的执行结果

11.7   总结

跳表是一种可以替代平衡树的数据结构。跳表追求的是概率性平衡，而不是严格平衡。它通过一个随机数生成器实现平衡，虽然也有一定的概率出现最差的情况，但概率很小很小。跟平衡二叉树相比，跳表能应对有序插入的情况（二叉树退化为链表，性能非常差）。

从内存占用上来说，跳表比平衡树更灵活一些。一般来说，平衡树每个结点包含 2 个指针（分别指向左右子树），而跳表每个结点包含的指针数目平均为 $1/(1-p)$，具体取决于参数 p 的大小。如果像 Redis 里的实现一样，取 p=1/4，那么平均每个结点包含 1.33 个指针，比平衡树更有优势。

在查找目标值上，跳表和平衡树的时间复杂度都为 $O(\log n)$，大体相当，平衡树会快那么一点点，可以忽略不计。

在代码实现上，跳表能"秒杀"各种平衡树。

第 12 章

简单的平衡树

二叉查找树的查询复杂度取决于目标结点到树根的距离（即深度），如果一棵树的叶子结点到根的距离都差不多，接近满二叉树的状态，其所有查找的均摊复杂度都很低，为 $O(\log_2 n)$，此刻我们称树处于平衡状态。但数据的插入或删除，可能会导致某一棵子树特别长，一些子树特别短，它可能会退化成一个链表，此时其操作的时间复杂度将退化成线性的，即 $O(n)$。因此我们需要引入一些策略来保证树不会长歪，或者变得参差不齐，确保它处于矮矮胖胖的状态。这些引入不同平衡策略的树就叫平衡树。本章将学习几种简单的平衡树：有旋 Treap、无旋 Treap、伸展树、SBT 和替罪羊树。

在图 12-1 中，左边为二叉查找树遇到上升序列时长歪的情况，右边为我们期望的样子。

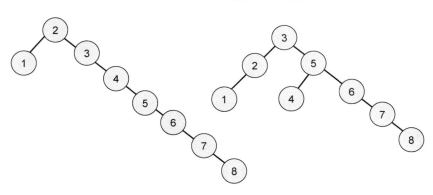

图 12-1　平衡树实例

12.1　有旋 Treap

有旋 Treap 是 C. R. Aragon 与 R. G. Seidel 于 1989 年发明的随机平衡二叉树。它是二叉查找树与堆的结合体，因此一般译成树堆。简单来说，就是在维护二叉查找树性质的同时，给每个结点一个随机生成的修正值，同时保证修正值满足堆的性质，这样便可以轻而易举地防止复杂度退化。

因为有旋 Treap 同时包含了二叉查找树与堆的性质，所以也拥有两者的功能，比如查找最大值或最小值、排序、TopK……都可以高效实现。

有旋 Treap 的结构如下：

```
class Node {
  constructor(data) {
    this.data = data;
    this.right = null;
    this.left = null;
    this.fix = ~~(Math.random() + "").slice(2, 7);
    this.size = 1;
    this.count = 1;
  }
  maintain() {
    this.size = this.count;
    if (this.left) {
      this.size += this.left.size;
    }
    if (this.right) {
      this.size += this.right.size;
    }
  }
}
class Treap {
  constructor() {
    this.root = null;
  }
  find() {}
  insert() {}
  remove() {}
  inOrder() {}
  preOrder() {}
  postOrder() {}
}
```

树堆的结点属性比较多，fix 就是上面提到的随机生成的属性，有时也用 priority 表示；count 表示这个结点所代表的值重复添加了多少次；size 表示这个父结点有多少个孩子结点；maintain 方法是用来维护 size 的。下面我们简要介绍有旋 Treap 的基本操作。

12.1.1　旋转

有旋 Treap 维护平衡的技术叫作旋转，这也是最经典的平衡方案。简而言之，某一个子树太高，那么找到它的一个父结点，让它往左往右折断，然后让它的孩子结点上浮，再把折断出来的父结点接回来，父结点在原来位置的什么方向就叫什么旋。因此就出现两种旋转：左旋与右旋。旋转的巧妙之处就在于不打乱数列中数据的大小关系（指中序遍历结果是有序的）情况下，所有基本操作的均摊复杂度仍为 $O(\log n)$。如图 12-2 所示，就可以理解为左旋。

图 12-2 形象的左旋

右旋则会让左孩子结点上位,会让左孩子结点的右孩子结点过继给父结点;左旋则会让右孩子结点上位,会让右孩子结点的左孩子结点过继给父结点。图 12-3 中的结点 3 就是过继结点。

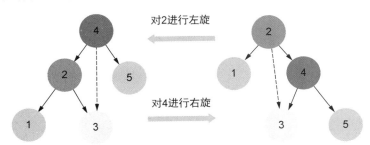

图 12-3 左旋与右旋的区别(见彩插)

此外,父子关系发生改变时,结点的个数也会发生变化,因此我们需要维护一下。反客为主的孩子结点个数会等于原来父结点的个数,父结点的个数则需要重新计算一下。如果结点存在 parent 属性,那么也要维护。

至于如何实现,我们就结合插入操作一起讲吧。插入方法需要传入一个值,因为是二叉树,所以我们从根结点开始比较,如果没有根结点,直接生成结点,不需要旋转,退出方法。否则就需要判定传入值与结点值的大小,如果相等,说明已经存在相同值的结点,直接将 count 属性的值加 1,不需要旋转,退出方法;如果比结点的值小,说明需要往左子树插入,否则往右子树插入,直到找不到结点。那么上次用于比较的结点就是新结点的父结点,我们生成新结点,如果是在左子树,那么就是父结点的左孩子结点,反之亦然。这时我们需要查看孩子结点的修正值与父结点的修正值，如果比父结点小，为了维护堆的属性，我们要执行左旋或右旋操作。最后，修正结点的 size 属性。

　　旋转的过程可以参考图 12-4。假设我们插入一个新值 4，这时为它随机分配一个修正值 15，它比其父结点的修正值 30 小，为了维护小顶堆的堆属性，我们需要旋转父结点。向哪个方向旋转有一个诀窍，插入结点位于哪个子树，就将该子树以其父结点为轴反向旋转。因此，我们要对 3 进行左旋。

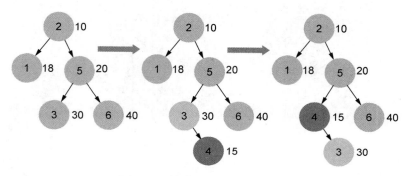

图 12-4　旋转过程图（见彩插）

　　旋转后，4 插到 5 的左子树中，但 4 的修正值 15 比 5 的修正值 20 小，因此还要继续旋转，这时要以 5 为轴进行右旋。当 4 上升到 5 的位置后，它的父结点的修正值比它小，因此不需要旋转。旋转的次数最多为树的高度，如图 12-5 所示。

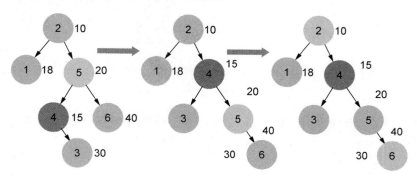

图 12-5　旋转结果图（见彩插）

我们把旋转抽象成一个方法，该方法的代码如下：

```
function rotateImpl(tree, node, dir, setParent) {
  var other = dir == 'left' ? 'right' : 'left';
  if (!node[other]) {
    return;
  }
```

```
var top = node[other]; // 会上浮的孩子结点
node[other] = top[dir]; // 过继孩子结点
if (setParent) {
  if (!node.parent) {
    tree.root = top;
  } else if (node == node.parent.left) {
    node.parent.left = top;
  } else {
    node.parent.right = top;
  }
  Object(top[dir]).parent = node; // 父属性修正1
  top.parent = node.parent; // 父属性修正2
  node.parent = top; // 父属性修正3
}
top[dir] = node; // 旋转
node.maintain(); // 先处理下面的再处理上面的
top.maintain();
return top;
}
```

12.1.2 插入

插入操作即在树中插入一个新值，最好使用递归来实现，这样可以避免各种变量的更替，其实现代码如下：

```
insert(value) {
  this.root = this._insert(this.root, value);
}
_insert(node, value) {
  if (!node) {
    return new Node(value);
  }
  if (node.data == value) {
    node.count++;
    node.maintain();
    return node;
  } else if (node.data > value) {
    node.left = this._insert(node.left, value);
    if (node.left.fix < node.fix) {
      node = this.rotateRight(node);
    }
  } else {
    node.right = this._insert(node.right, value);
    if (node.right.fix < node.fix) {
      node = this.rotateLeft(node);
    }
  }
  node.maintain();
  return node;
}
rotateLeft(node) {
  return rotateImpl(this, node, 'left', false);
}
```

```
rotateRight(node) {
  return rotateImpl(this, node, 'right', false);
}
```

12.1.3 查找

查找操作既可以用递归，也可以不用递归来实现，直接遍历的性能更高，相关代码如下：

```
find(value) {
  var node = this.root;
  while (node) {
    var diff = value - node.data;
    if (value === 0) {
      return node;;;
    } else if (value > 0) {
      node = node.right;
    } else {
      node = node.left;
    }
  }
  return null;
}
```

12.1.4 删除

首先，我们要找到要删除的孩子结点及沿途经过的父结点，将父结点放到一个数组中，因为后面我们要维护它们的 size。找到目标结点后，我们判定它是否存在左右孩子结点，若存在，则说明它位于中间，我们要通过右旋或左旋将它转移到叶子结点中去。这个旋转过程也可能涉及多个结点，也要将它们放到刚才的数组中。

至于对结点进行左旋操作还是右旋操作，我们要比较它的两个孩子结点的修正值，哪个修正值大，就对它向哪边旋转，目的是将它变成叶子结点，孩子结点上位，本身下沉，如图 12-6 所示。

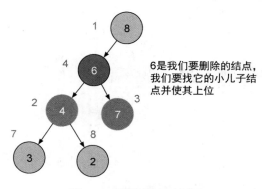

图 12-6 删除结点示例图

当它只有一个孩子结点或零个孩子结点时，就可以删除。这时我们找到最近的父结点，判定原结点是父结点的左孩子结点或右孩子结点，就将它的孩子结点变成上面结点的相应孩子结点，从而实现删除。代码如下：

```
var dir = parent.left == node ? 'left' : 'right';
parent[dir] = node.left || node.right || null;
```

最后，我们需要维护父结点们的 size 属性。从数组中取出它们，执行 maintain 方法。删除操作的相关代码如下：

```
remove(value) {
  var parents = [],
      node = this.root;
  while (node) {
    var diff = value - node.data;
    if (diff === 0) {
      break;
    }
    parents.push(node);
    if (diff > 0) {
      node = node.right;
    } else {
      node = node.left;
    }
  }
  if (node) { // 找到要删除的结点
    console.log("找到要删除的结点", node);
    if (node.count > 1) {
      node.count--;
    } else {
      var parent = parents[parents.length - 1],
          newParent;
      while (node.left && node.right) {
        var dir = Object(parent).left == node ? 'left' : 'right';
        if (node.left.fix < node.right.fix) {
          // left 上位
          newParent = this.rotateRight(node);
          console.log('右旋', newParent.data);
        } else {
          newParent = this.rotateLeft(node);
          console.log('左旋', newParent.data);
          // right 上位
        }
        if (!parent) {
          this.root = newParent;
        } else {
          parent[dir] = newParent;
        }
        parent = newParent;
        parents.push(parent);
      }

      var dir = Object(parent).left == node ? 'left' : 'right';
      parent[dir] = node.left || node.right || null;
```

```
  }
  console.log("找到要维护的父结点", parents.map(function(el) {
    return el.data;
  }));
  while (parents.length) {
    var a = parents.pop();
    a.maintain();
  }
  return true;
}
return false;
}
```

12.1.5   三种遍历

这包括前序遍历、中序遍历和后序遍历。通过中序遍历来输出排序后的数组。我们通过传入一个回调来收集它们。三种遍历的代码如下所示：

```
inOrder(cb) { // 中序遍历
  function recursion(node) {
    if (node) {
      recursion(node.left);
      cb(node);
      recursion(node.right);
    }
  }
  recursion(this.root);
}
preOrder(cb) { // 前序遍历
  function recursion(node) {
    if (node) {
      cb(node);
      recursion(node.left);
      recursion(node.right);
    }
  }
  recursion(this.root);
}
postOrder(cb) { // 后序遍历
  function recursion(node) {
    if (node) {
      recursion(node.left);
      recursion(node.right);
      cb(node);
    }
  }
  recursion(this.root);
}
```

12.1.6   获取 value 的排名

排名是指有旋 Treap 以中序排序得到的有序数组的位置，这个数组从 1 数起，因为我们习惯上说第 1 名、第 2 名,不会叫第 0 名。如果在有旋 Treap 中有多个重复的结点,则我们规定这个元素结点的最小排名为其排名。例如 1, 2, 4, 4, 4, 6 中, 4 的排名为 3。

排名的执行过程是,先找到这个结点,并且统计沿途经过了多少个结点,那么其排名便是它的 size + 经过结点数 + 1。相关代码如下:

```
getRank(value) {
  return this.getRankInner(this.root, value);
}
getSize(node) {
  return node ? node.size : 0;
}
getRankInner(node, value) {
  if (!node) {
    return 0;
  } else if (node.data == value) {
    return this.getSize(node.left) + 1;
  } else if (node.data > value) {
    return this.getRankInner(node.left, value);
  } else {
    return this.getRankInner(node.right, value) + this.getSize(node.left) + node.count;
  }
}
```

12.1.7 根据排名找对应的数

只有当我们维护以每个结点为根的子树个数时,才能查找排名第 k 的元素。目前我们的例子是基于小顶堆的,因此排第 1 的元素是最小的。如果改成大顶堆,排第 1 的元素是最大的。我们观察一下图 12-7,根结点其实可以看作两个区间,左子树为[0, node.left.size+node.count],右子树为(node.size-node.right.size,node.size],因此 k 小于等于 node.left.size + node.count 时往左子树找,大于时往右子树找。

```
: ▼ Treap {root: Node}
  ▼ root: Node
      count: 0
      data: 7
      fix: 1123
    ▶ left: Node {data: 2, right: Node, left: null, fix: 5572, size: 2, …}
    ▶ right: Node {data: 16, right: Node, left: Node, fix: 16749, size: 5, …}
      size: 8
    ▶ __proto__: Object
  ▶ __proto__: Object
```

图 12-7 将树代码化

在有旋 Treap 中求结点排名的方法与查找第 k 小结点是很相似的,可以看作互为逆运算。相关代码如下:

```
getSize(node) { // 为了应对结点不存在的情况
  return node ? node.size : 0;
}
getKth(k) {
  var node = this.root;
  while (node) {
    if (k <= this.getSize(node.left)) {
      node = node.left;
    } else if (k > this.getSize(node.left) + node.count) {
      k -= (this.getSize(node.left) + node.count);
      node = node.right;
    } else {
      return node.data;
    }
  }
  return null;
}
```

这里我们就学完了有旋 Treap，相关练习可以到洛谷中找。现在我们拥有了第一个可以代替红黑树的利器。最后介绍一下它的复杂度，其插入操作与删除操作的复杂度为 $O(\log n)$。当然这是期望值，也要看运气，如果运气不好，就会退化成链，但是概率太小了，所以约等于不可能，理论估计是 $O(n\log 2n)$。

下面是一些测试代码。先修改 insert 方法：

```
insert(value) {
  this.root = this._insert(this.root, value);
  getOrder(this);
}

var array = [7, 11, 13, 8, 44, 78, 15, 9, 77, 1, 2];
var t = new Treap();
array.forEach(function(el) {
  t.insert(el);
});

function getOrder(t) {
  var array = [];
  t.inOrder(function(node) {
    array.push(node.data);
  });
  console.log(array + "");
}
var a = t.getRank(44);
console.log('t.getRank(44)', a);
var b = t.getKth(a);
console.log(`t.getKth(${a})`, b);
console.log("移除 11,3 后");
t.remove(11);
t.remove(3);
t.insert(23);
```

上述代码的执行结果如图 12-8 所示。

```
7
7,11
7,11,13
7,8,11,13
7,8,11,13,44
7,8,11,13,44,78
7,8,11,13,15,44,78
7,8,9,11,13,15,44,78
7,8,9,11,13,15,44,77,78
1,7,8,9,11,13,15,44,77,78
1,2,7,8,9,11,13,15,44,77,78
t.getRank(44) 9
t.getKth(9) 44
找到要删除的节点 ▶ Node {data: 11, right: Node, left: Node, fix: 35238, size: 10, …}
左旋 44
右旋 9
找到要维护的父节点 ▶ (3) [78, 44, 9]
移除11,3后
1,2,7,8,9,13,15,23,44,77,78
```

图 12-8   执行结果

12.2   无旋 Treap

说完有旋 Treap，就轮到无旋 Treap 了。原来的有旋 Treap 可以做的操作是非常多的，其中最近十年挖掘出来的合并分裂操作，就被一个大牛范浩强发明成一种全新的 Treap——无旋 Treap。它非常强悍，简单易写，并且包括了普通 Treap 的所有功能，并支持可持久化。在 OI 竞赛时，两大主流平衡树就是无旋 Treap 与伸展树（Splay）。

无旋 Treap 的所有操作都基于合并与拆分，实现代码如下：

```javascript
class Node {
  constructor(value) {
    this.left = null;
    this.right = null;
    this.size = 1;
    this.data = value;
    this.fix = ~~(Math.random() + "").slice(2, 5);
  }
  maintain() {
    var leftSize = this.left ? this.left.size : 0;
    var rightSize = this.right ? this.right.size : 0;
    this.size = leftSize + rightSize + 1;
  }
}
```

```
function Pair(a, b) { // 用于折分与合并
  this.first = a;
  this.second = b;
}
class Treap {
  constructor(mode) {
    this.root = null;
  }
  // 空的方法后面会描述和替换
  split() {}
  merge() {}
  insert() {}
  remove() {}
  find() {}
  getKth() {}
  getRank() {}
  getPrev() {}
  getSucc() {}
  inOrder(cb) { // 中序遍历
    function recursion(node) {
      if (node) {
        recursion(node.left);
        cb(node);
        recursion(node.right);
      }
    }
    recursion(this.root);
  }
  getSize(node) {
    return node ? node.size : 0;
  }
}
```

12.2.1 合并

　　合并就是将两个小顶堆合并成一个小顶堆。假设我们现在有两个堆 x 与 y，如图 12-9 所示，要合并它们，先要比较它们堆顶的修正值，发现 $1 < 3$，因为我们要满足小顶堆的性质，于是 x 的左子树全部不变，只让 1 的右子树与 y 进行合并操作，如图 12-10 所示。

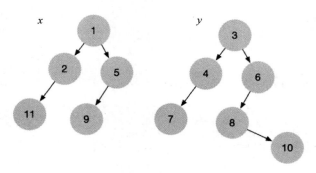

图 12-9 x 堆和 y 堆

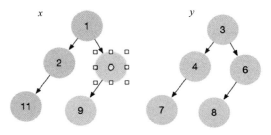

图 12-10 合并操作

这时我们发现修正值 5 > 3，因此我们把够小的 3 结点作为 1 结点的右子树，将 5 结点所在的子树分离出来，成为新的 y 树，它与 3 的左子树进行合并操作，如图 12-11 所示。

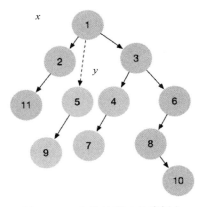

图 12-11 合并过程（见彩插）

这时红色与蓝色比较，由于 5 > 4，因此 4 结点不变，继续用 4 结点的左子树与 y 树进行合并操作，如图 12-12 所示。

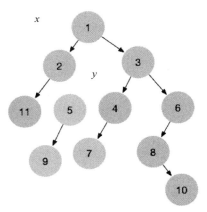

图 12-12 合并过程（见彩插）

这时 5 < 7，那么 5 成为 4 的左子树，将 7 结点分离出来，成为新的 y 树。然后我们用 5 的右子树与 y 树进行合并，但 5 没有右子树，直接将 y 树（7 结点）变成它的右子树，如图 12-13 所示。

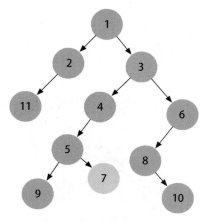

图 12-13   合并结果

实现代码如下：

```
merge(a, b) { // 此时 a 树所有结点的值都应小于 b 中所有结点的值
  if (!a || !b) { // 如果有一个为空，那么返回不为空的
    return a || b;
  }
  if (a.fix < b.fix) { // 要满足堆的性质
    a.right = this.merge(a.right, b);
    a.maintain(); // 维护它的结点大小
    return a;
  } else {
    b.left = this.merge(a, b.left);
    b.maintain(); // 维护它的结点大小
    return b;
  }
}
```

12.2.2　拆分

如图 12-14 所示，要拆分这棵树，首先得有一个基准值 a，我们将值小于等于 a 的结点全部进入左树（我们会将此类结点染成蓝色），大于 a 的结点全部进入右树（我们会将此类结点染成红色）。这里以 a = 25 为例。

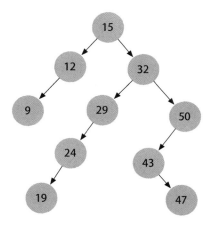

图 12-14 拆分法实例

我们沿着根结点比较，先判定 15，15 < 25，根据二叉查找树的性质，它与它的左子树都会小于 25，染成蓝色，这时我们只要比较它的右子树就行了，如图 12-15 所示。

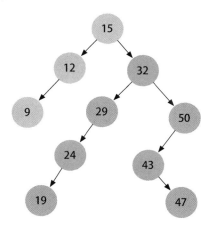

图 12-15 拆分过程（见彩插）

32 比 25 大，根据二叉查找树的性质，32 与它的右子树都会比 25 大，染成红色，32 与它的父结点不是同一颜色，需要拆分出来，如图 12-16 所示。我们继续比较 32 的左子树。

29 比 25 大，染成红色，没有右子树，那么比较 29 的左子树，如图 12-17 所示。

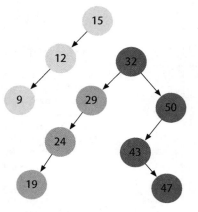

图 12-16　拆分过程（见彩插）

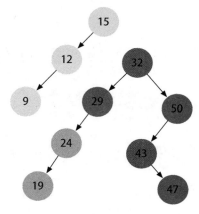

图 12-17　拆分过程（见彩插）

24 比 25 小，根据二叉查找树的性质，它与它的左子树都比 25 小，染成蓝色。24 与它的父结点不是同一颜色，需要拆分出来，合并到蓝色树中，如图 12-18 所示。

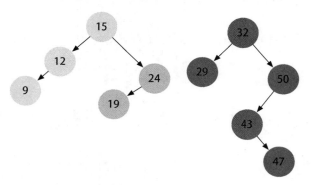

图 12-18　拆分结果（见彩插）

在实际操作中，我们通过 Pair 类创建一个对象，它有两个属性 first 和 second，就相当于上面所说的蓝色与红色。每次拆出来的东西放在对应的树上。拆分操作的相关代码如下：

```
split(node, value) {
  if (!node) {
    return new Pair(null, null);
  }
  var p; // pair
  if (node.data <= value) {
    p = this.split(node.right, value);
    node.right = p.first;
    p.first = node;
  } else {
    p = this.split(node.left, value);
    node.left = p.second;
```

```
    p.second = node;
  }
  node.maintain();
  return p;
}
```

12.2.3 添加

比如我们要添加 25，可以先将树分为两部分，一部分小于 25，一部分大于 25，然后让 25 与小于它的部分合并，再与大于 25 的部分合并，如图 12-19 所示。

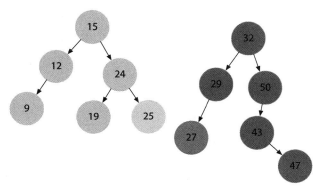

图 12-19 添加操作实例（见彩插）

插入函数的定义如下：

```
insert(value) {
  var p = this.split(this.root, value);
  var node = new Node(value);
  this.root = this.merge(this.merge(p.first, node), p.second);
}
```

12.2.4 移除

给出一个值，移除对应的结点，如果有多个，只移除第一个。我们将目标值所在结点拆分成一个独立的子树，然后将其他部分合并。相关代码如下：

```
remove(value) {
  // 留意 split 里面蓝红树是用 <=拆分的
  // 大于 value 的结点包含在 p1.first 中
  var p1 = this.split(this.root, value);
  var p2 = this.split(p1.first, value - 1);
  // value 孤零零地放在 p2.second 中
  this.root = this.merge(p2.first, p1.second);
}
```

12.2.5 查找

给出一个值，找到它在树中对应的结点。这与移除的逻辑一样，相关代码如下：

```
find(value) {
  // <=> value 包含在 p1.first 中
  var p1 = this.split(this.root, value);
  var p2 = this.split(p1.first, value - 1);
  // value 孤零零地放在 p2.second 中
  this.root = this.merge(p1.first, p2.second);
  return p2.second;
}
```

12.2.6 获取 value 的排名

因为我们不知道 value 是否存在于树中，所以就根据 value-1 拆分树，然后取左边的树的 size 加 1 即为 value 对应的排名：

```
getRank(value) { // 从 1 数起
  var p = this.split(this.root, value - 1);
  var ans = this.getSize(p.first) + 1;
  this.root = this.merge(p.first, p.second);
  return ans;
}
```

12.2.7 根据排名找对应的数

根据排名找对应的数亦称为找第 k 小的数。如果树只有左子树或右子树，根据 size 很快能找出来；如果左右子树都有，当排名大于左子树时，我们就需要在右子树找，这样要加左子树的 size 与根结点。为了方便，我们先抽象一个内部方法 getValueBySize：

```
getValueBySize(node, k) {
  while (node) {
    var lsize = this.getSize(node.left);
    if (lsize + 1 === k) {
      return node.data;
    } else if (lsize + 1 > k) {
      node = node.left;
    } else {
      k -= (lsize + 1);
      node = node.right;
    }
  }
  return 0;
}
getKth(rank) {
  return this.getValueBySize(this.root, rank);
}
```

getKth 与 getRank 可以看作互逆操作。

12.2.8 求前驱结点和后继结点

二叉树前驱结点和后继结点：一个二叉树中序遍历中某个结点的前一个结点叫该结点的前驱结点，某个结点的后一个结点叫后继结点。

要获取前驱结点和后继结点，可通过如下代码实现：

```
getPrev(value) { // 获取前驱结点
  var p = this.split(this.root, value - 1);
  var ans = this.getValueBySize(p.first, this.getSize(p.first));
  this.root = this.merge(p.first, p.second);
  return ans;
}
getSucc(value) { // 获取后继结点
  var p = this.split(this.root, value);
  var ans = this.getValueBySize(p.second, 1);
  this.root = this.merge(p.first, p.second);
  return ans;
}
```

12.2.9 求最大值和最小值

这比堆强悍多了，堆只能求某一边的极值。这里我们还是依赖 getValueBySize 函数，最小值就是排名第一的结点的值，最大值就是排名最后的，也就是根结点的 size：

```
getMin() {
  return this.getValueBySize(this.root, 1);
}
getMax() {
  return this.getValueBySize(this.root, this.getSize(this.root));
}
```

最后我们做一些测试。创建一个 getOrder 方法，将它植入 insert 方法中，方便我们查看树的结构变化，代码如下：

```
insert(value) {
  var p = this.split(this.root, value);
  var node = new Node(value);
  this.root = this.merge(p.first, this.merge(node, p.second));
  getOrder(t);
}
```

测试代码如下：

```
var array = [7, 11, 13, 8, 44, 78, 15, 9, 77, 1, 2];
var t = new Treap();
array.forEach(function(el) {
  t.insert(el);
});
```

```
function getOrder(t) {
  var array = [];
  t.inOrder(function(node) {
    array.push(node.data);
  });
  console.log(array + "");
}
var a = t.getRank(44);
console.log('t.getRank(44)', a);
var b = t.getKth(a);
console.log(`t.getKth(${a})`, b);
console.log(`t.getPrev(44)`, t.getPrev(44));
console.log(`t.getSucc(44)`, t.getSucc(44));
console.log('t.getMin()', t.getMin());
console.log('t.getMax()', t.getMax());
t.remove(11);
t.remove(3);
t.insert(23);
```

上述代码的运行结果如图 12-20 所示。

```
7
7,11
7,11,13
7,8,11,13
7,8,11,13,44
7,8,11,13,44,78
7,8,11,13,15,44,78
7,8,9,11,13,15,44,78
7,8,9,11,13,15,44,77,78
1,7,8,9,11,13,15,44,77,78
1,2,7,8,9,11,13,15,44,77,78
t.getRank(44) 9
t.getKth(9) 44
t.getPrev(44) 15
t.getSucc(44) 77
t.getMin() 1
t.getMax() 78
1,2,7,8,9,13,15,23,44,77,78
```

图 12-20   运行结果

12.3   伸展树

伸展树（splay tree）也叫分裂树，是另一种在 IO 比赛中非常常用的平衡树，它能在 $O(\log n)$ 内完成插入、查找和删除操作。它是由 Daniel Sleator 和 Robert Endre Tarjan 在 1985 年发明的。

伸展树的许多操作都存在伸展，其出发点是这样的：考虑到**数据局部性原理**，为了使整个查找时间更小，将那些访问频率较高的结点搬到离根结点较近的地方。伸展操作实质上就是一个或多个旋转操作。每次对伸展树进行操作后，它都会通过旋转的方法把被访问结点旋转到树根的位置。为了将当前被访问结点旋转到树根，我们通常将结点自底向上旋转，直至该结点成为树根为止。

它的旋转过程比有旋 Treap 复杂一些，但是我们只要根据它与父结点、祖先结点的关系就可以决定采取哪种形态的旋转，因此不需要其他冗余信息。

数据局部性的两个特征如下。

(1) 刚刚被查询的结点，极有可能在不久之后再次被查找。

(2) 下一个要查询的结点，极有可能在不久之前被查找的某个结点附近。换言之。查询次数越多的结点，下次被查询的概率就越大。热点数据就具有这种特征。伸展树的行为与 LRU 缓存很像，经常使用的会保存在缓存体的最前面，提高命中率，不使用的数据渐渐踢出缓存体。如果不了解 LRU，也可以想象一下拼音输入法，它总是把用户经常使用的词汇放到最前面。

12.3.1 伸展

伸展树的伸展操作其实是用一个或多个旋转组合而成的。旋转的特点是不会破坏树的有序性。伸展树的伸展包含三种旋转：单旋转、一字形旋转和之字形旋转。为了便于解释，我们假设当前结点为 X，X 的父结点为 Y，X 的祖父结点为 Z。

1. 单旋转

又叫 Zig 或 Zag。结点 X 与 Y 都是在同一条线上，X 是 Y 的左孩子结点，Y 是根结点。X 要伸展到根的位置，需要做一次右旋（Y 在 X 的右边，因此要右旋）；如果 X 是 Y 的右孩子结点，那么我们要做一次左旋操作。经过旋转，X 成为二叉查找树的根结点，调整结束，结果如图 12-21 所示。

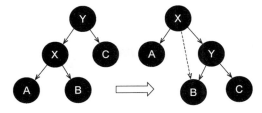

图 12-21　单旋转调整

2. 一字形旋转

又叫 Zig-Zig 或 Zag-Zag，结点 X 的父结点 Y 不是根结点，Y 的父结点 Z 才是我们想要伸展到的位置，并且 X、Y、Z 在同一条线上。这里我们可以先旋转 Y 的父结点，将 Y 升上去，间接将 X 升上去，再将 X 旋转上去。这相当于做了两次左旋或右旋操作，其过程如图 12-22 所示。

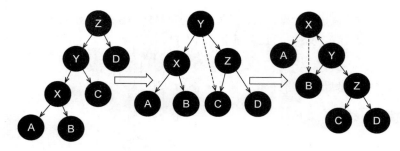

图 12-22   一字形旋转

3. 之字形旋转

又叫 Zig-Zag 或 Zag-Zig，X、Y、Z 不是在同一条线上，我们先将 X 旋转到 Y 的位置，然后 X 再用另一个方向旋转到 Z 的位置，过程如图 12-23 所示。

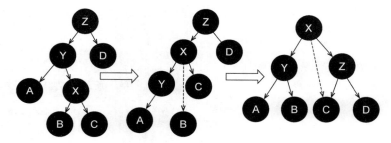

图 12-23   之字形旋转

可以看到，单旋转、一字形旋转、之字形旋转是根据父结点是否是根结点来划分的。

伸展操作带来的收益：它不仅将访问的结点移动到根处，而且还把沿途经过的结点也进行挪动，将它们的深度减少为原来的一半左右，过程如图 12-24 所示。

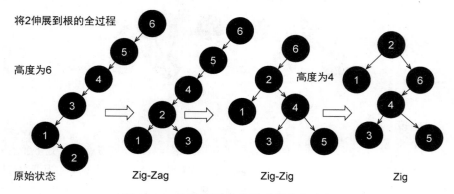

图 12-24   由孩子结点伸展到根的全过程

图 12-25 是插入结点 1 后发生伸展操作的一系列分解图。在对结点 1 进行访问后（花费 $N-1$ 个单元的时间），对结点 2 的访问只花费 $N/2$ 个时间单元而不是 $N-2$ 个时间单元。

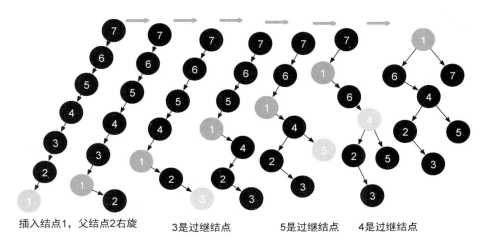

插入结点1，父结点2右旋　　　3是过继结点　　　5是过继结点　　4是过继结点

全部进行一字型旋转

图 12-25　插入结点后进行伸展全过程分解图

它里面用到的左旋和右旋，相当于树堆的 `leftRotate` 和 `rightRotate`，可以直接挪过来用。但是为了方便其他操作，我们需要维护每个被挪动结点的 `size` 属性。相关代码如下：

```
class Node {
  constructor(data) {
    this.data = data;
    this.parent = null;
    this.left = null;
    this.right = null;
    this.size = 1; // 用于排名
  }
  maintain() {
    var leftSize = this.left ? this.left.size : 0;
    var rightSize = this.right ? this.right.size : 0;
    this.size = leftSize + rightSize + 1;
  }
}

function rotateImpl() { // !! 这个函数用 12.1.1 节定义的 rotateImpl 函数
}
class SplayTree {
  constructor() {
    this.root = null;
  }
  leftRotate(node) {
    return rotateImpl(this, node, 'left', true);
  }
```

```
rightRotate(node) {
  return rotateImpl(this, node, 'right', true);
}
splay(node, goal) {
  if (node == goal) return;
  while (node.parent != goal) {
    var parent = node.parent;
    if (parent == goal) { // 如果父结点是根结点
      if (parent.left == node) {
        this.rightRotate(parent);
      } else {
        this.leftRotate(parent);
      }
      break;
    } else { // 如果祖父结点是根结点
      var grandpa = parent.parent;
      var case1 = grandpa.left === parent ? "zig-" : "zag-";
      var case2 = parent.left === node ? "zig" : "zag";
      switch (case1 + case2) {
        case "zig-zig": // 一字形，先父后子，因为我们的旋转操作都针对根结点
          // 操作 node, 即操作 parent
          this.rightRotate(grandpa);
          this.rightRotate(parent);
          continue;
        case "zag-zag": // 一字形，先父后子
          this.leftRotate(grandpa);
          this.leftRotate(parent);
          continue;
        case "zig-zag": // 之字形
          this.leftRotate(parent);
          this.rightRotate(grandpa);
          continue;
        case "zag-zig": // 之字形
          this.rightRotate(parent);
          this.leftRotate(grandpa);
          continue;
      }
    }
  }
}
```

上面的伸展操作太复杂，记不住怎么办，我们可以精简一下，让旋转操作自动处理旋转的方向。精简过的代码如下：

```
rotate(x) { // rotate 具有决定左旋或右旋的功能
  var p = x.parent;
  if (x === p.left) {
    return this.rightRotate(p);
  } else {
    return this.leftRotate(p);
  }
}
```

然后我们根据之字形与一字形的特征简化为:

```
splay(node, goal) {
  if (node == goal) return;
  while (node.parent != goal) {
    var p = node.parent;
    if (p.parent == goal) { // 如果祖先不存在，单旋
      this.rotate(node);
      break;
    }
    // 如果有两个可以旋转的父级结点
    // 那么判断它们是否位于同一条线上，如果是，就使用一字形旋转
    // 否则就使用之字形旋转
    var grandpa = p.parent;
    this.rotate(
      (node === p.left) === (p === grandpa.left) ? p : node
    );
    this.rotate(node);
  }
}
```

12.3.2 查找

与其他树差不多，就是找到目标后，将结点放进 splay 方法。相关代码如下:

```
find(value) {
  var node = this.root;
  while (node) {
    var diff = value - node.data;
    if (diff == 0) {
      break;
    } else if (diff < 0) {
      node = node.left;
    } else {
      node = node.right;
    }
  }
  if (node) {
    this.splay(node);
    return node;
  }
  return null;
}
```

12.3.3 插入

这个操作与其他二叉树的别无二致，我们之前已经演示过递归插入与非递归插入的方法，希望大家能牢记。插入操作的代码如下:

```
insert(value) {
  if (!this.root) {
```

```
      this.root = new Node(value);
      return true;
    }
    var node = this.root,
        parent = null,
        diff;
    while (node) {
      parent = node; // 保存要插入的父结点
      diff = value - node.data;
      if (diff == 0) {
        return false;
      } else if (diff < 0) {
        node = node.left;
      } else {
        node = node.right;
      }
    }
    var node = new Node(value);
    node.parent = parent;
    if (diff < 0) {
      parent.left = node;
    } else {
      parent.right = node;
    }
    this.splay(node);
    return true;
  }
  toString(printNode) {
    if (!printNode) {
      printNode = function(node) {
        return node.data;
      };
    }
    var out = [];
    printRow(this.root, '', true, function(v) {
      return out.push(v);
    }, printNode);
    return out.join('');
  }
}

function printRow(root, prefix, isTail, out, printNode) {
  if (root) {
    out(("" + prefix + (isTail ? '└── ' : '├── ') + (printNode(root)) + "\n"));
    var indent = prefix + (isTail ? '    ' : '│   ');
    if (root.left) {
      printRow(root.left, indent, false, out, printNode);
    }
    if (root.right) {
      printRow(root.right, indent, true, out, printNode);
    }
  }
}
```

测试，依次添加 10, 50, 40, 30, 20, 60，相关代码如下：

```
var t = new SplayTree();
[10, 50, 40, 30, 20, 60].forEach(function(el, i) {
  t.insert(el, i);
});
console.log(t.toString());
```

示例代码的测试结果如图 12-26 所示。

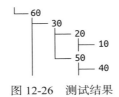

图 12-26　测试结果

插入过程中树的变化如图 12-27 所示。

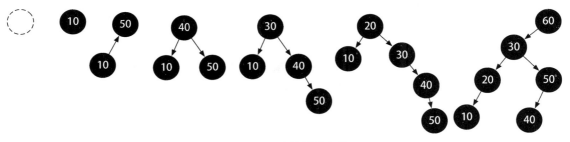

图 12-27　整体树的变化

12.3.4　删除

这个操作相对复杂一些。我们先要在树中找到这个结点，并把它伸展到根结点的位置，将问题转换为删除根结点。

如果根结点没有左孩子结点，那么直接把根结点的右孩子结点作为新的根结点，完成删除操作；类似地，如果根结点没有右孩子结点，那么把根结点的左孩子结点作为新的根结点，完成删除操作。

如果根结点没有右孩子结点，先把根结点左子树中最大的结点旋转到左孩子结点的位置（这样做保证了左孩子结点的右孩子结点为空），然后把根结点的右孩子结点接到左孩子结点的右孩子结点位置。

如果根结点有两个孩子结点，先在左子树中找到最靠右（最大）的结点，把它旋转到根结点的孩子结点上，此时它一定没有右孩子结点，因为根结点的左子树中不存在任何一个元素比它更大，那么把根结点的右子树接在这个结点的右孩子结点上即可。删除操作的相关代码如下：

```
remove(data) {
  let node = this.find(data);
  if (!node) {
    return false;
  } else {
    if (node.count > 1) {
      node.count--;
      return true;
    }
    if (node.left && node.right) {
      var succ = this.maxNode(node.left); // 求后继结点
      node.data = succ.data;
      node = succ; // 转为一个孩子结点的情况
    }
    // 一个或零个孩子结点的情况
    var child = node.left || node.right || null;
    var parent = node.parent;
    if (parent.left == node) {
      parent.left = child;
    } else {
      parent.right = child;
    }
    if (child) {
      child.parent = parent; // parent 的 size 发生变化
      this.splay(child);
    }
    return true;
  }
}
```

12.3.5 区间删除

这指的是删除指定范围的结点。我们需要传入两个位置 start 和 end，删除对应的几个结点。实现代码如下：

```
removeRange(start, end) {
  if (start >= end) {
    throw 'start 必须小于 end';
  }
  var a = this.getKth(start - 1);
  var b = this.getKth(end + 1);
  a = this.find(a);
  b = this.find(b);
  if (!a && !b) {
    return;
  }
  if (!a) {
    this.splay(b);
    b.left = null;
    b.maintain();
```

```
    return;
  }
  if (!b) {
    this.splay(a);
    a.right = null;
    a.maintain();
    return;
  }
  this.splay(a);
  this.splay(b, a);
  b.left = null;
  b.maintain();
}
```

12.3.6　获取 value 的排名

由于有 size，所以计算结点的排名就非常简单了。将目标结点旋转到根结点，然后其左孩子结点的 size + 1 就是其排名。由于我们的查找操作自带旋转，因此获取排名的代码很短，如下所示：

```
getRank(value) {
  var node = this.find(value);
  if (node) {
    return this.getSize(node.left) + 1;
  } else {
    return 0;
  }
}
```

12.3.7　求最大值和最小值

实现代码如下：

```
maxNode(node) {
  var cur = node || this.root;
  while (cur.right) {
    cur = cur.right;
  }
  return cur;
}
minNode(node) {
  var cur = node || this.root;
  while (cur.left) {
    cur = cur.left;
  }
  return cur;
}
getMax() {
  var node = this.maxNode();
  return node ? node.data : null;
}
```

```
getMin() {
  var node = this.minNode();
  return node ? node.data : null;
}
```

12.3.8   求前驱结点和后继结点

实现代码如下:

```
getPrev(value) { // 找 value 的前驱结点
  var node = this.find(value);
  if (node) {
    this.splay(node);
    return this.maxNode(node.right);
  }
}
getSuss(value) { // 找 value 的后继结点
  var node = this.find(value);
  if (node) {
    this.splay(node);
    return this.minNode(node.left);
  }
}
```

12.3.9   合并

将伸展树的两个子树 tree1 和 tree2 进行合并,其中 tree1 的所有元素都小于 tree2 的所有元素。首先,找到伸展树 tree1 中的最大元素 x,再通过 splay(x)将 x 调整为 tree1 的根,最后将 tree2 作为 x 结点的右子树。实现代码如下:

```
merge(first, second) {
  if (!first) {
    return second;
  }
  if (!second) {
    return first;
  }
  var max = this.maxNode(first);
  this.splay(max, first);
  max.right = second;
  second.parent = max;
  return max;
}
```

12.3.10   拆分

以 value 为界,将它的结点拆成<= value 与> value 两部分,分别赋给两棵树。由于 value 对应的结点不一定存在,我们需要编写一个 approximate 来获取近似 value 的结点值。实现代码如下:

```
approximate(node, value) { // 小于或等于value
  if (!node) {
    return null;
  }
  while (node.data != data) {
    if (data < node.data) {
      if (!node.left) break;
      node = node.left;
    } else {
      if (!node.right) break;
      node = node.right;
    }
  }
  return node.data;
}
split(value) {
  var trees = [];
  var data = this.approximate(this.root, value);
  if (data == null) {
    return trees;
  }
  var tree1 = new SplayTree();
  var tree2 = new SplayTree();
  var node = this.find(data);
  // 将前驱结点旋转为根结点
  this.splay(node);
  var root = this.root;
  tree1.root = root;
  tree2.root = root.right;
  if (root.right != null) {
    root.right.parent = null;
  }
  root.right = null;
  trees.push(tree1, tree2);
  return trees;
}
```

其次伸展树最强的是区间操作，本书就不展开了。有兴趣的话，可以自行参看这个项目的源码。

12.4 SBT

SBT（size balanced tree，结点大小平衡树）是 OI 选手陈启峰在高中时发明的一种平衡树。它也是通过旋转实现自平衡的，但是旋转的触发条件不像有旋 Treap 那么佛系，也不像伸展树那样严格。当且仅当它的结点 size 不满足以下条件时才会触发。

❑ node.right.size >= node.left.left.size && node.right.size >= node.left.right.size

❑ node.left.size >= node.right.left.size && node.right.size >= node.right.right.size

即每个结点的 size 必须大于或等于它兄弟结点的左右孩子结点的 size。下面简要介绍 SBT 的相关操作。

12.4.1　插入

我们先看插入结点，它与伸展树的插入操作只有最下面的几行不一样，相关代码如下：

```
class Node {
  constructor(data) {
    this.data = data;
    this.left = null;
    this.right = null;
    this.parent = null;
    this.size = 1;
    this.count = 1;
  }
  maintain() {
    this.size = this.count;
    if (this.left) {
      this.size += this.left.size;
    }
    if (this.right) {
      this.size += this.right.size;
    }
  }
}
function rotateImpl() {}  // !! 这个函数用 12.1.1 节定义的 rotateImpl 函数
function printRow() {} // 在 12.3.3 节代码中能找到
class BST {
  constructor() {
    this.root = null;
  }
  remove() {} // 下一节会详细描述
  getSize() {} // 在上一节中查找
  maintain() {} // 下一节会详细描述
  leftRotate() {} // 在上一节中查找
  rightRotate() {} // 在上一节中查找
  find() {} // 在上一节中查找
  toString() {} // 在上一节中查找
  // getKth、getRank、getMax、getMin 等其他操作
  insert(data) {
    if (!this.root) {
      this.root = new Node(data);
      return true;
    }
    var node = this.root,
        parent;
    while (node) {
      var diff = data - node.data;
      parent = node;
      if (diff == 0) {
        return false;
      } else if (diff < 0) {
        node = node.left;
      } else {
        node = node.right;
```

```
    }
  }
  var node = new Node(data);
  node.parent = parent;

  if (diff < 0) {
    parent.left = node;
  } else {
    parent.right = node;
  }
  while (parent) {
    parent.size++;
    this.maintain(parent, data >= parent.data);
    parent = parent.parent;
  }
  // 没有 keys 方法，不用打印
  return true;
  }
}
```

maintain 是一个维护树平衡的方法，与结点的 maintain 不一样。

12.4.2 删除

与二叉查找树的删除操作一样，但是我们要将沿途的父结点都进行 maintain 操作：

```
remove(data) {
  if (!this.root) {
    return false;
  }
  var node = this.find(data);
  if (node) {
    // 两个孩子结点的情况
    if (node.left && node.right) {
      var succ = this.maxNode(node.left); // 求后继结点
      node.data = succ.data;
      node = succ; // 转为一个孩子结点的情况
    }
    // 一个或零个孩子结点的情况
    var child = node.left || node.right || null;
    var parent = node.parent;
    if (parent.left == node) {
      parent.left = child;
    } else {
      parent.right = child;
    }
    if (child) {
      child.parent = parent; // parent 的 size 发生变化
    }
    while (parent) {
      parent.size--;
      this.maintain(parent, data >= parent.data);
      parent = parent.parent;
```

```
            }
        }
    }
```

12.4.3 平衡

   SBT 的平衡操作是通过 maintain 方法实现的，它涉及的结点数量比较多，达到 7 个，因此内部产生了许多分支，我们需要针对不同的情况展开讨论。maintain 是为了维护二叉查找树的两条性质产生的，它们是对称的，因此我们仅讨论对性质 1 的修复。

   ** Case 1: node.left.left.size > node.right.size **

   如图 12-28 所示，A.size 比 R.size 大，说明 A 的孩子结点太多了，我们需要将 A 的孩子结点移交给其他人，但是 A 的深度太深，不太好办，因此我们需要将 T 的左子树整体上浮，进行右旋操作，如图 12-28 所示。

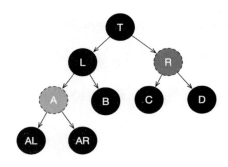

图 12-28   右旋操作

   旋转后 A 与 R 的 size 没有变，A 的父结点再做一个右旋操作就可以将 A 的孩子结点挪给右子树了。而这个右旋操作，恰好包含在 maintain 中。因此，我们只要 maintain(L) 就行了。由于第一次 maintain(T) 后，L 与 T 的 size 变了，因此我们需要先进行 maintain(T)，保证处于下面的结点 T 符合 SBT 的性质，再 maintain(L)，保证结点 L 也符合 SBT 的性质。结果如图 12-29 所示。

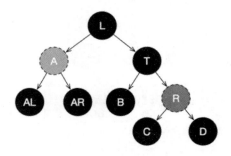

图 12-29   右旋结果

** Case 2: node.right.left > node.right.size **

左旋的操作示例如图 12-30 所示。

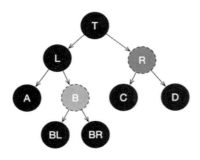

图 12-30 需要左旋的操作示例

这说明 B 的孩子结点太多了，我们需要将 B 的孩子结点分给别人。这时我们可以对 B 的父结点进行左旋，将 B 上浮，如图 12-31 所示。

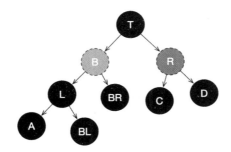

图 12-31 左旋操作

但是 B 的孩子没有少，反而增加了一个 L。没关系，继续上浮 B，右旋 T，B 变成根结点，T 由根结点变成孩子结点算作降职了，需要将 BR 拆出来送给失魂落魄的 T 做补偿。最终结果如图 12-32 所示。

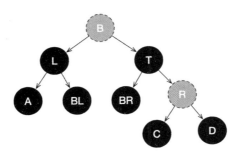

图 12-32 最终结果

纵观整个过程，B、T、L 的结点数量都发生变化了，因此我们需要重新维护它们。先维护下面的，再维护上面的。

** Case 3: node.right.right > node.left.size **

这个和 Case 1 是对称的，所以略。

** Case 4: node.right.left.size > node.left.size **

这个和 Case 2 是对称的，所以略。

根据上面的分析，得到下面的代码：

```
maintain(node) {
  var left = node.left;
  var right = node.right;
  var leftSize = this.getSize(left);
  var rightSize = this.getSize(right);
  var llSize = this.getSize(left && left.left);
  var lrSize = this.getSize(left && left.right);
  var rrSize = this.getSize(right && right.right);
  var rlSize = this.getSize(right && right.left);
  if (llSize > rightSize) {
    // 左边高
    this.rightLotate(node);
    this.maintain(node);
    right && this.maintain(right);
  } else if (lrSize > rightSize) {
    // 左边高
    this.leftRotate(left);
    this.rightRotate(node);
    this.maintain(node);
    right && this.maintain(right);
    this.maintain(left);
  } else if (rrSize > leftSize) {
    // 右边高
    this.leftLotate(node);
    this.maintain(node);
    left && this.maintain(left);
  } else if (rlSize > leftSize) {
    // 右边高
    this.leftRotate(left);
    this.leftRotate(node);
    this.maintain(node);
    left && this.maintain(left);
    this.maintain(right);
  }
}
```

但上面的代码太复杂了，我们在插入时，原树是符合 SBT 性质的，当我们插入某一边子树时才破坏了性质。因此知道新结点插入的位置（左边或是右边）可以减少 maintain 的代码量与判定效率，不用 4 个分支都跑遍。为 maintain 添加第二个参数 rightDeeper，说明是否插入到了右子树上。添加新参数后的代码如下：

```
maintain(node, rightDeeper) {
  if (!node) {
    return;
  }
  var left = node.left;
  var right = node.right;
  if (!rightDeeper) {
    if (!left) {
      return;
    }
    var rightSize = this.getSize(right);
    var llSize = this.getSize(left.left);
    var lrSize = this.getSize(left.right);
    if (llSize > rightSize) {
      this.rightRotate(node);
    } else if (lrSize > rightSize) {
      this.leftRotate(left);
      this.rightRotate(node);
    } else {
      return;
    }

  } else {
    if (!right) {
      return;
    }
    var leftSize = this.getSize(left);
    var rrSize = this.getSize(right.right);
    var rlSize = this.getSize(right.left);
    if (rrSize > leftSize) {
      this.leftRotate(node);
    } else if (rlSize > leftSize) {
      this.rightRotate(right);
      this.leftRotate(node);
    } else {
      return;
    }
  }
  this.maintain(left, false);
  this.maintain(right, true);
  this.maintain(node, false);
  this.maintain(node, true);
}
```

有了树的 maintain，它的其他方法就与伸展树差不多了。下面是代码实现：

```
var t = new BST();
[7, 11, 13, 8, 44, 78, 15, 9, 77, 89, 1, 2, 52, 51, 56].forEach(function(el, i) {
  t.insert(el);
  console.log(t + "");
});
console.log("delete...");
```

```
t.remove(60);
console.log(t.toString());
```

变化过程如图 12-33 所示。

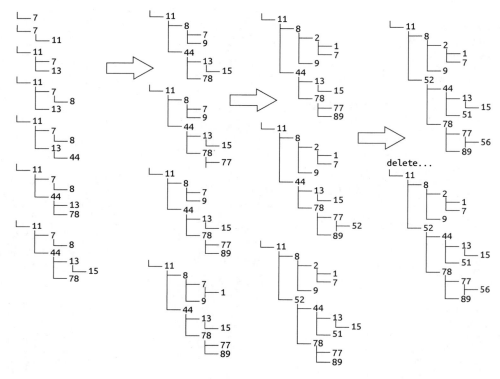

图 12-33   变化过程

12.5   替罪羊树

替罪羊树是另一种不需要旋转来实现平衡的二叉查找树。这种结构基于一个常识，即当事情出错时，人们倾向于做的第一件事就是找个人来承担责任（替罪羊）。一旦责任确立，我们就可以让替罪羊来解决问题。

二叉树通常是在插入或删除的过程中长歪的，但是我们不追求整体的平衡，只要找到第一个有严重长歪倾向的子树，然后我们将它"拍平"，重构成一个工整的子树再接回去就行了。那问题来了，怎么判定它是否"长歪"了呢？就是它的左右子树的个数差异够大！并且我们一直在维护结点的 size 值，当有结点加入时，我们判定某一个结点的总个数，与某一边子树的个数，如果比例超过 0.5，说明这树就倾斜于某一边。官方称这一比例系数为平衡因子，这里用变量 alpha 表示。当 node.size > node.parent.size * alpha 时，我们就需要重构此子树。

如图 12-34 所示，假如平衡因子 alpha 为 0.7，对于根结点 x，size 为 7，对于它的左子树，size 为 5，代入上面公式可得 5 > 7 × 0.7，因此该树需要重构。需要注意的是，不是插入操作都会引发重构，需要长歪到一定程度才会引发，因此我们不用担心频繁的"拍平"和重建操作会引发性能问题，实际上它与其他平衡树的均摊时间复杂度为 $O(\log n)$。

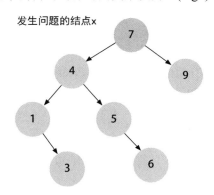

图 12-34 替罪羊树实例

为了提升性能，替罪羊树还使用了惰性删除的技巧，因此它的结点与整体结构如下：

```
class Node {
  constructor(data) {
    this.size = 1;
    this.data = data;
    this.left = null;
    this.right = null;
    this.parent = null;
    this.disposed = false;
  }
  maintain() {
    this.size = this.disposed ? 0 : 1;
    if (this.left) {
      this.size += this.left.size;
    }
    if (this.right) {
      this.size += this.right.size;
    }
  }
}

function rotateImpl() {}  // ！！这个函数用 12.1.1 节定义的 rotateImpl 函数
function printRow() {} // 在 12.3.3 节能找到
class Scapegoat {
  constructor() {
    this.root = null;
  }
  find() {}
  insert() {}
```

```
  rebuild() {}
  divide() {}
  isBalance() {}
  remove() {}
  // 上面定义的方法在前面章节中可以找到，其他诸如 getRank、getKth、getMax、getMin 方法也是如此
  // 下面会单独重写一些方法
}
```

12.5.1　插入

在替罪羊树的插入方法中，开始的步骤与其他二叉查找树一样，但是插入后，我们需要找替罪羊（引发不平衡的坏结点），然后重构该子树，isBalance、divide、rebuild 就是相关的辅助方法。

isBalance 中最关键的是为 alpha 取值。显然，alpha 的取值范围应该为 0.5~1，一般取 0.7较为合适。太大的 alpha 会使得树变深，太小则会引起过多的重构。isBalance 方法的代码如下：

```
isBalance(node) {
  // alpha 越小，树越稠密，插入效率越低，查询效率越高
  // alpha 越大，树越稀疏，插入效率越高，查询效率越低
  var alpha = 0.72;
  var size = node.size * alpha;
  var leftSize = (node.left && node.left.size) || 0;
  var rightSize = (node.right && node.right.size) || 0;
  return leftSize < size && rightSize < size;
}
```

其次就是找替罪羊的过程，注意我们需要为各父结点修正 size！插入操作的实现代码如下：

```
insert(data) {
  if (!this.root) {
    this.root = new Node(data);
  } else {
    var node = this.root,
        parent = null;
    while (node) {
      parent = node;
      var diff = data - node.data;
      if (diff == 0) {
        return;
      } else if (diff < 0) {
        node = node.left;
      } else {
        node = node.right;
      }
    }
    var node = new Node(data);
    node.parent = parent;
    if (diff < 0) {
      parent.left = node;
    } else {
```

```
      parent.right = node;
    }
    var badNode = null;
    while (parent) {
      parent.size++; // 修正 size
      if (!this.isBalance(parent)) {
        badNode = parent;
        break;
      }
      parent = parent.parent;
    }
    if (badNode) {
      this.rebuild(badNode);
    }
  }
  return true;
}
```

12.5.2　重构

重构分成两大块。一个是"拍平"子树为一个数组，但是要保持其顺序，这可以通过中序遍历实现。另一个是将数组转换成一个均匀的子树，这由 divide 方法实现。实现代码如下：

```
rebuild(node) {
  var parent = node.parent;
  var array = [];

  function inOrder(node) {
    // 通过中序遍历收集结点，将得到升序数组
    if (node) {
      inOrder(node.left);
      if (!node.disposed) {
        array.push(node); // 构建序列
      }
      inOrder(node.right);
      node.left = node.right = null; // 清空孩子结点
    }
  }
  inOrder(node);
  var child = this.divide(array, 0, array.length);
  // 设置新子树的根的属性
  child.parent = parent;
  if (!parent) {
    this.root = child;
  } else {
    if (parent.left == node) {
      parent.left = child;
    } else {
      parent.right = child;
    }
  }
}
```

divide，意为折断，它用于将数组变成二叉树。我们想象如图 12-35 所示的一个链表，找到其中间点。如果数组有偶数个元素，则没有中间点，我们找靠左的那一点。我们可以通过 size >> 1 轻松计算它的索引值，这就是为什么我们要用数组而不用链表的缘故。链表在这里能表示它们串起来的关系。我们只需要将它"拎"起来，折一下，就产生了我们要的左右子树，如图 12-36 所示。

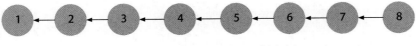

图 12-35 将数组变成二叉树实例

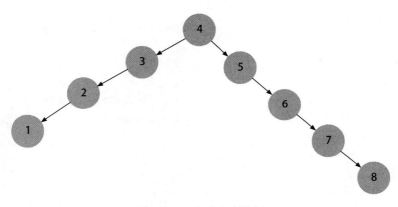

图 12-36 生成左右子树

然后对左子树进行对折，将 2 拎起来，3 折下去，然后 2 与 4 连起来，操作结果如图 12-37 所示。

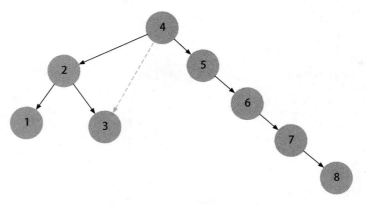

图 12-37 左子树对折结果

右子树也进行同样的操作，直到每个数组的长度不足 2，它折叠成一个"靓靓的"二叉树了，如图 12-38 所示。

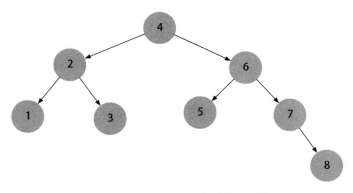

图 12-38　对右子树进行同样的操作

divide 方法的实现代码如下：

```
divide(array, l, r) {
  if (l >= r) return null;
  var mid = (l + r) >> 1;
  var node = array[mid];
  var child = this.divide(array, l, mid); // 处理左子树
  if (child) {
    child.parent = node;
    node.left = child;
  }
  child = this.divide(array, mid + 1, r); // 处理右子树
  if (child) {
    child.parent = node;
    node.right = child;
  }
  node.maintain(); // 自底向上维护，先维护子树
  return node;
}
```

12.5.3　查找

查找操作需要忽略已经被标记了"删除"的结点，其代码如下：

```
find(data) {
  var node = this.root;
  while (node) {
    var diff = data - node.data;
    if (diff == 0) {
      break;
    } else if (diff < 0) {
      node = node.left;
```

```
    } else {
      node = node.right;
    }
  }
  if (node && !node.disposed) {
    return node;
  }
  return null;
}
```

12.5.4　删除

这里的"删除"不是真的删除，我们只需要在"拍平"子树时，将这些标记为"删除"的结点跳过就行了。因此删除方法是调用 find 方法，找到它，并标记它被删除了，是不是很简单？

删除操作的代码如下：

```
remove(data) {
  var node = this.find(data);
  if (node && !node.disposed) {
    node.disposed = true;
    node.size--;
    var p = node.parent;
    while (p) { // 别忘了维护父结点的 size
      p.maintain();
      p = p.parent;
    }
  }
}
```

我们做一下测试（记得自行实现 toString 方法），看一下其粗暴的平衡策略是不是真的有效？

测试代码如下：

```
var t = new Scapegoat();
Array(10, 50, 40, 30, 20, 60, 55, 54, 53, 52, 51, 56).forEach(function(el) {
  t.insert(el);
  console.log(t + "");
});
console.log("delete 60, 30");
t.remove(60);
t.remove(30);
console.log(t.toString()); // toString()的作用可查看前面章节中该方法的定义
```

测试结果如图 12-39 所示。

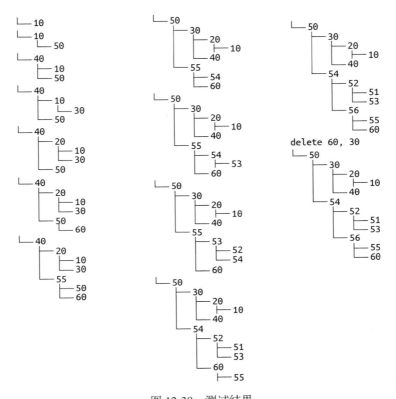

图 12-39 测试结果

替罪羊树是一种依赖暴力重构操作的平衡树，通用性虽然比不上无旋 Treap 与伸展树，但是它具有简单易写的特点，在 OI 比赛中还是非常受欢迎的。

12.6 总结

本章介绍了几种简单的平衡树——有旋 Treap、无旋 Treap、伸展树、SBT 和替罪羊树，并介绍了这几种树的基本操作：插入操作、查找操作、删除操作、排序操作、查询操作等。

第 13 章

字符串算法

字符串算法有匹配算法和回文算法两大类。

13.1　匹配算法

匹配算法是字符串的 indexOf 方法的底层实现，虽然它很常用，但是并不简单。有了优化匹配的性能，人们发明了种种算法，本节中我们来介绍其中两种。

13.1.1　Brute-Force 算法

Brute-Force（BF）算法被戏称为 boyfriend 算法。它有两个字符串，长的称为目标串 target，短的一般叫模式串 pattern。

我们可以定义两个指针 i 和 j，分别指向 target 与 pattern 的第一个字符，如果第一个字符相等，则继续逐个比较后续字符，否则从 target 的下一个字符将重新和 pattern 的第 1 个字符进行比较。重复执行，直到 pattern 中的每个字符依次和 target 中的一个子串相等，则匹配成功，函数返回该子串的第一个字符在 target 中的位置，否则匹配不成功，函数返回 −1。相关代码如下：

```javascript
function indexOf(target, pattern) {
  var i = 0, j = 0,
  tLen = target.length,
  pLen = pattern.length;
  while (i < tLen && j < pLen) {
    if (target[i] == pattern[j]) {
      i++;
      j++;
    } else {
      i = i - j + 1; // target 的指针回退到上次搜索的后一位
      j = 0;         // pattern 的索引回退到开始位置
    }
  }
  return j === pLen ? i - j : -1;
}
console.log(indexOf('aadddaa', 'ddd'));  // 2
```

13.1.2 KMP 算法

KMP 算法是由 Knuth、Morris 和 Pratt 三人分别独立研究出来的, 对于任何模式和目标序列, 它都可以在线性时间内完成匹配查找, 不会发生退化, 是一个非常优秀的模式匹配算法。它的核心思想是预处理 pattern, 将 pattern 构造成一个跳转表, 减少不匹配时 pattern 回退的步数。

我们改动一下 Brute-Force 算法的代码, 就可以变为 KMP 算法:

```
function indexOf(target, pattern) {
  var pmt = getMaxLength(pattern),
      i = 0, j = 0,
      tLen = target.length,
      pLen = pattern.length;
  while (i < tLen && j < pLen) {
    if (target[i] == pattern[j]) {
      i++;
      j++;
    } else {
      if (j == 0) {
        i++;
      } else {// 失配
        j = pmt[j - 1];// i 不动, j 从 pmt 中取
      }
    }
  }
  return j === pLen ? i - j : -1;
}
```

下面我们通过一些图示来重现 KMP 的匹配过程。

首先设置两个指针 i、j, 分别指向 target 与 pattern 的开始位置, 逐个字符进行比较, 如图 13-1 所示。

i =0, j = 0

BBC ABCDAB ABCDABCDABDE

ABCDABD

图 13-1 KMP 的匹配过程 1

需要注意的是, i 只会向前走, **不会后退**; j 只有在发生匹配时, 或匹配后发生**失配**(前面的字符相等, 但下一个字符不相等)的情况下, 才会发生变化。从图 13-1 中可以看到, B 与 A 不匹配, 于是 i 向前走, 进行下一次匹配, 如图 13-2 所示。

i =1, j = 0

B B C　A B C D A B　A B C D A B C D A B D E
　　A B C D A B D

图 13-2　KMP 的匹配过程 2

由于 B 与 A 也不匹配，所以 i 继续前进。

target 在 i=2 时为 C、在 i=3 时为空字符，都与 pattern 的首字符不相同，直到 i=4 时，才匹配到 pattern 的第一个字符 A，如图 13-3 所示。

i =4, j = 0

B B C　A B C D A B　A B C D A B C D A B D E
　　　A B C D A B D

图 13-3　KMP 的匹配过程 3

这时我们开始匹配 pattern 的其他字符，需要执行 i++ 和 j++ 操作。幸运的是，接下来的两个字符也一样，如图 13-4 所示。

i =5, j = 1

B B C　A B C D A B　A B C D A B C D A B D E
　　　　A B C D A B D

图 13-4　KMP 的匹配过程 4

直到 i 指向 target 的一个空格、j 指向 pattern 的 D 字符时，发生了**失配**，如图 13-5 所示。

i =10, j = 6

B B C　A B C D A B　A B C D A B C D A B D E
　　　　A B C D A B D

图 13-5　KMP 的匹配过程 5

这时，我们可能习惯性地将 i 移动至第一次匹配的位置右边，如图 13-6 所示，从头再来，但这就是暴力法了。

i =5, j = 0

BBC ABCDAB ABCDABCDABDE
      ABCDABD

图 13-6 KMP 的匹配过程 6

KMP算法给出的做法是，设法利用已知信息，尽量减少 pattern 回退的步数，从而提高效率。

怎么做到这一点呢，就是针对要匹配的 pattern，产生一个**部分匹配表**（PMT，Partial Match Table）数组，又或者叫**最大长度表**（如表 13-1 所示），通过它告知你要回退的步数。

表 13-1 部分匹配表

pattern	A	B	C	D	A	B	D
PMT	0	0	0	0	1	2	0

移动位数 = 已匹配的字符数 − 最后一个匹配位置在表中的值，即：j = j - table[j-1]

这时已经匹配了 6 个字符（ABCDAB），最后匹配字符 B 的表值为 2，所以 6 - 2 等于 4，我们只需将 j 回退 4 步，而不是暴力法的 5 步，如图 13-7 所示。

i = 10, j = 6−4

BBC ABCDAB ABCDABCDABDE
        ABCDABD

图 13-7 KMP 的匹配过程 7

空格与 C 也不匹配，这时我们只匹配 2 个字符，最后匹配字符 B 的表值为 0，所以我们将 j 回退 2 步，如图 13-8 所示。

i =10, j = 2−0

BBC ABCDAB ABCDABCDABDE
           ABCDABD

图 13-8 KMP 的匹配过程 8

这时空格与 A 不匹配，短字符串的 j 已经为零，不能继续回退了，那么我们只能向前走 1 步，如图 13-9 所示。换言之，KMP 算法能有效地让 i 不断前进，不走回头路，让 j 能有节制地回退。

i = 11, j = 0

BBC ABCDAB ABCDABCDABDE
ABCDABD

图 13-9　KMP 的匹配过程 9

此时 A 与 A 匹配，B 与 B 匹配，C 与 C 匹配，直到 C 与 D 失配，如图 13-10 所示。

i = 17, j = 6

BBC ABCDAB ABCDABCDABDE
ABCDABD

图 13-10　KMP 的匹配过程 10

这个我们之前已经计算过，让 j 向前回退 4 步，如图 13-11 所示。

i = 17, j = 6

BBC ABCDAB ABCDABCDABDE
ABCDABD

图 13-11　KMP 的匹配过程 11

继续逐字符比较，到 j 等于 pattern 的长度时，发现完全一致，如图 13-12 所示，搜索结束。如果还要继续搜索（即找出全部匹配），"移动位数" = "7 - 0"，所以再将 pattern 向前移动 7 位，继续上面的步骤。

i = 21, j = 6

BBC ABCDAB ABCDABCDABDE
ABCDABD

图 13-12　KMP 的匹配过程 12

接着我们介绍一下部分匹配表是如何计算出来的，这涉及两个概念：前缀与后缀。前缀是指除最后一个字符外，其剩下字符的所有组合；后缀是指除第一个字符外，其剩下字符的所有组合。

部分匹配表的值就是**字符串的前缀集合与后缀集合的交集中最长元素的长度**，表 13-2 展示了字符串 ABCDABD 的 PMT 计算过程。

表 13-2 ABCDABD 的 PMT 计算过程

pattern 的各个子串	前　　　缀	后　　　缀	PMT
A	空	空	0
AB	A	B	0
ABC	A,AB	B,BC	0
ABCD	A,AB,ABC	B,BC,BCD	0
ABCDA	A,AB,ABC,ABCD	A,BA,BCA,BCDA	1
ABCDAB	A,AB,ABC,ABCD,ABCDA	B,AB,DAB,CDAB,BCDAB	2
ABCDABD	A,AB,ABC,ABCD,ABCDA,ABCDAB	D,BD,ABD,DABD,CDABD,BCDABD	0

换言之，**PMT("ABCDABD") == [0,0,0,0,1,2,0]**。

我们再看一下如何编程快速求得 PMT 数组。其实，求 PMT 数组的过程完全可以看成字符串匹配的过程，即以模式字符串的最长后缀为主字符串，以模式字符串的前缀为 pattern，一旦字符串匹配成功，那么当前的 PMT 值就是匹配成功的字符串的长度。它的结构与 KMP 的主函数几乎一样，代码如下：

```
// 保存的是前缀的起始位置，因此又叫前缀数组
// 又因为它只在失配时才使用，因此又叫失配数组
function getMaxLength(pattern) {
  var pmt = [0],// 只有一个字符肯定不匹配
    i = 1,// 最长后缀字符串从 1 开始
    j = 0,// 前缀的指针
    pLen = pattern.length;
  while (i < pLen) {
    if (pattern[i] == pattern[j]) {
      pmt[i] = j + 1;
      j++;
      i++;
    } else {
      pmt[i] = 0;
      if (j === 0) {
        i++;
      } else {
        j = pmt[j - 1];
      }
    }
  }
  return pmt;
}
console.log(indexOf('aadddaa','ddd')); // 2
```

我们回过头来想 PMT 为什么能让 KMP 匹配加速呢？如果 pattern 是一个没有重复的字符串，显然不能匹配，它只能每次回退到最开始的位置。pattern 在生成对应的 PMT 数组时，只有字符出现重合的地方，它的值才不会为 0。人们把这种前缀与后缀出现重叠的性质称为**块对称性**。

与回文字符串的镜像对称不一样，它是 abcab 这样的对称。

拥有块对称性的字符串至少有 2 块对称重合的部分。当我们的 pattern 是这样的字符串时，如果 target 包含 pattern，那么当发生失配的情况时，我们就可以跳转到上一块对称重合的位置上。这样 target 与 pattern 就能立即对上吻合的部分，不用让 pattern 从头开始，如图 13-13 所示。

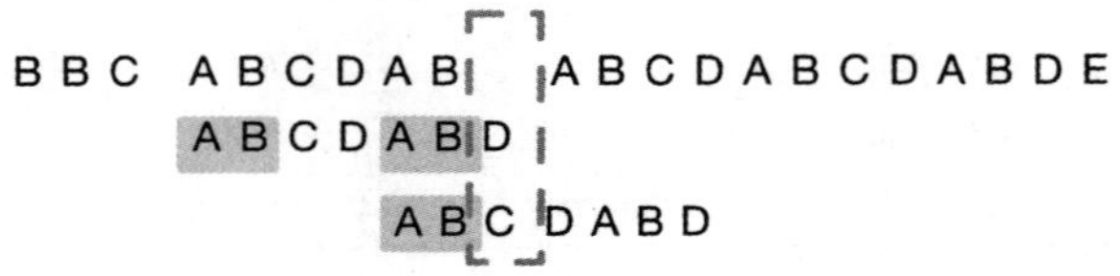

图 13-13　PMT 匹配过程图

PMT 数组打开了我们通过预处理 pattern 来提升匹配速度的思路，但 PMT 数组并不是最优解。因为它并不是一步到位地求出失配的 j 值。我们能不能让预处理数组直接返回失配位之前最长公共前后缀对应的前缀后一位的地方呢？于是高手们发明了 next 数组与 nextval 数组。

1. next 数组

next 数组就是将 PMT 数组整体后移一位，前面补上 −1 产生的数组。因为我们取值是通过 j = j - table[j - 1]这样的公式计算后退步数的。那么何不在数组中就直接后移呢？

pattern "ABCDABD" 的 next 数组如表 13-3 所示。

表 13-3　next 数组

pattern	A	B	C	D	A	B	D
PMT	0	0	0	0	1	2	0
next	−1	0	0	0	1	2	0

实现代码如下：

```
function getNext(pattern) {
  var next = [-1, 0],// 第一个值默认为-1，第二个通过-1+1 = 0
    i = 2,// 最大后缀字符串从 2 开始
    j = 0,// 前缀的指针
    pLen = pattern.length;
  while (i < pLen) {
    if (pattern[i-1] == pattern[j]) {
      next[i] = j + 1;
      j++;
      i++;
    } else {
      next[i] = 0;
      if (j === 0) {
```

```
        i++;
      } else {
        j = next[j];
      }
    }
  }
  return next;
}
function indexOf(target, pattern) {
  var next = getNext(pattern);
  var i = 0, j = 0;
  var tLen = target.length;
  var pLen = pattern.length;
  while (i < tLen && j < pLen) {
    // j == -1 来自 next 数组的，没有意义，因此需要往后走
    if (j == -1 || target[i] === pattern[j]) { // 命中
      i++;
      j++;
    } else { // 未命中或失配
      j = next[j];
    }
  }
  return j === pLen ? i - j : -1;
}
function test(a, b) {
  var c = indexOf(a, b);
  var d = a.indexOf(b);
  console.log(c, d, c === d);
}
test("AAADAABCDAB", "ABCDABD"); // -1 -1 true
test('aadddaa', 'ddd'); // 2 2 true
test("mississippi", "issipi");// -1 -1 true
test('acabaabaabcacaabc', 'abaabcac'); // 5 5 true
test('bbbbababbbaabbba', 'abb'); // 6 6 true
test("BBC ABCDAB ABCDABCDABDE", "ABCDABD"); // 15 15 true
console.log("BBC ABCDAB ABCDABCDABDE".indexOf("ABCDABD")); // 15
```

我们再把 getNext 改成新的与 indexOf 相同的结构，方便记忆：

```
function getNext(pattern){
  var next = [-1],
    i = 0,
    j = -1,
    pLen = pattern.length;
  while (i < pLen - 1) {// 第一位已经给出，只需要算 len-1 位
    if(j == -1 || pattern[i] == pattern[j] ){
      i++;
      j++;
      next[i] = j;
    }else{
      j = next[j];// 不匹配，j 回退，寻找是否存在一个长度较小的字串和开头的字串相等
    }
  }
  return next;
}
```

2. nextval 数组

对于 pattern "babad"，它的 next 数组如表 13-4 所示。

表 13-4　nextval 数组

pattern	b	a	b	a	d
PMT	0	0	1	2	0
next	-1	0	0	1	2
nextval	-1	0	-1	1	2

二者唯一的区别就是，若某一位的 next 值对应的字符与这一位字符相同，那么这一位的 nextval 值则为这一位的 next 值对应的 next 值。

按此原则实现的原因是，假如我们的目标串为 bacad，匹配串为 babad，显然当 j = 2 时匹配失败。

按照 next 数组的操作方法：

(1) 读取 next[2] = 0；

(2) 移动 pattern，将第 0 位与 j 对齐，进行匹配；

(3) pattern[next[2]] == pattern[0] == 'b'，重蹈覆辙；

(4) 读取 next[0] == -1；

(5) 移动 pattern，将第 −1 位与 i 对齐。

按照 nextval 的操作方法：

(1) 读取 nextval[2] = next[next[2]] = -1；

(2) 移动 pattern，将第 −1 位与 i 对齐。

这便是使用 nextval 减少额外运算的高明之处。

代码实现如下：

```
function getNextVal(pattern){
  var nextval = [-1], i = 0, j = -1;
  var pLen = pattern.length;
  while(i < pLen-1){ // 第一位已经给出，只需要算 len-1 位
    if (j == -1 || pattern[i] == pattern[j]) {
      i++;
      j++;
      nextval[i] = pattern[i] == pattern[j] ? nextval[j]: j;
    } else{
      j = nextval[j];
    }
  }
}
```

```
    return nextval;// 前缀数组或失配数组
}
function indexOf(target, pattern) {
  var nextval = getNextVal(pattern);
  var i = 0, j = 0;
  var tLen = target.length;
  var pLen = pattern.length;
  while (i < tLen && j < pLen) {
    if (j == -1 || target[i] === pattern[j]) { // 命中
      i++;
      j++;
    } else { // 未命中或失配
      j = nextval[j];
    }
  }
  return j === pLen ? i - j : -1;
}
console.log(indexOf("AAADAABCDAB", "ABCDABD")); // -1
console.log(indexOf('aadddaa', 'ddd')); // 2
```

13.1.3　多模式匹配算法

上面说的几种算法都是用来判定一个长字符串是否包含一个短字符串，返回其位置，如果我们要判断一个长字符串是否包含多个短字符串呢？比如在一篇文章中找几个敏感词，在 DNA 串中找几个指定的基因对 pattern 进行预处理，如果我们的 pattern 存在多个，上面的几种算法则不适合了，这时我们就需要用到一种多模式匹配算法。

最著名的多模式匹配算法为 AC 自动机（AC automaton），它是由贝尔实验室的两位研究人员 Alfred V. Aho 和 Margaret J. Corasick 于 1975 年发明的，几乎与 KMP 算法同时问世，时至今日仍然在模式匹配领域被广泛应用。

AC 自动机的核心算法仍然是寻找 pattern 的内部规律，以期达到在每次失配时的高效跳转。这一点与单模式匹配 KMP 算法和 BM 算法（Boyer-Moore 字符串搜索算法）是一致的。不同的是，AC 算法寻找的是 pattern 之间的相同前缀关系。在 KMP 算法中，对于 pattern"abcabcacab"，我们知道非前缀子串 abc(abca)cab 是 pattern 的一个前缀(abca)bcacab，而非前缀子串 ab(cabca)cab 不是 pattern "abcabcacab" 的前缀，根据此点，我们构造了 next 数组，实现在匹配失败时的跳转。

而在多模式环境中，AC 自动机是使用前缀树来存放所有 pattern 前缀的，然后通过失配指针来处理失败的情况。它大概分为 3 个步骤：**构建前缀树（生成 goto 表）**，**添加失配指针（生成 fail 表）**，**模式匹配（构造 output 表）**。下面我们以模式集合[say, she, shr, he, her]为例，构建一个 AC 自动机。

1. 构建前缀树

将 pattern 逐字符放进 Trie 树（字典树），如图 13-14 所示。

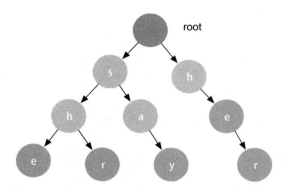

图 13-14 将 pattern 逐字符放进 Trie 树（见彩插）

代码实现如下：

```javascript
function Node(value) {
  this.value = value;
  this.endCount = 0;
  this.children = {};
}
class Trie {
  constructor() {
    this.root = new Node('root');
  }
  insert(word) {
    var cur = this.root;
    for (var i = 0; i < word.length; i++) {
      var c = word[i];
      var node = cur.children[c];
      if (!node) {
        node = cur.children[c] = new Node(word[i]);
      }
      cur = node;
    }
    cur.pattern = word; // 防止最后收集整个字符串用
    cur.endCount++;     // 这个字符串重复添加的次数
  }
}
function createGoto(trie, patterns) {
  for (var i = 0; i < patterns.length; i++) {
    trie.insert(patterns[i]);
  }
}
```

然后我们尝试用它处理字符串 sher，理想情况下如图 13-15 所示。

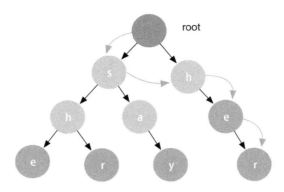

图 13-15　操作流程图（见彩插）

很遗憾，前缀树只会顺着某一路径往下查找，最多到叶子结点折回父结点，继续选择另一条路径。因此我们需要添加一些横向的路径，在失配时，跳到另一个分支上继续查找，保证搜索过的结点不会冗余搜索。

2. 添加失配指针

AC 自动机前缀树的结点都应该存在 fail 指针。在图 13-16 中，红色的箭头就是失配指针。它表示文本串在当前结点失配后，我们应该到哪个结点去继续匹配。

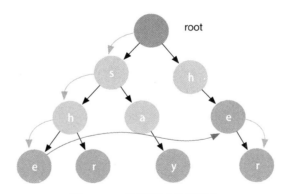

图 13-16　失配图（见彩插）

很显然，对于每个结点，其失配指针应该指向其他子树中表示同一字符的那些结点，并且它与其子树能构成剩下的最长后缀。即，我们要匹配 sher，我们已经在某一子树中命中了 sh，那么我们希望能在另一个子树中命中 er。

到这里，你是不是发现 fail 指针和 KMP 中的 next 指针一模一样？它们都被称为"失配指针"。将 Trie 树上的每一个结点都加上 fail 指针，它就变成了 AC 自动机。AC 自动机其实就是 Trie+KMP。

因此，补上一些失配指针后，我们的 AC 自动机应该长成图 13-17 这样。

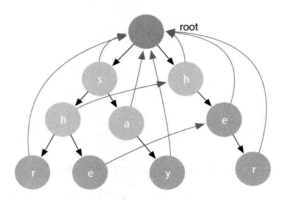

图 13-17　AC 自动机（见彩插）

现在的问题是，如何求 fail 指针？联系 KMP 算法的 next 数组的意义，容易发现 root 每个孩子结点的 fail 都指向 root（前缀和后缀是不会包含整个串的）。也就是图 13-17 中 root 所连的 s 和 h 的 fail 都指向 root。若已经求得 sh 所在结点的 fail，接着我们来考虑如何求 she 所在结点的 fail。根据 sh 所在结点的 fail，得到 h 是 sh 的最长后缀，而 h 又有孩子结点 e，因此 she 的最长后缀应该是 he，其 fail 指针就指向 he 所在的结点。

概括 AC 自动机求 fail 指针的过程，具体如下。

(1) 对整个 Trie 树进行宽度优先遍历。

(2) 若当前搜索到点 x，那么对于 x 的第 i 个孩子结点（也就是代表字符 i 的孩子结点），一直往 x 的 fail 跳，直到跳到某个结点也有 i 这个孩子结点时，x 的第 i 个孩子结点的 fail 就指向这个点的孩子结点 i。

代码实现如下：

```
function createFail(ac) {
  var root = ac.root;
  var queue = [root]; // root 所在层为第 0 层
  while (queue.length) {
    // 广度优先遍历
    var node = queue.shift();
    if (node) {
      // 将其孩子结点逐个加入队列
      for (var i in node.children) {
        var child = node.children[i];
        if (node === root) {
          child.fail = root; // 第 1 层结点的 fail 总是指向 root
        } else {
          var p = node.fail; // 第 2 层以下的结点，其 fail 是在另一个分支上
          while (p) {
```

```
      // 遍历它的孩子结点，看它们有没有与当前孩子结点相同字符的结点
      if (p.children[i]) {
        child.fail = p.children[i];
        break;
      }
      p = p.fail;
    }
    if (!p) {
      child.fail = root;
    }
  }
  queue.push(child);
    }
  }
 }
}
```

3. 模式匹配

我们从根结点开始查找，如果它的孩子结点能命中 target 的第 1 个字符串，那么我们就从这个孩子结点的孩子结点中再尝试命中 target 的第 2 个字符串。否则，我们就顺着它的失配指针，跳到另一个分支，找其他结点。

如果都没有命中，就从根结点重头再来。

当我们的结点存在并有表示字符串在它这里结束的标识时（如 endCound 和 isEnd），我们就可以确认这个字符串已经命中某一个 pattern，将它放到结果集中。如果这时长字符串还没有到尽头，我们就继续收集其他 pattern。

代码如下：

```
function match(ac, text) {
  var root = ac.root, p = root, ret = [], unique = {};
  for (var i = 0; i < text.length; i++) {
    var c = text[i];
    while (!p.children[c] && p != root) {
      p = p.fail; // 失配指针发挥作用
    }
    p = p.children[c];
    if (!p) {
      p = root; // 如果没有匹配的，从 root 开始重新匹配
    }
    var node = p;
    while (node != root) {
      // 收集出可以匹配的 pattern
      if (node.endCount) {
        var pos = i - node.pattern.length + 1;
        console.log(`匹配模式串 ${node.pattern}其起始位置在${pos}`);
        if (!unique[node.pattern]) {
          unique[node.pattern] = 1;
          ret.push(node.pattern);
```

```
      }
    }
    node = node.fail;
  }
}
return ret;
}

var ac = new Trie();
createGoto(ac, ["she", "shr", "say", "he", "her"]);
createFail(ac);
console.log(match(ac, "one day she say her has eaten many shrimps"));
```

执行上述代码，得到如图 13-18 所示的结果。

"匹配模式串 she其起始位置在8

"匹配模式串 he其起始位置在9

"匹配模式串 say其起始位置在12

"匹配模式串 he其起始位置在16

"匹配模式串 her其起始位置在16

"匹配模式串 shr其起始位置在35

▶ *(5) ["she", "he", "say", "her", "shr"]*

图 13-18　运行结果

13.2   回文算法

先解析一下什么是回文。一个字符串，不论是从左往右，还是从右往左，字符的顺序都是一样的（如 abba 和 abcba 等），它就是回文字符串。因此，存在两种回文，如图 13-19 所示。

❑ **单核回文**：字符出现次数为双数的组合 + 一个只出现一次的字符。

❑ **双核回文**：字符出现次数为双数的组合。

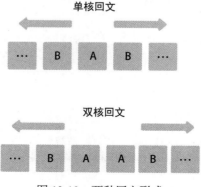

图 13-19　两种回文形式

JavaScript 判定回文很简单，其代码如下：

```
function isPalindrome(s){
  return s === s.split('').reverse().join('');
}
```

它是通过转换成数组，反转数组，再变成字符串来做比较的。如果我们不想使用额外空间，可以准备两个指针，从两端同时取字符，逐字符进行比较，其代码如下：

```
function isPalindrome(s){
  var left = 0, right = s.length - 1;
  while(left < right){
    if(s[left] != s[right]){
      return false;
    }
    left++;
    right--;
  }
  return true;
}
console.log(isPalindrome('223322')); // true
```

如果我们要求一个字符串中最长的回文字符串呢，此时通过如下 3 种算法。

13.2.1 中央扩展法

从左到右遍历字符串，对每个字符进行扩展，看它是否能变成一个回文。每次扩展时，会做两次操作，一次是基于它本身做的单核回文字符扩展，另一次是基于它与它右边的字符做的双核回文字符扩展。扩展成功时，我们会记录每次可扩展的最大长度与回文，最后返回最长的回文。相关代码如下：

```
function longestPalindrome(s) {
  if (s.length <= 1) return s;
  var layload = { sub: "", maxLen: 0 };
  var n = s.length - 1; // 因为i+1，需要多留一个
  for (var i = 0; i < n; i++) {
    expandLen(s, i, i, n, layload); // 单核回文
    expandLen(s, i, i + 1, n, layload); // 双核回文
  }
  return layload.sub;
}
function expandLen(s, low, high, n, layload) {
  while (low >= 0 && high <= n) {
    // 设置边界
    if (s[low] == s[high]) {
      if (high - low + 1 > layload.maxLen) {
        layload.maxLen = high - low + 1;
        layload.sub = s.substring(low, high + 1);
      }
      low--; // 向两边扩散找以当前字符为中心的最大回文子串
      high++;
```

```
    } else {
      break;
    }
  }
}
console.log(longestPalindrome("babad"));// bab
console.log(longestPalindrome("cbbd")); // bb
```

13.2.2　马拉车算法

即便我们使用了中央扩展法很容易筛选出字符串中间的回文，但是其复杂度还是太高，达到了 $O(n^2)$。当我们遇到字符串 laaaaaaaaa 时，之前的算法就会发生各个回文相互重叠的情况，会产生重复计算。然后就产生了一个问题，能否改进？答案是能，1975 年，一个叫 Manacher 的人发明了 Manacher Algorithm 算法，俗称马拉车算法，其时间复杂度能达到惊人的 $O(n)$。

马拉车算法首先会对字符串进行预处理，因为我们在筛选回文时，会对同一个字符进行单核回文与双核回文判定。我们在每个字符之间与字符串左右两端加上#，S="abba" 就变为 T="#a#b#b#a#"，这样我们就只用考虑单核回文的情况了。

然后我们再解决重复计算的问题，准备一个 p 数组，用于放置字符到它成为一个回文时，它到左边界的距离，即回文半径。如果一个字符左边与右边的字符都不相等，那么它就只有一个字符，其半径为 1。图 13-20 是马拉车算法的图示。

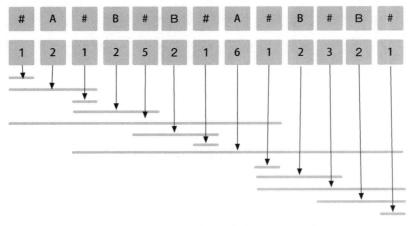

图 13-20　马拉车算法

然后我们将这个数组全部减 1，目的是去掉#占去的长度，最后就能发现最长回文串的长度为 5。推理过程如下所示：

```
char : # A # B # B # A # B #  B #
p[i] : 1 2 1 2 5 2 1 6 1 2 3  2 1
```

```
p[i] - 1 : 0 1 0 1 4 1 0 5 0 1 2  1 0
   index: 0 1 2 3 4 5 6 7 8 9 10 11 12
```

但是我们需要找到回文串的起始位置。我们先看字符串#A#B#B#A#B#B#，其最长回文串的中间字符是 A，索引为 7，p[7] = 6，而 7-6=1，刚好就是回文子串 BBABB 在原串 ABBABB 中的起始位置 1。那么我们再来验证下 bob 的 o 在#b#o#b#中的位置，是 3，但是半径是 4，这一减就成负的了，肯定不对。所以我们应该至少把中心位置向后移动一位，结果才能为 0，因此我们还需要在预处理的字符串前面加上一个字符，它不能为#，也不能是原串的任一字符，我们可以尝试用 Ω 或 ¥ 这些特殊字符。

这时，我们再次验证 ¥ #b#o#b#，o 在此字符串的位置为 4，半径为 4，一减就是 0，是我们所想的回文左边界了。再来验证 ¥ #A#B#B#A#B#B#，A 在字符串的位置为 8，半径为 6，相减得到 2，而我们希望的结果是 1，因此我们可以除以 2，之前的 bob 计算出来是 0，除以 2 也是 2。再来验证 noon，中间的#在字符串 $#n#o#o#n#中的位置为 5，半径为 5，相减并除以 2 之后还是 0，完美。可以任意试试其他的例子，都是符合这个规律的。因此，**最长子串的长度是半径减 1，起始位置是中间位置减去其半径再除以 2**。

下面我们就来看看如何高效算出 p 数组。我们首先将 p 数组全部填上 0，除了第 1 个元素，因为它是独一无二的 ¥，所以不打算改动，其他元素都会被重写。然后我们添加几个变量 center、left 与 right，分别表示可能匹配的回文串的中心位置与边界。

图 13-21 是 left、right、center 在命中一个完整的回文串时的状态，left 与 right 是游离在回文串之外的。

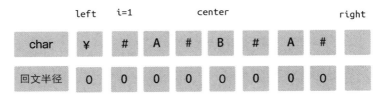

图 13-21 完整回文串

我们初始化 right = 0，然后从 i = 1 开始遍历字符串。当 i >= right 时，也就是 i 在 right 的前面时，让 p[i] = 1，表示在 i 之前没有回文串出现。

然后我们需要使用中央扩展法，寻找这个位置的最长回文串。在使用中央扩展法的过程中，每扩展一个格子，我们都要将 p[i]加 1，确保半径值是正确的。

接着判定这个位置加上它对应的回文半径是否超过 right，超过的话就更新一下 right 的值，因为 right 是此次操作中最长回文串的右边界，如图 13-22 所示。

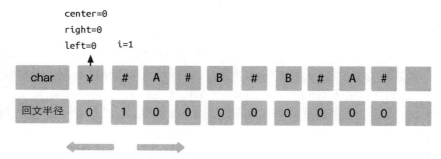

中央扩展，求当前的最长回文

图 13-22　中央扩展法

因为 p[i] + 1 = 1 + 1 = 2 大于 right = 0，所以我们修改 right 为 2。

当 i = 2 时，i >= right 时，前面没有回文串，p[2] = 1。然后开始用中央扩展法来找回文，两边都是#，因此 p[2] + 1 = 2，并且我们将中心点 center 设置为 2，最后修正 right 的值为 4（因为 2 + 2 > 2），如图 13-23 所示。

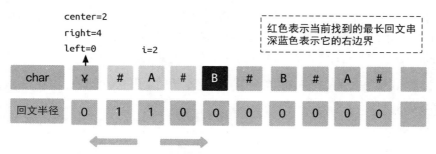

中央扩展成功，p[2]变成2

图 13-23　中央扩展法过程图（见彩插）

至此，我们的代码可以组织如下：

```javascript
function manacher(str) {
  var res = preproccess(str);
  var center = 0, right = 0,
      p = new Array(res.length).fill(0);
  for (var i = 1; i < res.length; i++) {
    if (i >= right) {
      p[i] = 1;
    }
    // 尝试继续向两边扩展，更新 p[i]
    while(res[i + p[i]] == res[i - p[i]]){
      p[i]++;
    }
    // 如果中心点加上其半径超出它的右边界，需要修改它的边界与中心
```

```
    if(i+ p[i] > right){
        right = i + p[i];
        center = i;
    }
  }
}
```

当 i = 3 时，会发生另一种情况，因为我们这个点已经明确在一个回文串之内了，并且 i <
right。我们能否根据回文串的对称性快速确定 p[i] 的值？因为回文串左半部分的 p[i] 我们已经
计算过了（深红色的格子），可以照搬，因此 p[4] = p[1] = 1，如图 13-24 所示。

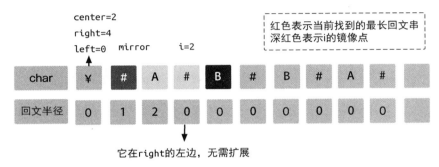

图 13-24　扩展法过程（见彩插）

因为这个镜像点，它可能是之前某一个回文子串的中心点，这个回文串有长有短，它可能整
体位于以 center 为中心的回文的左边区域（情况 1），也可能超出它的左边区域（情况 2）。只有
这个镜像点在浅蓝色区域，我们的 p[i] 才会等于 p[mirror]，如图 13-25 所示。

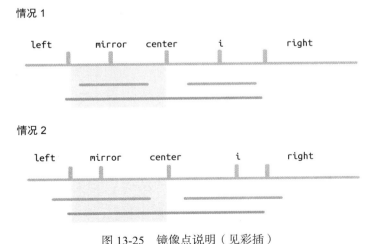

图 13-25　镜像点说明（见彩插）

mirror 的计算公式为：

$$mirror = 2 * mid - i$$

然后我们确定这个浅蓝色的区间，上面的代码已经求出 center 了，要是知道 left 的值，直接加 1 就可以了。但是我们有更简单的办法，将 i 无限接近 right，根据回文的对称性，mirror 也会无限接近 left。因此通过 right - i 就能得到 p[left+1]的值了，然后我们取 p[left + 1] 与 p[mirror]的最小值。因为离中心点越远，p[i]就会越小，如图 13-26 所示。

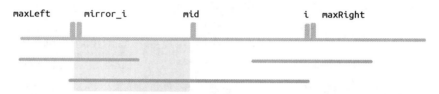

图 13-26　镜像点说明（见彩插）

下边是代码实现：

```
function preproccess(str) {
  return "¥#" + str.split("").join("#") + "#";
}

function manacher(str) {
  var res = preproccess(str),
      right = 0,
      center = 0,
      maxLen = 1,
      maxCenter = 0,
      p = new Array(res.length).fill(0);
  for (var i = 1; i < res.length; i++) {
    // 存在匹配，在以中心点为半径的回文串中打镜像点
    var mirror = 2 * center - i;
    p[i] = i >= right ? 1 : Math.min(right - i, p[mirror]);
    // 尝试继续向两边扩展，更新p[i]
    while (res[i + p[i]] == res[i - p[i]]) {
      p[i]++;
    }
    // 如果中心点加上其半径超出它的右边界，需要修改它的边界与中心
    if (p[i] + i > right) {
      right = p[i] + i;
      center = i;
    }
    if (maxLen < p[i]) {
      // 更新最大回文串的长度，并记下此时的中心点
      maxLen = p[i];
      maxCenter = i;
    }
  }
  var start = (maxCenter - p[maxCenter]) >> 1;
```

```
    return str.substring(start, start + maxLen - 1);
}

console.log(manacher("babaad")); // bab
console.log(manacher("cbbd")); // bb
console.log(manacher("mabakabat")); // abakaba
console.log(manacher("abababb")); // ababa
```

13.2.3 回文自动机

回文自动机（PAM，Palindrome Automaton）是一种很新的树式数据结构，是俄罗斯的 MikhailRubinchik 大神在 2014 年发明的，是各种回文算法的克星。

我们先来了解一下字符串与回文，回文分为单核回文（奇回文）与双核回文（偶回文）。如果单个字符也当成单核回文，那么一个字符串可以看成是一堆回文的组合。我们先将字符串分成一个个迷你的回文（单核回文），然后遍历它们，接着比较它与它的邻居（偶数的情况）或它的两个邻居（奇数的情况），最后进行合并。不断往复这个过程，就能找出所有回文，如图 13-27 所示。

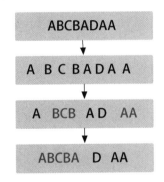

图 13-27　回文自动机原理图（见彩插）

但这个的复杂度有点大。我们也隐约地看到，一个长的回文只能从当前另一个够长的回文中构造出来。由于新字符串需要在树中找到一个与其字符相同的结点，找到它跟着的最长后缀回文，我们就能生成一个新回文。

接着，我们看回文自动机是如何解决这个问题的。它由两棵树组成，一个是放双核回文的偶根树，一个是放单核回文的奇根树。像其他自动机一样，它们的结点都有失配指针，当字符串的某个字符到此结点，不能构成回文，它就跳到其后面的最长回文后缀。

这两个树的根也有点特别，偶根的值为空字符，长度为 0，这样我们为它两边添加同一个字符，就能生成一个双核回文。

```
"" --> "a" + "" + "a" --> "aa" "aa" --> "b" + "aa" + "b" --> "baab"
```

奇根的值为 – 1，长度为 – 1（这用于回溯最长回文后缀）。当我们碰到的结点是这个时，只添加一个字符，就能形成最小长度的单核回文，而之后的单核回文的构建办法与回文结点一样。

```
-1 --> "a" -1 + "a" --> "a"    "a" --> "b" + "a" + "b" --> "bab"
```

一开始时，偶根的 fail 指针指向奇根，因为单个字符的情况肯定挂在奇根上。我们设置一个 last 变量（用来保存最后生成的结点），以及一个数组 s（用来保存添加的字符，但它的第一个元素为 – 1）。

我们拿 babbabc 举例。

添加第一个字符 b，数组 s 就变成了[-1, b]，我们要看 s 是否有形成回文的迹象，即要求它最右边的字符减去回文的长度再减去刚加的 1，找到其左边的字符，看它们是否相等。公式为：

$$s[n-last.len-1] == s[n]$$

其中 n 为新字符没有加入前 s 的长度。

由于 last 为奇根，其长度为 – 1，n 为 1，因此 s[1-1-1] == s[1]；-1 == -1，我们在奇根下添加孩子结点。由于 b 的后缀为''，与偶根一样，因此 fail 指针指向它。last 变为 b，n 变成 2，如图 13-28 所示。

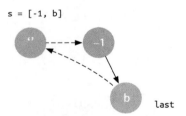

图 13-28　在奇根下添加孩子结点

添加第 2 个字符 a，我们看它在 s 中是否能形成回文。由于 s = [-1, "b", "a"]，s[2-1-1] !== s[2]，因此我们的 fail 指针为偶根。这时，s[2-0-1] !== s[2]，继续回退到奇根，创建新结点并将其挂在它下面。

我们也整理出了插入新结点求挂载结点的方法：

```
getFail(node, n) {
  while (this.s[n - node.len - 1] !=this.s[n]) {
    node = node.fail;
  }
  return node;
}
```

由于是单个字符，所以可以创建一个结点，挂在它下面。a 的后缀为''，因此它的 fail 指针为偶根。last 改为新结点，如图 13-29 所示。

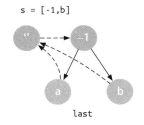

图 13-29 插入新结点和挂载图

添加第 3 个字符 b，由于 s = [-1, "b", "a", "b"]，s[3-1-1] == s[3]，我们将新结点挂在 last 之后，即 a 结点下。然后我们考虑 bab 的 fail 指针，bab 的父结点是 a，a 的后缀是 b，因此其 fail 指针是 b。这个计算过程也使用上面的 getFail 方法。最后得到的结果如图 13-30 所示。

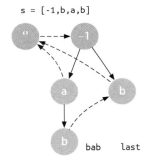

图 13-30 添加第 3 个字符 b 的结果图

添加第 4 个字符 b，由于 s = [-1, "b", "a", "b","b"]，s[4-3-1] !== s[4]，我们从 bab 结点 fail 到 b 结点，s[4-1-1] !== s[4]，再从 b 结点 fail 到偶根。于是创建新结点挂在偶根下面。然后我们找它的 fail 指针。它的父结点为偶根，但它没有另一个孩子结点的值等于 b，因此继续回退，到奇根，奇根有一个 b 结点。因此我们将 bb 与 b 连接起来，得到的结果如图 13-31 所示。

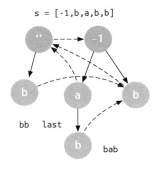

图 13-31 添加第 4 个结点的结果

添加第 5 个字符 a，流程与上面差不多。最后生成 abba，挂在 bb 下面，fail 指针为 a，如图 13-32 所示。

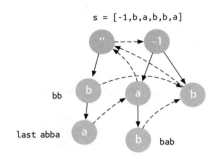

图 13-32　添加第 5 个字符的结果

添加第 6 个字符 b，最后生成 babbab，挂在 abba 下面，fail 指针为 bab。结果如图 13-33 所示。

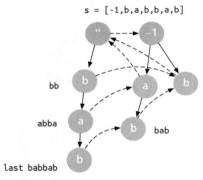

图 13-33　添加第 6 个字符的结果

最后一个字符为 c，挂在奇根下面，fail 指针为偶根，结果如图 13-34 所示。

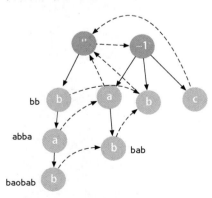

图 13-34　全部字符添加后的结果图

回文自动机的构造及操作代码如下所示：

```javascript
function Node(n, key) {
  this.children = {};
  this.endCount = 0; // 有多少个回文在这个字符串结束 (如 aba 中的第 2 个 a, 就有 2 个)
  this.len = n; // 回文长度
  this.key = key; // 回文
  this.count = 0; // 用于辅助统计原字符串有多少个回文
  this.fail = null; // 用于跳转到不等于自身的最长后缀子串
}

class Palindromic {
  constructor() {
    var evenRoot = new Node(0, '');// 偶数回文根
    var oddRoot = new Node(-1, -1);// 奇数回文根
    evenRoot.fail = oddRoot;
    this.oddRoot = oddRoot;
    this.evenRoot = evenRoot;
    this.nodes = [evenRoot, oddRoot];
    this.last = oddRoot;
    this.chars = [-1]; // 开头放一个字符集中没有的字符, 减少特判
  }
  getFail(node, n) {
    var s = this.chars;
    while (s[n - node.len - 1] != s[n]) {
      node = node.fail;  // 跳到另一棵树的结点中
    }
    return node;
  }
  extend(word) {
    var k = this.chars.length;
    for (var i = 0; i < word.length; i++) {
      this.insert(word[i], i + k);
    }
  }
  insert(c, n) {
    this.chars.push(c);
    var cur = this.getFail(this.last, n);
    if (!cur.children[c]) {
      var key = cur.len == -1 ? c : c + cur.key + c;
      var node = new Node(cur.len + 2, key);// 新建结点
      cur.children[c] = node;
      this.nodes.push(node);
      node.fail = cur.fail ? this.getFail(cur.fail, n).children[c] : this.evenRoot;
      console.log('insert', key, node.fail.key); // only test
      node.endCount = node.fail.endCount + 1;
    }
    var node = cur.children[c];
    node.count++;
    this.last = node;
  }
  count(){ // 统计原字符串有多少个回文
    var nodes = this.nodes;
    function el(i) {
```

```
        return nodes[i];
      }
    var n = this.nodes.length;
    for (var i = n - 1; i >= 2; --i) {
      el(i).fail.count += el(i).count;
    }
    var num = 0;
    for (var i = 2; i < n; i++) {
      num += el(i).count;
    }
    return num;
  }
}
var a = new Palindromic();
a.extend('babbabc');
console.log(a);
```

运行上述代码，得到如图 13-35 所示的结果。

```
insert b

insert a

insert bab b

insert bb b

insert abba a

insert babbab bab

insert c

▶ Palindromic {oddRoot: Node, evenRoot: Node, last
  Array(8)}
```

图 13-35　运行结果

统计字符串里包含多少回文（不去重）的代码如下所示：

```
var a = new Palindromic();
a.extend('babbabc');
console.log(a.count());// 12
var b = new Palindromic;
b.extend('abc');
console.log(b.count());// 3
var c = new Palindromic;
c.extend('aaa');
console.log(c.count());// 6
var d = new Palindromic;
d.extend('fdsklf');
console.log(d.count());// 6
```

13.2.4　后缀自动机

我们首先了解一下后缀自动机的定义，它比之前的自动机都复杂得多。

后缀自动机是由一个字符串 S 的所有字符构成的有向无环图，它的每个顶点都表示一种状态，而边代表了状态之间的转移。其中有一个起点 root，被称为初始状态，由它可以到达其他顶点。

自动机的每条边都必须代表着某个字符，并且从某个顶点出发的边必须使用不同的字符来代表。

在自动机中，有一些结点表示终止状态。我们最后添加的那个结点默认为终止状态，但在添加字符的过程中，也有产生其他一些表示终止状态的结点（它们也表示新的起点）。从起点到表示终止状态的结点，我们将沿途经过的边所代表的字符收集起来，串成一块，就是原字符的后缀。因此大家明白后缀自动机的意义吧，就是通过路径表示它所有的后缀。其中最长的则为原字符串。不明白吧，来点例子。

图 13-36 是 abc 所表示的自动机，当然这并不完整，因为它没有失配指针。

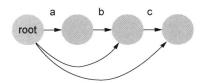

图 13-36　没有失配指针的自动机

我们从起点到终点有 3 条路径，它们连起来，就是它的 3 个后缀（c、bc、abc），如图 13-37 所示。

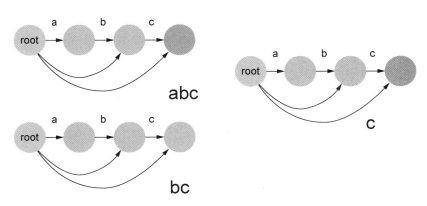

图 13-37　3 种后缀区别图

如果我们再给 abc 添加一个 a，变成 abca 呢，它的后缀有 a、ca、bca、abca，如图 13-38 所示。

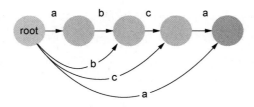

图 13-38 后缀举例

但这时似乎与定义相冲突了，因为从同一个顶点出发的边必须使用不同的字符来代表。并且当我们结点的 children 是一个散列表时，也无法用相同的字符连接两个孩子结点。实现代码如下：

```
function Node(key){
  this.key = key;
  this.children = {}
}
var root = new Node("root");// 起点
var a = root.children.a = new Node("a");
var b = a.children.b = new Node("b");
var c = b.children.c = new Node("c");
var a1 = c.children.a = new Node("a");
```

这种在主轴上冲突的情况，官方是直接修改它的属性，表示从起点到这个点可以断开，形成一个后缀 a；从这个点到主轴上的最后一个结点，也可以形成一个后缀 bca，具体如图 13-39 所示。

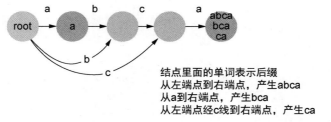

图 13-39 后缀形成过程

如果我们再给 abca 添加一个 b，变成 abcab 呢，它的后缀有 b、ab、cab、bcab、abcab，会形成许多主轴外的曲线（分支），如图 13-40 所示。

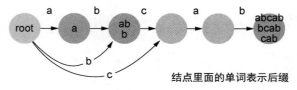

图 13-40 结点单词表示后缀

当分支越来越多时，就会出现另一种情况的冲突。字符串 abb 的后缀自动机如图 13-41 所示，起点会诞生两条表示 b 字符的曲线，这显然不合定义。官方的解决办法是，复制当前的起点结点，将它的所有链接关系连到新结点来表示 abb、bb、b。

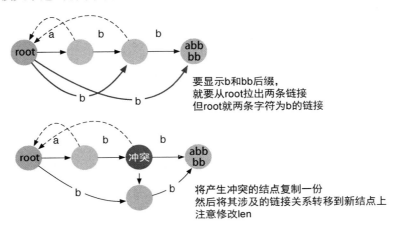

图 13-41　冲突

1. endpos

我们再来研究这些顶点到底代表什么意思，这样才方便我们为顶点添加终点状态。这涉及一个叫 endpos 的概念，它表示一个子串的最后一个字符在原子串的位置的集合（注意，从 1 开始数起，因为最前面有一个起点状态）。比如一个字符串 abab，其子串 ab 的 endpos 为[2,4]:

```
endpos(ab); // [2,4]
```

反过来说，如果两个子串的终点集合一致，那么就称它们为"终点等价"。现在我们求出一个字符串 aba 的所有子串的终点集合。

因此，所有 aba 的非空子串可以根据终点等价性分成若干等价物:

```
endpos(aba) = [3];
endpos(ba) = [3];
endpos(a) = [1,3];
endpos(ab) = [2];
endpos(b) = [2];
endpos('') = [-1, 3]; // 这是起点，为了让它与其他值不一样，我们强令其值为[-1, s.length]
```

然后我们根据终点集合来划分它们，aba 与 ba 划为同一类，b 与 ba 划为同一类，a 自成一类，endpos（起点）自成一类。总共分成 4 大类，而自动机恰好有 4 个顶点。因此后缀自动机的顶点 P 表示一个 endpos 相同的子串的集合，如图 13-42 所示。

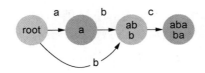

图 13-42   划分方法

通过观察得知，一个状态里面包含的子串。如果对它们做排序，会发现它们都以 1 个字符为单位进行递增，如 ba、aba。并且，短的子串是长的子串的后缀。

因此，我们汇总一下 endpos 的性质。

(1) endpos 相同的两个字符串，其中一个一定是另一个的后缀。

(2) 如果字符串 a 是字符串 b 的后缀，b 的 endpos 一定是 a 的 endpos 的子集。

(3) 对于一些 endpos 相同的字符串，它们一定互为后缀，且它们的长度在一个连续的区间中。

(4) 确定了 endpos 和长度就能确定字符串中的某一个唯一的子串。

由于自动机的顶点是用来表示状态迁移的，所以为了方便给状态命名，我们规定 state 有一个长度属性 len，其值为其最长子串的长度，我们称它为状态+len，如状态 1、状态 2……它的意义是，从其起始状态起，要经过 len 次转移才到它这个状态。因此新的状态比旧的状态长 1 个单位：

```
state.len = last.len + 1;
```

其中，起点状态的 len 为 0。

2. 失配指针

自动机都有失配指针的概念，网上许多有关后缀自动机的文章，它的名字都起得五花八门，有的叫 parent，有的叫 pre，这里我们还是用正式的 fail 吧。

在后缀自动机中，一个状态的终点集合对应许多子串。**将它的最短子串去掉一个首字符，就是另一个状态的最长子串。那么后者就是前者的失配指针**，如图 13-43 所示。

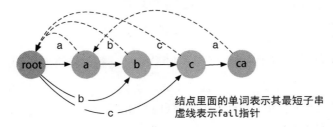

图 13-43   失配指针

如果我们将图倒过来，会发现结点与失配指针呈父子关系，组成一棵树，如图 13-44 所示。

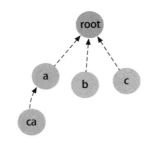

图 13-44　结点与失配指针形成的树

一个子串 s 的 endpos 完全被其失配指针（fail）的 endpos 所包含。s 的最长子串一定长于其失配指针的最长指针。所以，一个状态的最长子串越长，它一定越要被先访问。

我们发现每个状态代表的最后一个字符与它的失配指针指向状态的最后一个字符是一样的。换言之，这有点类似 KMP 的 next，失配时回到上一次对称重合的地方，因此失配指针也是用于提高字符串的匹配速度的。

3. 构建

我们看如何在线性时间内构建 AC 自动机吧。经过上面的观察，每添加一个字符，它就会产生一个结点，且会加在上一个结点上。此外，新结点还尝试与上次结点的失配指针产生链接。当一个结点同时发生有两个相同字符的链接时，会分两种情况，如果新结点与目标结点的长度相差 1 时，即在主轴上时，那么将目标结点变成结束状态，我们就可以表示有效的后缀（如 abca 的情况）；否则需要创建一个新结点（如 abb 的情况）。

实现代码如下：

```
function Node(key) {
  this.children = {};
  this.len = 0; // 最长子串的长度（该结点的子串数量=this.len - this.fail.len）
  this.isEnd = false;
  this.key = key;
  this.fail = null;
  // this.num = 0;// 该状态子串的数量
  // this.count = 0; // 被后缀链接的个数，方便求结点字符串的个数
}

class SuffixAutomaton {
  constructor() {
    var node = this.root = this.last = new Node("");
    this.nodes = [node];
  }
  extend(word, cb) {
    cb = cb || function(){} // 用于为结点添加额外属性
```

```
    for (var i = 0; i < word.length; i++) {
      this.insert(word[i], cb);
    }
  }
  insert(c, cb) {
    cb = cb || function(){} // 用于为结点添加额外属性
    var p = this.last;
    var node = new Node(c);
    node.len = p.len + 1;
    this.last = node;
    this.nodes.push(node);
    cb(node, 'new');
    while (p && !p.children[c]) {
      // 如果 p 没有一条 c 的出边
      p.children[c] = node;
      p = p.fail;
    }
    if (!p) {
      node.fail = this.root;
      cb(this.root, 'root');
    } else {
      var q = p.children[c];
      if (p.len + 1 == q.len) {
        node.fail = q;
        q.isEnd = true; // 主轴上冲突
        cb(q, 'main');
      } else {
        var clone = new Node(c); // 复制结点
        this.nodes.push(clone);
        clone.children = q.children;
        clone.fail = q.fail;
        clone.len = p.len + 1;
        clone.isEnd = true;
        cb(clone, 'branch', q);
        while (p && p.children[c] == q) {
          p.children[c] = clone; // 将树中所有 q 相关的链接替换成 clone
          p = p.fail;
        }
        q.fail = node.fail = clone;
      }
    }
  }
}
```

最后，我们看后缀自动机能帮我们处理什么问题。

4. 存在性查询

问题：给定一个字符串 T，然后查询另一个字符串 P，P 是否为 T 的子串。

解答：直接沿着起点出发，将 P 的字符逐个放入自动机，看自动机的结点是否存在代表这字符的路径，是则将起点改成它链接的下一个结点，继续查询 P 的下一个字符，如果没有则返回 false，直到 P 用完所有字符。

实现代码如下：

```
function contains(t, p) {
  if (t.length > p.length) {
    return false;
  }
  var sam = new SuffixAutomaton();
  sam.extend(p);
  var node = sam.root;
  for (var i = 0; i < t.length; i++) {
    var c = t[i];
    if (node.children[c]) {
      node = node.children[c];
    } else {
      return false;
    }
  }
  return true;
}
console.log(contains("cab", "abcabd"));// true
console.log(contains("abb", "abcabd"));// false
```

5. 不同的子串个数

问题：给定字符串 S，问它有多少个不同的子串。

解答：在后缀自动机中，S 的任意子串都对应自动机中的一条线段（弧）。因此从起点出发，统计它的所有子路径，就是答案。

实现代码如下：

```
function count(p) {
  var sam = new SuffixAutomaton();
  sam.extend(p);
  var ret = [];
  function cb(node, c) {
    for (var i in node.children) {
      var key = c + i;
      ret.push(key);
      cb(node.children[i], key);
    }
  }
  cb(sam.root, "");
  console.log(ret);
  return ret.length;
}
console.log(count("abb")); // 5
console.log(count("abcabc")); // 15
// 或者
function count(p) {
  var sam = new SuffixAutomaton();
  sam.extend(p);
  var ret = 0;
```

```
  for (var i = 1; i < sam.nodes.length; i++) {
    var node = sam.nodes[i];
    ret += node.len - node.fail.len;
  }
  return ret;
}
```

运行上述代码，得到的结果如图 13-45 所示。

```
▶ (5) ["a", "ab", "abb", "b", "bb"]                         index.html:82
  5                                                          index.html:85
                                                             index.html:82
  ▶ (15) ["a", "ab", "abc", "abca", "abcab", "abcabc", "b", "bc", "bca", "
    bcab", "bcabc", "c", "ca", "cab", "cabc"]
  15                                                         index.html:86
```

图 13-45　运行结果

6. 求两个字符串的最长公共子串

问题：求两个字符串的最长公共子串。

解答：首先对其中一个字符串 A 建立后缀自动机，然后用另一个字符串 B 在上面跑，用一个变量 len 来记录公共子串 substring 的长度。如果它能转换到下一个状态（结点），则其长度加 1，然后将 substring 加上这个字符。

如果不能转换，说明需要重新选择状态，不断回退到上次可以命中的状态（通过失配指针回退）。

如果回退到的结点为 null，则需要从根结点重新命中，将 len 置为 0，substring 为空。

如果还有可回退的结点，那么根据长度，计算其公共子串。最后比较大小，只保留最长子串。

实现代码如下：

```
function getLCS(a, b) {
  var sam = new SuffixAutomaton();
  sam.extend(a);
  var node = sam.root, len = 0, max = 0;
  for (var i = 0; i < b.length; i++) {
    var c = b[i];
    if (node.children[c]) {// 存在相同字符
      len++;
      node = node.children[c];
    } else {
      while (node && !node.children[c]) {
        node = node.fail;
      }
      if (!node) {
```

```
      node = sam.root;
      len = 0;
    } else {
      len = node.len + 1;
      node = node.children[c];
    }
  }
  if (max < len) {
    max = len;
    // 知道当前结束位置 i 与子串的长度，求子串
    lcs = b.substr(i - len + 1, len);
  }
}
return lcs;
}
console.log(getLCS("uabcdefo", "dabcdui"));// abcd
console.log(getLCS("alsdfkjffkdsal", "fdjskalajfkdsla"));// fkds
```

7. 求多个字符串的最长公共子串

问题：求多个字符串的最长公共子串

解答：我们先用一个串建立后缀自动机，然后其他的串在上面跑。跑的时候算出每一个状态（结点）能转换的最大长度（也就是 LCS）。

构建时，我们将每个状态新增两个属性，一个是 lcs，默认为 0；一个是 nlcs，默认为 Infinity。每匹配一个字符串，都会重新计算 lcs，我们收集这个状态所有的 lcs，对它们取最小值，并将其放到 nlcs 中。

当所有字符串匹配完毕后，再遍历所有状态，取所有 nlcs 的最大值，就是答案。如果想求最长公共子串是怎么样的，我们还可以拿到相应的结点，根据它的 len 与 nlcs 算出其对应子串。相关代码如下：

```
function getLCS(strs) {
  var s = strs.shift();
  var sam = new SuffixAutomaton();
  sam.extend(s, function(node){
    node.nlcs = Infinity; // 表示多个串的最小值
    node.lcs = 0; // 表示当前匹配的最大值
  });

  var nodes = sam.nodes;
  function compute(str) {
    var len = 0, node = sam.root, max = 0;
    for (var i = 0; i < str.length; i++) {
      var c = str[i];
      if (node.children[c]) {
        len++;
        node = node.children[c];
      } else {
```

```
            while (node && !node.children[c]) {
              node = node.fail;
            }
            if (!node) {
              len = 0;
                node = sam.root;
            } else {
              len = node.len + 1;
              node = node.children[c];
            }
          }
          node.lcs = Math.max(node.lcs, len);
        }
        for (var i = 1; i < nodes.length; i++) {
          var node = nodes[i];
          node.nlcs = Math.min(node.nlcs, node.lcs);
          node.lcs = 0;
        }
      }
      var LCS = 0;
      while (str = strs.shift()) {
        compute(str);
      }
      var target = null;
      for (var i = 1; i < nodes.length; i++) {
        var node = nodes[i];
        if (node.nlcs > LCS) {
          target = node;
          LCS = node.nlcs;
        }
      }
      var subLen = target && target.len;
      console.log(s.slice(subLen - LCS, subLen));// 多串的公共子串（仅供测试）
      return LCS;
    }
    console.log(getLCS([
        "7uabcdefo",
        "dabcdui",
        "eeabc"])); // abc, 3
    console.log(getLCS([
        "alsdfkjfjkdsal",
        "fdjskalajfkdsla",
        "fdjskjfajsdfdsf",
        "aaaajfaaaa"
    ])); // jf, 2
```

8. 出现次数查询

问题：统计一个字符串 P 在另一个字符串 T 中出现的次数（出现的次数可以相交，比如 aa 在 baaa 中就出现了两次）。

解答：这个问题可以这样处理，我们可以统计 P 的每个字符在 T 中出现了多少次。如果这些字符在 T 构建的后缀自动机中是连续的，那么我们拿到它们的最小次数值就是我们的答案。有点抽象吧，我们来看看 abcdababc 的后缀自动机，如图 13-46 所示。

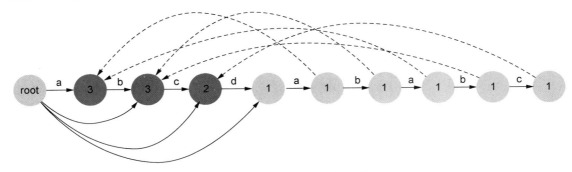

图 13-46　abcdababc 的后缀自动机

我们在 extend 方法添加一个回调，为每个结点添加或修改 count 属性。count 属性表示字符出现的次数，当某一个字符失配时，它会沿着失配指针回到上次表示这个字符的结点，说明这个结点的 count 需要往上递。

实现代码如下：

```
function timeOf(t, p) {
  var sam = new SuffixAutomaton();
  sam.extend(t, function (node, action, other) {
    if (action === 'new') {
      node.count = 1;
    } else if (action === 'main') {// 主轴冲突
      node.count++;
    } else if (action === 'branch') {// 分支冲突，将 clone 的原结点的 count+1
      node.count = other.count + 1;
    }
  });
  var node = sam.root, time = Infinity;
  for (var i = 0; i < p.length; i++) {
    var c = p[i];
    var node = node.children[c];
    if (node) {
      time = Math.min(time, node.count);
    }
  }
  var res = time === Infinity ? 0 : time;
  console.log(`${p}在${t}中出现了${res}次`);
  return res;
}
console.log(timeOf('abcdababc', 'abc'));
console.log(timeOf('abcdababc', 'ab'));
console.log(timeOf('abcdababc', 'da'));
```

运行上述代码，得到的结果如图 13-47 所示。

abc在abcdababc中出现了2次
2
ab在abcdababc中出现了3次
3
da在abcdababc中出现了1次
1

图 13-47　运行结果

9. 首次出现位置查询

问题：计算一个字符串 P 在另一个字符串 T 中第一次出现的位置。

解答：与上面一样，在构建自动机时，需要为结点添加一个新属性 firstpos，它的值为 len-1，因为我们需要减去起点结点。当我们处理分支冲突时，需要将 clone.firstpos = q.firstpos，因为我们只要第一次出现的位置。最后，我们将 P 的字符放进后缀机，当其所有字符都匹配时，我们拿到最后一个匹配结点的 fistpos 减去 P 的长度再加 1，即为我们要的答案。

实现代码如下：

```
function indexOf(t, p) {
  var sam = new SuffixAutomaton();
  sam.extend(t, function (node, action, other) {
    if (action === 'new') {
      node.firstpos = node.len - 1;
    }else if (action === 'branch') {
      node.firstpos = other.firstpos;
    }
  });
  var node = sam.root, first = null;
  for (var i = 0; i < p.length; i++) {
    var c = p[i];
    node = node.children[c];
  }
  if (node) {
    var pos = node.firstpos - p.length + 1;
    console.log(`${p}在${t}中第一次出现的位置为${pos}`);
    return pos;
  } else {
    console.log(`${p}不需要于${t}中`);
    return -1;
  }
}
console.log(indexOf('beededed', 'ed'));
console.log(indexOf('abdabcabc', 'abc'));
console.log(indexOf('abcdababc', 'da'));
```

运行上述代码，得到的结果如图 13-48 所示。

ed在beededed中第一次出现的位置为2

2

abc在abdabcabc中第一次出现的位置为3

3

da在abcdababc中第一次出现的位置为3

3

图 13-48 运行结果

10. 所有出现位置查询

问题：求一个字符串 P 在另一个字符串 T 出现的所有位置。

解答：我们在构建时，需要获取这个结点对应的字符在原字符串的位置，这个我们可以通过 len 减 1 计算出来，或者在分支冲突时，由原冲突结点的 len 减 1 计算出来。但从起点出发，我们只需要跑 P.length 个结点就会停下，不会到达后面的结点。因此，我们需要曲线救国，在构建时，还要给结点添加一个数组属性，构建完毕后，遍历所有结点，让每个结点的失配指针数组反过来装着当前结点。相关代码如下：

```
function allIndexOf(t, p) {
  var sam = new SuffixAutomaton();
  sam.extend(t, function (node, action) {
    node.fails = [];
    if (action === 'new') {
      // pos 为这个结点的字符在原字符串的位置
      node.pos = node.len - 1;
    } else if (action === 'branch') {
      // clone.pos 就是刚添加的结点的 pos
      node.pos = sam.last.pos;
    }
  });
  var nodes = sam.nodes;
  for (var i = 1; i < nodes.length; i++) {
    var node = nodes[i];
    // 收集失配指针的另一个起点
    if (node.fail.fails) {
      node.fail.fails.push(node);
    }
  }
  var node = sam.root, first = null;
  for (var i = 0; i < p.length; i++) {
    var c = p[i];
    node = node.children[c];
  }
  var pos = [];
  if (node) {
    var count = [];
    // 使用计数排序进行去重排序
```

```
    node.fails && node.fails.concat(node).forEach(function (el) {
      var value = el.pos - p.length + 1;
      count[value] = 1;
    });
    for (var i = 0; i < count.length; i++) {
      if (count[i] === 1) {
        pos.push(i);
      }
    }
    console.log(`${p}在${t}中出现的位置为${pos}`);
    return pos;
  } else {
    console.log(`${p}不需要于${t}中`);
    return pos;
  }
}
console.log(allIndexOf('beededed', 'ed'));
console.log(allIndexOf('abdabcabc', 'abc'));
console.log(allIndexOf('abacdababca', 'a'));
```

运行上述代码，得到的结果如图 13-49 所示。

```
ed在beededed中出现的位置为2,4,6
▶ (3) [2, 4, 6]
abc在abdabcabc中出现的位置为3,6
▶ (2) [3, 6]
a在abacdababca中出现的位置为0,2,5,10
▶ (4) [0, 2, 5, 10]
```

图 13-49　运行结果

13.3　总结

本章总结了常见的几种字符串匹配算法。下面推荐几道 LeetCode 来练习。

(1) KMP：214.最短回文串。

(2) AC 自动机：139.单词拆分。

(3) 前缀树：208.实现 Trie（前缀树）。

(4) 模式匹配：面试题 16.18. 模式匹配。

第 14 章

回溯算法

回溯算法是一种在某个集合求其子集或特定排列的特殊解法。它没有对应的数据结构，但好在其求解过程是固定的。它可以看作暴力穷举的一种改进，因为我们这里所说的集合，通常是指二维数组、多维数组或者字符串（它里面的一个个字符就相当于它的元素），我们需要从中找到一些符合条件的元素放到结果集中，这是一个试探过程。试探，就会有失败的时候，如何做到只改些许参数，就能继续试探是非常重要的问题。回溯算法的双函数结构是人们在无数的测试中总结出来的。

14.1 回溯算法的格式

回溯算法由两部分组成：入口函数与递归函数。

入口函数分成几部分。首先是对参数的简单判定，如果参数不合法，立即返回空结果集。其次是变量的集中定义区域，结果集与候选集 candidate 就是定义在这里；通常还会对当前集合进行排序，排序会提高程序的性能；如果要对结果进行去重，去重用的 hash 也放在这里。然后是递归函数的调用，最后是返回结果集。

递归函数一般命名为 backtrack，它分成两部分，一个是退出条件，应该放在第一行，用于将 candidate 复制一份放到结果集中。为什么要复制呢？因为我们的结果集通常是一个二维数组，而 candidate 在递归过程满足某个条件会添加新元素，因此这不能是一个全新的空 candidate。candidate 都是基于某一个有效的 candidate 进行修改（回溯）的。再来谈退出条件，它可能是 candidate 的长度是否达到某个临界值，或者是否已经到达最后一个元素。递归函数的第二部分是进行 for 循环，循环过程中要收集元素到 candidate，调用递归函数，因为循环过程中的**参数是变化的**，这样我们就实现了类似穷举的效果。在调用完递归函数后，记得要将一些中间变量还原。变量还原是回溯的真谛。

当所给问题是从 n 个元素的集合 S 中找出满足某种性质的子集时，相应的解空间树称为子集树。例如，n 个物品的 0-1 背包问题（如图 14-1 所示）所对应的解空间树是一棵子集树，这类子

集树通常有 2^n 个叶子结点，结点总个数为 $2(n+1)-1$。遍历子集树的算法需 $O(2^n)$ 的计算时间。

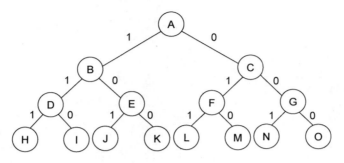

图 14-1　0-1 背包问题

当所给问题是确定满足某种性质的 n 个元素排列时，相应的解空间树称为排列树。例如旅行商问题（如图 14-2 所示）的解空间树是一棵排列树，这类排列树通常有 n!个叶子结点。遍历子集树的算法需 $O(2^n)$ 的计算时间。

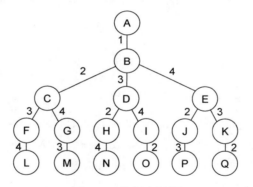

图 14-2　旅行商问题

回溯算法的伪代码如下：

```
// 子集树
function main(set, 其他参数){
  if(如果 set 不合法或长度为零，或其他参数明显有问题){
    return 简单结果;
  }
  set.sort();// 排序能提高程序性能
  var result = [],candidate = [], end = nums.length;
  function backtrack(start, 其他参数){
    if(start == end){ // 或其他情况
      // 这里可能还有其他条件
      result.push(candidate.concat());// 将候选集放到结果集，记得复制
    }else{
      // 注意，如果限定子集数量需要改动一下
      for(var i = start; i < end; i++){
```

```
        // 处理中间变量
        candidate.push(数组元素);
        backtrack(i + 1,...);
        candidate.pop(); // 还原 candidate
        // 还原其他中间变量
      }
    }
  }
  backtrack( 0, 其他参数);
  return result;
}
// 排列树
function main(set, 其他参数){
  if(如果 set 不合法或长度为零，或其他参数明显有问题){
    return [];
  }
  // set 不需要排序！！！
  var result = [],candidate = [], end = nums.length, hash = {}
  // hash 是用来实现排列效果的
  function backtrack(start, 其他参数){
    if(start == end){ // 或其他情况
      // 这里可能还有其他条件
      result.push(candidate.concat());// 将候选集放到结果集，记得复制
      return;
    }
    for(var i = 0; i < end; i++){
      // 处理中间变量
      if(!hash[i]){
        hash[i] = true;
        candidate.push(数组元素);
        backtrack(start + 1,...);
        candidate.pop(); // 还原 candidate
        hash[i] = false;
        // 还原其他中间变量
      }
    }
  }
  backtrack( 0, 其他参数);
  return result;
}
```

这里面有许多描述大家一时半会儿可能不理解，没关系，我们接下来会讲解许多题目来帮助大家。回溯算法不像其他篇章那样好理解，直接把某个类记下来就行了，回溯需要做许多变通才能处理现实问题。

14.2 子集问题的相关例题

子集问题的相关例题包括没重复元素的子集问题、有重复元素的子集问题、有重复元素的组合总和、无重复元素的组合总和、背包问题、装载问题和火柴棍拼摆正方形等。

14.2.1 没重复元素的子集问题

这是 LeetCode 的原题，给定一个不含重复元素的整数数组 nums，返回该数组所有可能的子集（幂集）。注意：结果集不能包含重复的子集。

输入：

```
nums = [1,2,3]
```

输出：

```
[
  [3],
  [1],
  [2],
  [1,2,3],
  [1,3],
  [2,3],
  [1,2],
  []
]
```

思路：我们根据上面的格子一步步思考，首先是入口函数的第一部分，怎么快速排除有问题的参数或特例。很明显，如果参数不是数组或它的长度为零，我们直接返回空数组。然后我们定义一个结果集与候选集，排序，然后进入递归函数。

接着我们看一下退出条件，因为子集可以为空，换言之，任何情况候选集（其复制）都可以放进结果集。其他就与模板一样了。我们看一下代码：

```javascript
function subsets(nums) {
  if (!Object(nums).length) { // 相当于 nums == null || !nums.length
    return [];
  }
  nums.sort((a, b) => a - b);
  var result = [], candidate = [], end = nums.length;
  function backtrack(start) {
    result.push(candidate.concat());// 没有长度限制，直接放 result
    for (var i = start; i < end; i++) {
      candidate.push(nums[i]); // 试探
      backtrack(i + 1); // 修改参数
      candidate.pop(); // 不管成功与否，退回上一步
    }
  }
  backtrack(0);
  return result;
}
console.log(subsets([1, 2, 3]));
```

提示：如果我们给定的数组存在重复元素，那么如果我们求解该数组所有不重复的子集呢？

14.2.2 有重复元素的子集问题

给定一个可能有重复元素的整数数组 nums，返回该数组所有可能的子集（幂集）。注意：结果集不能包含重复的子集。

输入：

[1,2,2]

输出：

```
[
  [2],
  [1],
  [1,2,2],
  [2,2],
  [1,2],
  []
]
```

与上题只有一点差别，但它只是对候选集做出限制，即结果集中不能出现两个[1, 2]数组。我们可以使用 hash 去重。相关代码如下：

```javascript
var subsetsWithDup = function (nums) {
  if (!Object(nums).length) {
    return [];
  }
  nums.sort((a, b) => a - b);
  var result = [], candidate = [], end = nums.length, hash = {};
  function backtrack(start) {
    if (!hash[candidate]) { // 在结果中进行，防止重复
      result.push(candidate.concat());// 没有长度限制
      hash[candidate] = 1;
    }
    for (var i = start; i < end; i++) {
      candidate.push(nums[i]); // 试探
      backtrack(i + 1);
      candidate.pop(); // 不管成功与否，退回上一步
    }
  }
  backtrack(0);
  return result;
}
subsetsWithDup([4, 4, 4, 1, 4]);
```

当然，我们还可以在递归函数的 for 循环中做去重，感兴趣的同学可以试一下。

14.2.3 有重复元素的组合总和

给定一个无重复元素的数组 nums 和一个目标数 target，找出 nums 中所有可以使数字之和为 target 的组合。nums 中的数字可以无限制地重复被选取。

输入：

```
nums = [2,3,6,7], target = 7,
```

输出：

```
[
  [7],
  [2,2,3]
]
```

思路：本题更接近我们的模板，由于元素可以重复使用，我们在递归函数的 for 循环中就不用改变 start 变量。并且我们还要计算放入候选集的元素总和是否为 target，总不能每次都将候选集的元素全部相加一下吧，反过来，我们每次将它与新元素相减一下，只要结果为零，就退出递归。相关代码如下：

```
function combinationSum(nums, target) {
  if (!Object(nums).length) {
    return [];
  }
  nums.sort((a, b) => a - b);
  var result = [], candidate = [], end = nums.length;
  function backtrack(start, target) {
    if (target === 0) { // 等于零，退出
      result.push(candidate.concat());
      return;
    }
    if (target > 0) {// 等于零，进入
      for (var i = start; i < end; i++) {
        candidate.push(nums[i]); // 试探
        // 注意这里 i 没有加 1，因为我们可以重复使用该位置的元素
        backtrack(i, target - nums[i]);
        candidate.pop(); // 不管成功与否，退回上一步
      }
    }
  }
  backtrack(0, target);
  return result;
};
combinationSum([2, 3, 6, 7], 7);
```

14.2.4　无重复元素的组合总和

给定一个数组 nums 和一个目标数 target，找出 nums 中所有可以使数字之和为 target 的组合。nums 中的每个数字在每个组合中只能使用一次。结果集不能包含重复的组合。

输入：

```
nums = [10,1,2,7,6,1,5], target = 8,
```

输出：

```
[
  [1, 7],
  [1, 2, 5],
  [2, 6],
  [1, 1, 6]
]
```

思路与上面很相似，但由于元素只使用一次，我们只要在循环中改变 start 的值就行了。并且题目要求结果集不能出现重复，这在上面的例子中有解决方案，就是使用 hash 去重。相关代码如下：

```javascript
function combinationSum(nums, target) {
  if (!Object(nums).length) {
    return [];
  }
  nums.sort((a, b) => a - b);
  var result = [], candidate = [], end = nums.length, hash = {};
  function backtrack(start, target) {
    if (target === 0 && (!hash[candidate])) { // 等于零，退出
      result.push(candidate.concat());
      hash[candidate] = 1;
      return;
    }
    if (target > 0) {// 等于零，进入
      for (var i = start; i < end; i++) {
        candidate.push(nums[i]); // 试探
        backtrack(i + 1, target - nums[i]); // i+1 !!!
        candidate.pop(); // 不管成功与否，退回上一步
      }
    }
  }
  backtrack(0, target);
  return result;
}
console.log(combinationSum([10,1,2,7,6,1,5],8)); // [[1,1,6],[1,2,5],[1,7],[2,6]]
```

14.2.5 背包问题

给定 n 个重量为 w1,w2,w3,...,wn、价值为 v1,v2,v3,...,vn 的物品和一个容量为 capacity 的背包，问：如何装载，能使得在满足背包容量的前提下，包内的总价值最大？

输入：

```
5, [10, 20, 30, 40, 50], [20, 30, 65, 40, 60], 100
```

输出：

```
155, [1, 1, 1, 1, 0] // 1 表示要装入的物品
```

严格来说，这是一个 0-1 背包问题，此外还有多重背包问题、完全背包问题，有兴趣的同学可以自行上网查阅资料。0-1 背包问题的解题思路在于递归函数的 for 循环，其 end 变量不再是物品的数量，而是我们决策分支的数量、选还是不选。因此 end = 1（从零开始），然后我们设计一个数组，来记录该物品的选择情况。由于限制条件存在两个，首先，是放进背包的总重量不能大于包的容量，因此我们需要不断累计这个变量。其次，当选择最后一个物品后，我们看物品的总价值是否比之前的高。相关代码如下：

```javascript
function knapsack01(n, weights, values, capacity) {
  var allocation = new Array(n).fill(0); // 表示是否选中
  var curValue = 0,
    curWeight = 0,
    maxValue = 0,
    maxWeight = 0,
    result = [];
  function backtrack(start) {// start 为物品的编号
    if (start == n && curValue > maxValue) {
      // 这只是其中一个候选项
      if (curValue > maxValue) {
        maxValue = curValue;
        maxWeight = curWeight;
        result = allocation.concat();
        return;
      }
    }
    for (var i = 0; i < 2; i++) {
      if (curWeight + i * weights[start] <= capacity) {
        allocation[start] = i; // 0 为不放进背包，1 为放进背包
        curWeight += i * weights[start];
        curValue += i * values[start];
        backtrack(start + 1);
        curWeight -= i * weights[start];
        curValue -= i * values[start];
      }
    }
  }
  backtrack(0);
  console.log(maxValue, maxWeight, allocation);
  return [maxValue, allocation];
}
knapsack01(5, [10, 20, 30, 40, 50], [20, 30, 65, 40, 60], 100); // 155 100 [1, 1, 1, 1, 0]
```

14.2.6　装载问题

有 n 个集装箱要装上 2 艘载重量分别为 c1 和 c2 的轮船，其中每个集装箱的重量为[w0, w1, ..., wi]，总重量不会大于 c1 + c2。问：是否有一个合理的装载方案，可将这 n 个集装箱装上这 2 艘轮船：

如果有，找出一种装载方案。

例子 1

输入：

50, 50, [10, 40, 40],50, 50

输出：

[[[10,40],[40]]

例子 2

输入：

50, 50, [20, 40, 40],50, 50,

输出：

[[],[]]

思路：这类似于 0-1 背包问题，只不过上题是放到一条船（包）上，这里是两条船。在之前的题型中，我们不知道结果集中有多少个子数组，现在我们明确知道有两个，我们可以直接生成所有子数组。然后在递归函数的循环中，根据子数组的总和依次判定是否能继续放东西。相关代码如下：

```javascript
function boatLoad(c1, c2, goods) {
  if (!Object(goods).length) {
    return false;
  }
  goods.sort();
  var boats = [[], []];
  var curr = [0, 0];
  var max = [c1, c2];
  function backtrack(start) {
    if (start >= goods.length) {
      return curr[0] <= max[0] && curr[1] <= max[1];
    } else {
      var cur = goods[start];
      for (var i = 0; i < 2; i++) {
        if (curr[i] + cur > max[i]) {
          continue;
        }
        curr[i] += cur;
        boats[i].push(cur);
        if (backtrack(start + 1)) {
          return true;
        }
        curr[i] -= cur;
        boats[i].pop();
      }
    }
```

```
      return false;
   }
   backtrack(0);
   console.log(JSON.stringify(boats));
   return boats;
}

boatLoad(50, 50, [30, 30, 10, 10]); // [[10, 10, 30], [30]]
boatLoad(50, 50, [10, 40, 40]); // [[10, 40], [40]]
```

14.2.7   火柴棍拼摆正方形

给定一个整数数组，它里面的数表示着一个个火柴棍的长度，问：是否能用它们恰好摆成一个正方形？比如[4,3,3,2,2,1,1]能摆成如图 14-3 所示的正方形，请求出其中一个方案。

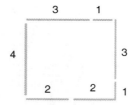

图 14-3   火柴棍拼摆正方形问题

思路：既然是正方形，那么肯定有 4 条边，因此数组里面的元素不能少于 4 个，并且每条边的长度一致，换言之，这些元素的总和是 4 的倍数。这样我们就能轻松排除一些非法数据。然后进入试探阶段，这与装载问题差不多，不同的是我们需要 4 个子数组就行了。代码实现如下：

```
function makesquare(nums) {
  if (Object(nums).length < 4) {
    // 如果火柴数量不足 4，肯定摆不出正方形
    return false;
  }
  var sides = [[], [], [], []];
  var total = nums.reduce(function(prev, el) {
    return prev + el;
  }, 0);
  if (total % 4) {
    // 如果不能被 4 整除
    return false;
  }
  nums.sort((a, b)=> a - b).reverse();
  var max = total / 4,
    curr = [0, 0, 0, 0],
    end = nums.length;
  function backtrack(start) {
    if (start >= end) {
      return (
        curr[0] == max &&
        curr[1] == max &&
```

```
            curr[2] == max &&
            curr[3] == max
        );
    } else {
      for (var i = 0; i < 4; i++) {
        if (curr[i] + nums[start] > max) {
          continue;
        }
        sides[i].push(nums[start]); // 这个可以不要
        curr[i] += nums[start];
        if (backtrack(start + 1)) {
          return true;
        }
        sides[i].pop(); // 这个可以不要
        curr[i] -= nums[start];
      }
    }
    return false;
  }

  var result = backtrack(0);
  console.log(JSON.stringify(sides), result);
  return result;
}

makesquare([4, 3, 3, 2, 2, 1, 1]);
```

14.3 排列问题的相关例题

遍历排列树需要 $O(n!)$ 的计算时间，因此在递归函数中，for 循环不是从 start 开始，而是每次都从 0 或 1 开始，然后通过 hash 看某个索引是否被使用过，实现排列效果。

14.3.1 全排列问题

给定一个没有重复数字的序列，返回其所有可能的全排列。

输入：

[1,2,3]

输出：

```
[
  [1,2,3],
  [1,3,2],
  [2,1,3],
  [2,3,1],
  [3,1,2],
  [3,2,1]
]
```

直接套用模板，我们需要递归函数，通过 hash 对某一索引的控制，来让对应元素加入某一个解，从而实现全排列。相关代码如下：

```javascript
function permute(nums) {
  if (!Object(nums).length) {
    return [];
  }
  var result = [],
    candidate = [],
    end = nums.length,
    hash = {};
  nums.sort();
  function backtrack(start) {
    if (start === end) {
      result.push(candidate.concat());
    } else {
      for (var i = 0; i < end; i++) {
        // 注意排列解，i 需要从零开始，以确保它会加入某一个解
        // hash 是保证每一个解不同的关键
        if (!hash[i]) {
          hash[i] = 1;
          candidate.push(nums[i]); // 试探
          backtrack(start + 1);
          candidate.pop(); // 不管成功与否，退回上一步
          hash[i] = 0;
        }
      }
    }
  }
  backtrack(0);
  console.log(JSON.stringify(result));
  return result;
}
permute([1, 2, 3]);
```

14.3.2 素数环

输入正整数 n，把整数 1、2、3、···、n 组成一个环，使得相邻两个整数之和均为素数，输出时从整数 1 开始逆时针排序。同一个环应恰好输出一次。$n \leqslant 16$，如图 14-4 所示。

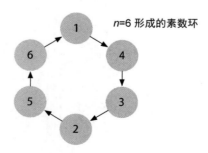

图 14-4　素数环问题

输入:

6

输出:

2

输入:

8

输出:

4

思路: 首先我们要搞定素数如何判定的问题, 网上到处都有参考答案, 但数字可能很大, 因此我们要尽量对这个判定函数进行优化。其次是考虑环的意思, 即最后一个数与第一个数会相邻, 它们相加也是素数。代码实现如下:

```
var primes = {
  2: 1,
  3: 1
}

function isPrime(k) {
  var i,
      n = Math.sqrt(k);
  if (primes[k]) {
    return true;
  }
  if(k % 2 == 0){// 忽略偶数
    return false;
  }
  for (i = 2; i <= n; i++) {
    if (k % i == 0) {
      return false;
    }
  }
  return (primes[k] = true);
}
function getPrimeCircle(n) {
  var array = [1], hash = {}, count = 0;
  function backtrack(start) {
    if (start == n) {
      if (isPrime(array[0] + array[n - 1])) {
        count++;
      }
    } else {
      for (var i = 2; i <= n; i++) {
        // 条件为没有使用过的值并且前一个数组值与下一个 i+1 的和为素数
        if (!hash[i]) {
          hash[i] = 1;
```

```
        if (isPrime(array[start - 1] + i)) {
          array[start] = i;
          backtrack(start + 1);
        }
        hash[i] = 0;
      }
    }
  }
}
backtrack(1);
console.log("count", n, count);
return count;
}

getPrimeCircle(3); // 0
getPrimeCircle(4); // 2
getPrimeCircle(8); // 4
getPrimeCircle(10); // 96
getPrimeCircle(12); // 1024
getPrimeCircle(14); // 2880
getPrimeCircle(16); // 81024
```

提示：素数环个数 G(x)。

G(2)=1,G(4)=2,G(6)=2,G(8)=4,G(10)=96,G(12)=1024,G(14)=2880,G(2)=1,G(4)=2,G(6)=2,G(8)=4,G(10)=96,G(12)=1024,G(14)=2880, G(16)=81024,G(18)=770144,G(20)=6309300,G(22)=213812336，大家可以参考它们验证自己的答案。

14.3.3   作业调度问题

工厂有 n 个作业，每个作业都分成两个任务，任务 A 只能在机器 1 中处理，任务 B 只能在机器 2 中处理，并且每个作业只有完成了任务 A 后才能处理任务 B。每个作业的 A、B 任务在两个机器上的处理时间是不一样的。对于一个确定的作业调度，设 Fji 是作业 i 在机器 j 上完成处理的时间，则所有作业在机器 2 上完成处理的时间之和，称为该作业调度的完成时间和。

现在希望你能找出最佳作业调度方案，使其完成时间和达到最小。

样例输入：

```
3,       // 参数 1 为作业数
[2,3,2], // 参数 2 为作业 i 在机器 1 上的处理时间
[1,1,3]  // 参数 3 为作业 i 在机器 2 上的处理时间
```

样例输出：

```
19       // 最小完成时间和
[0, 2, 1] // 调度顺序
```

本题的难点是理解完成时间这一概念。

假设我们有两个作业，它们总共包含 4 个任务，A1、A2、B1、B2。机器 1 上的任务不需要等待，A1 完成后就可以立即开始处理 A2。机器 2 需要等到机器 1 加工出一个任务才有活干，即 B1 的开工时间是 A1 的结束时间，它的完成时间是 A1+B1。A2 的开工时间是 A1 的完成时间，它的结束时间就是 A1+A2，那么 B2 什么时候开工呢？它需要等到 A2 与 B1 都完工之后，即它们两者的最大值，它的完成时间是 Math.max(A1+A2, B1) + B2。

假设现在我们有 3 个作业和 2 个机器，每个机器处理任务的时间如表 14-1 所示，如果调序流程分别为作业 1、作业 2、作业 3，根据上面的公式我们可以计算出机器 2 的完成时间。

表 14-1 机器的作业完成时间

	机器 1	机器 2	机器 1 的完成时间	机器 2 的完成时间
作业 1	2	1	2	3
作业 2	3	1	5	6
作业 3	2	3	7	10

那么完成时间之和为 3+6+10=19。

实现代码如下：

```
function schedule(n, timeA, timeB) {
  var best = Infinity,
    condidtate = [],
    bestFlow = [],
    hash = {};
  function backtrack(start) {
    if (start == n) {
      var prevA = 0,
        prevB = 0,
        sum = 0;
      for (var i = 0; i < n; i++) {
        var index = condidtate[i];
        var taskA = prevA + timeA[index];
        var taskB = Math.max(taskA, prevB) + timeB[index];
        prevA = taskA;
        prevB = taskB;
        sum += taskB;
      }
      if (sum < best) {
        best = sum;
        bestFlow = condidtate.concat();
      }
    } else {
      for (var i = 0; i < n; i++) {
        if (!hash[i]) {
          condidtate.push(i);
          hash[i] = 1;
          backtrack(start + 1);
```

```
            condidtate.pop();
            hash[i] = 0;
        }
      }
    }
  }
  backtrack(0);
  console.log("最小完成时间和", best);
  console.log("最佳调度顺序为", bestFlow);
  return [best, bestFlow];
}
schedule(3, [2, 3, 2], [1, 1, 3]);
schedule(5, [2, 4, 3, 6, 1], [5, 2, 3, 1, 7]); // [4,0,2,1,3]
```

14.3.4　八皇后问题

　　八皇后问题（如图 14-5 所示）是在 1848 年由棋手马克思·贝瑟尔提出的。将八位皇后放在一张 8×8 的棋盘上，使得每位皇后都无法吃掉别的皇后（即任意两个皇后都不在同一条横线、竖线和斜线上），问：一共有多少种摆法？

图 14-5　八皇后问题 1

　　思路：首先我们要表示皇后的坐标，直截了当的办法是用一个二维数组来模拟棋盘，放皇后的格子为 1，没有放的格子为 0。皇后冲突的条件提示我们，皇后不能在同一行，因此我们可以用一维数组搞定，path[col] = row，表示这个位于 row 行的皇后，其所在的列为 col。

　　接着我们要判定两个格子是否在同一条线上，由于每个皇后所在的行均不同，因此不需要判断行所在的线，只需要判定另外 3 条线就可以了：纵线、对角线、反对角线。接下来需要判定这些线投射到每一行时的列号。纵线不用说，直接取其 y 坐标，对角线是 x 坐标 $-y$ 坐标的相反数，反对角线是 x 坐标与 y 坐标之和，如图 14-6 所示。

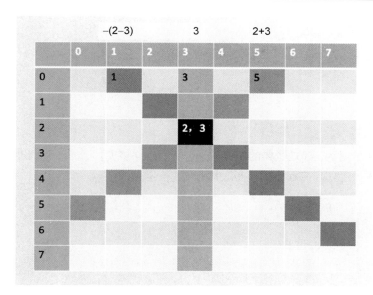

图 14-6　八皇后问题 2

实现代码如下：

```javascript
function findQueen() {
  var result = [], path = [],
    column = {}, mainDiagonal = {}, backDiagonal = {};
  function isSafe(row, col) {
    return (
      !column[col] &&
      !mainDiagonal[-(row - col)] &&
      !backDiagonal[row + col]
    );
  }
  function backtrack(row) {
    if (row == 8) {
      result.push(path.concat());
    } else {
      for (var col = 0; col < 8; col++) {
        if (isSafe(row, col)) {
          // 当前位置可放置
          path[row] = col; // 标记放置的位置
          column[col] = true; // 当前皇后所在列
          mainDiagonal[-(row - col)] = true; // 皇后所在的对角线在第一行的列号
          backDiagonal[row + col] = true; // 皇后所在的反对角线在第一行的列号
          backtrack(row + 1); // 下一行上的皇后
          column[col] = false;
          mainDiagonal[-(row - col)] = false;
          backDiagonal[row + col] = false;
        }
      }
    }
```

```
  }
  backtrack(0); // 先放第一行的皇后
  console.log("总共",result.length);
  return result.length;
}
findQueen();
```

14.4   总结

本章罗列了许多问题，都是经典的面试问题，它们有许多变体，如作业调度问题、背包问题。可以借助回溯思想，建立起流程化的模板去解决上述问题。

第 15 章

动态规划

在面试时，动态规划（dynamic programming）一般作为压轴题出现，它在现实中的用途极广，并且有着不错的性能。动态规划的题目一般有如下特点。

(1) 题目要求最优解，简单来说，出现了包含"最"的词组，比如最长、最少、最大等，这叫最优化原理。

(2) 问题可以拆分成多个子问题，前一个子问题的解，能为后面的子问题提供帮助。为了提高性能，我们通常用**填表法**（一维数组或二维数组）保持这些局部解。这样的特性叫**重叠子问题**。

(3) 问题分成多个阶段，某阶段的状态一旦确定，就不受之后决策的影响。换言之，我们可以用这样的方式优化填表法，将二维数组压缩成一维数组。这个特性叫**无效性**。

此外，原问题还会给出当某个值为 0 或 1 时的解，我们可以利用它们推断填表用的公式，这个公式被称为**状态转移方程**。

15.1　斐波那契数列

斐波那契数列，又叫"兔子数列"。假设一对初生兔子要一个月才到成熟期，而一对成熟兔子每月会生一对兔子，那么，由一对初生兔子开始，并且兔子不会死亡，问：一年后会有多少对兔子呢？如图 15-1 所示。

细心的同学很快会察觉到，除了前两项等于 1，从第 3 项起，每一项都是其前两项之和。

接下来，我们用斐波那契数列的例子辅助大家理解上面晦涩的概念及体验一下动态规划的高效。许多题目都是可以用多种思路来解的，我们将从最直观的"暴力"解法慢慢过渡到最精妙的动态规划。

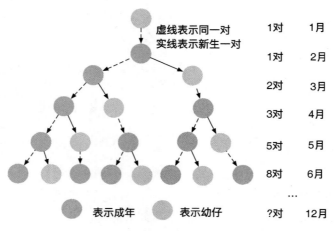

图 15-1　兔子数列图（见彩插）

15.1.1　暴力法

首先给大家介绍的是暴力法，相关代码如下：

```
function fib(n){
  if(n == 1 || n == 2){
    return 1;
  }
  return fib(n - 1) + fib(n-2);
}
console.log(fib(12)); // 144
```

这个方法的性能是很差的，我们将它的部分递归调用显示出来，形成了一棵树。此时会发现存在许多重复的调用，比如 f10（表示 fib 传入 10）会调用 2 次，f9 会调用 3 次，f8 会调用 4 次，f7 会调用 5 次……这些递归方法的执行次数为二叉树的结点总数。显然，二叉树结点总数为指数级别，所以子问题个数为 $O(2^n)$，当 n 为 50 时，浏览器就可能卡到不能动了。暴力递归流程图如图 15-2 所示。

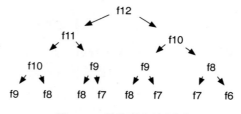

图 15-2　暴力递归流程图

为了减少这些重复计算，我们需要对计算结果进行缓存。

15.1.2　记忆化搜索

记忆化搜索与暴力法相比，就是多一个缓存体。通常，我们用一个 hash 做缓存体。在 JavaScript 中，我们可以将 hash 放到 fib 函数中。当传参过来时，我们先在 hash 中寻答案，没有才进行计算。这样兔子数列的 f11、f10、f9、f8、f7、f6······都是执行一次，因此我们的算法也提升到了 $O(n)$。试试现在能不能跑 fib(100) 吧，相关代码如下：

```javascript
function fib(n) {
  if (fib.cache[n]) {
    return fib.cache[n];
  }
  return fib.cache[n] = fib(n - 1) + fib(n - 2);
}
fib.cache = {
  1: 1,
  2: 1
}
console.log(fib(100)); // 354224848179262000000
```

至此，记忆化搜索的效率已经和动态规划一样了。实际上，这种解法和动态规划的思想已经差不多了，只不过记忆化搜索是自顶向下，动态规划是自底向上。记忆化搜索的过程是从 f12 一直调用到 f1 与 f2 时，f3 就有答案，然后往上折回。在递归调用树中，f3 会被执行 9 次，我们只用计算一次，剩下 8 次直接从 hash 中取就行了。接着就是 f4，它要的 f3 和 f2 的值都可以在 hash 中拿到！以此类推，直到 f12。

15.1.3　动态规划法

通过记忆化搜索，我们知道缓存的重要性，其实这些参数是从 1 到 n 往上累加的，因此我们可以直接使用数组保存结果。然后在循环中将前面两项的值相加，就是当前项的解。接着又把这个解放到数组中，我们又可以求到更后面的解。这个数组就是我们开头说的表了。相关代码如下：

```javascript
function fib(n) {
  var table = [0, 1, 1]; // 表
  for (var i = 3; i <= n; i++) {
    table[i] = table[i - 1] + table[i - 2];// 填表
  }
  return table[n];
}
```

好了，我们总结一下动态规划的套路。首先，我们有一些起始数据，可以直接放到表中，比如兔子数列的第 1 个月是 1 对，第 2 个月也是 1 对，接着找到变量，显然这里月份是可变的，它会带来兔子的数量变化，其中第 3 个月是前面两个月之和。这个变化可以通过方法描述出来，这个方法就叫状态转换方程：

$$f(n)=\begin{cases}1, & n=1\text{或}n=2\\f(-1)+(-2), & n>0\end{cases}$$

我们需要仔细根据 0、1、2 这几项初始的解来找规律。又由于动态规划可以通过无效性来优化性能，回到这题，我们知道每一项只需要保持前两项就行了，那么到第 4 项，第 1 项就不需要了，因此我们可以用几个变量代替这个 table 数组。相关代码如下：

```
function fib(n) {
  if(n == 1 || n === 2){
      return 1;
  }
  var a = 1, b = 1;
  for (var i = 3; i <= n; i++) {
    const c = a + b;
    a = b;
    b = c;
  }
  return b;
}
```

接着，我们会在介绍完每种方法后选择一些常见的面试题加在后面方便加深大家的理解。

15.2 找零钱

题目：给你 k 种面值的硬币，面值分别为 $c1$, $c2$, $\cdots$, ck，再给一个总金额 n，问你最少需要几枚硬币凑出这个金额，如果不可能凑出，则回答 -1。

比如说，k = 3，面值分别为 1、2、5，总金额 n = 11，那么最少需要 3 枚硬币，即 11 = 5 + 5 + 1。

这题很易诱导人使用贪婪法，优先使用最大面额的货币去除总额，得到个数后，再用其他的面额处理余数。但这样做很容易得到无解的错误结果。我们还是遵循动态规划的要点，先找出变量，题目中的总金额是没有明确的，它需要用户来传入，k 可能是 3，也可能是 6，因此它是一个变量。然后我们根据一些边界值（0，1，-1）来寻找规律，当总金额为 0 时，那么硬币数肯定为 0。如果不为零，那么至少有一个硬币，它可能是 1、2、5 中的其中一个，并且它接近总额但不能大于总额，于是问题变成当总额为总额 $-coin_i$ 时，这就是硬币数最小的重叠子问题。

规律公式如下：

$$f(n)=\begin{cases}0, & \text{当}n=0\\1+\min\left\{f(n-c_i),\right. & \left.|i\in[i,k]\right.\end{cases}$$

第二分支不好理解，其实它是一个循环，在循环中调用自己，并求最小值。但这里 min 只有一个传递参数，我们在程序中可以添加另一个数，其值是最大值 Infinity。相关代码如下：

```
function coinChange(coins, amount) {// 总额，面额数组
  var ans = Infinity;
  if (amount === 0) { // 分支1
    return 0;
  } else {  // 分支2
    for (let coin of coins) {
      console.log("test");
      if (coin <= amount) {
        count = coinChange(coins, amount - coin);
        if (count !== -1) {
          ans = Math.min(ans, count + 1);
        }
      }
    }
  }
  return ans == Infinity ? -1 : ans;
}
console.log(coinChange([1, 2, 5], 11)); // 3
```

coinChange 中的 console.log 被疯狂地调用了 526 次，才得出 3 的结果。

因此，我们模仿上一节，使用一个 hash 做优化，相关代码如下：

```
function coinChange(coins, n) {
  let cache = coinChange.cache;
  if (cache[n] != void 0) {
    return cache[n];
  }
  let ans = Infinity;
  for (let coin of coins) {
    if (n >= coin) {
      console.log('TEST'); // 28
      let ret = coinChange(coins, n - coin);
      if (ret !== -1) {
        ans = Math.min(ans, ret + 1);
      }
    }
  }
  return cache[n] = (ans == Infinity ? -1 : ans);
}
coinChange.cache = { 0: 0 };
console.log(coinChange([1, 2, 5], 11));
```

这样 console.log 就减少到 28 次了。

接着，我们将它改成动态规划。动态规划里面有 for 循环进行递推，i 从哪里到哪里呢，显然我们知道 0 的情况，现在要求 n 的解，因此 i 从 0 变成 n。我们要将求解的问题循环起来，即：

```
function coinChange(coins, n) {
  var table = [0];
  for (var j = 1; j <= n; j++) {// j = 0 的解已经有了
    for (var i = 0; i < coins.length; i++) {
      var coin = coins[i];
```

```
      if (j < coin) continue;
      // 略
    }
  }
  // 略
}
```

然后在循环中，我们要用缓存取值，代替方法传参求值，传参中的变量为 n – coin，因此相应部分变成 table[n-coin]。

接着，我们要处理 ans = Math.min(ans, ret + 1)，其中 ret 其实就是 table[n-coin]。ans 呢？它是一个最终解，当 j = n 时，ans = table[j]。因此，它也可以用 table[j]代替，于是有：

```
function coinChange(coins, n) {
  var table = [0];
  for (var j = 1; j <= n; j++) {
    for (var i = 0; i < coins.length; i++) {
      var coin = coins[i];
      if (j < coin) continue;
      table[j] = Math.min(table[j], table[j-coin] + 1);
    }
  }
  // 略
}
```

最后是表的长度，从 0 到 n 并且等于 n，因此有 n+1 个元素。我们还要考虑到无解的情况，之前是 ans == Infinity 时返回 –1，因此我们可以将数组元素初始化为 Infinity，并将第一个元素变成 0。相关代码如下：

```
function coinChange(coins, n) {
  var table = [0]// table 变量通常也写成 dp
  for (var j = 1; j <= n; j++) {
    table[j] = Infinity;
    for (var i = 0; i < coins.length; i++) {
      var coin = coins[i];
      if (j < coin) continue;
      table[j] = Math.min(table[j], table[j - coin] + 1);
    }
  }
  return table[n] == Infinity ? -1 : table[n];
}
console.log(coinChange([1, 2, 7, 8, 12, 50], 15));
console.log(coinChange([1, 2, 5], 11));
```

15.3   最长不下降子序列

设有由 n(1 ≤ n ≤ 200)个不相同的整数组成的数列，记为：b(1)，b(2)，...，b(n)且 b(i) ≠ b(j)(i ≠ j)，若存在 i1 < i2 < i3< ... < ie 且有 b(i1)<b(i2)<...<b(ie)，则称为长度为 e

的不下降序列。程序要求，当原数列出之后，求出最长的不下降序列。

例如[1,2,3,-9,3,9,0,11]，它的最长不下降子序列为[1,2,3,3,9,11]。

思路：我们设置一个 table，长度等于目标数组，table[i]表示以 array[i]为结束的非下降子序列的长度。一开始时，它们的值都是 1，如表 15-1 所示。然后我们分别用[4]、[1,3]、[3,1]与[1,2,3]这些总长为 1、2、3 的数组来推断规律。

表 15-1　最长不下降子序列

array	table initStatus	table lastStatus
[4]	[1]	[1]
[1,3]	[1,1] j=0, i=1	[1,2]
[3,1]	[1,1] j=0, i=1	[1,1]
[1,2,3]	[1,1,1]	[1,2,3]

换言之，如果 array[i]>=array[j](j<i)，那么 table[i] = Math.max(table[i] , table[j]+1)。

因此 table 中的元素随着索引的递增，其值即便不加 1，也不会变小，就像一个台阶一样不断往上累加 1，如图 15-3 所示。

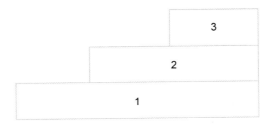

图 15-3　递增表示图

又由于 table[i]的值是通过 0~i 的子数组推断出来的，因此我们需要一个二重循环，i 循环整个数组，j 遍历 0~i 的子数组。于是其代码如下：

```
function longestNonDecreasingSequence(array){
  var dp =  [1]  ;
  var max = 1, k = 0;
  for (var i = 1; i < array.length; i++) {
    dp[i] = 1;
    for (var j = 0; j < i; j++) {
      if (array[i] >= array[j]){// 不下降，就是等于或大于
        if(dp[i] < dp[j] + 1 ){
          dp[i] = dp[j] + 1;
        }
      }
    }
```

```
  if(dp[i] > max){
    max = dp[i];
    k = i; // 最大索引
  }
}
var ret = [ array[k] ];
var m = max;
var i = k-1; // 从最后一个位置往前找
while( m > 1 ) {
  // 相邻的 dp[i] 都是相等或相差 1
  if(dp[i] == m - 1 && array[i] <= array[k]){
    ret.unshift(array[i]);
    k = i;
    m--;
  }
  i--;
}
return ret;// [1,2,3,3,9,11]
}
longestNonDecreasingSequence([1,2,3,-9,3,9,0,11]);
```

该问题的另一个变体是最长上升子序列，不过我们不满足不下降，而是要求子序列的每一个元素都比前一个大。

15.4   最长公共子序列

给定两个字符串，求解这两个字符串的最长公共子序列（Longest Common Sequence）。比如字符串 1 是 BDCABA，字符串 2 是 ABCBDAB，则这两个字符串的最长公共子序列长度为 4，最长公共子序列是 BCBA。

最长公共子序列是一个十分实用的问题，可以不连续。它可以描述两段文字之间的“相似度”，即它们的雷同程度，从而能够用来辨别是否抄袭。对一段文字进行修改之后，计算改动前后文字的最长公共子序列，将除此子序列外的部分提取出来，用这种方法来判断修改的部分，往往十分准确。

思路：这个题比上一题难，上一题只有一个字符串，这里有两个字符串，因此填表用的 table 为一个二维数组，即矩阵。矩阵的横行表示 a 的字符，纵列表示 b 的字符，如果某一列与某一行相交，它们对应的字符相同，我们就填 1，不同就填 0。但这样填完还要再次清点一次，如图 15-4 所示。

	a	b	c
d	0	0	0
a	1	0	0
c	0	0	1
b	0	1	0

图 15-4　填入矩阵展示图

我们继续改进一下。如果一个格子对应的 a、b 字符相同，那么它的值为其左上对角格子的值加 1，如果不存在则默认为 0；如果不相同，那么其值为左边与上面的格子的值取其最大者。那么右下角格子的值加 1 就是 LCS 的长度，如图 15-5 所示。

	a	b	c
d	0	0	0
a	1	1	1
c	1	1	2
b	1	2	2

图 15-5　改进后矩阵展示图

因此根据上面的规则，我们列出状态迁移方程：

$$f(i,j) = \begin{cases} 0, & !a[i]\,\|\,!b[j] \\ \max(f(i,j-1),f(i,j-1)), & a[i]\,!=b[j] \\ f(i-1,j-1)+1, & a[i]==b[j] \end{cases}$$

迁移过程图如图 15-6 所示。

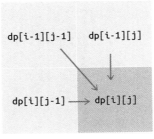

图 15-6　迁移过程图

为了规避左上角格子不存在的问题，我们有两种办法。一是将 a、b 字符串转换成数组，并且在它们的首位插入一个空字符串，并规定空字符串与其他字符相比较的结果都是 0（包括空字符比较空字符）。二是在矩阵的左边与上面都添加额外的 –1 行与 –1 列，默认值为 0。最后得到的矩阵如图 15-7 所示。

```
▶ 0: (5) [0, 0, 0, 0, 0]      ▶ 0: (4) [0, 1, 1, 1, -1: 0]
▶ 1: (5) [0, 0, 1, 1, 1]      ▶ 1: (4) [0, 1, 1, 2, -1: 0]
▶ 2: (5) [0, 0, 1, 1, 2]      ▶ 2: (4) [0, 1, 2, 2, -1: 0]
▶ 3: (5) [0, 0, 1, 2, 2]      ▶ -1: (4) [0, 0, 0, 0]
```

图 15-7   a、b 字符串为 abc、dacb 时生成的两种矩阵

下面我们演示使用第二种矩阵的实现：

```javascript
function longestCommonSequence(a, b){
  var an = a.length, bn = b.length;
  var dp = [];
  dp[-1] =  new Array(bn).fill(0);
  dp[-1][-1] = 0;
  for (var i = 0; i < an; i++) {
    dp[i] = [];
    dp[i][-1] = 0;
    for(var j = 0; j < bn; j ++){
      if(a[i] === b[j]){
        dp[i][j] = dp[i-1][j-1]+1;
      }else{
        dp[i][j] = Math.max(dp[i][j-1], dp[i-1][j]);
      }
    }
  }
  var i = an - 1, j = bn-1, lcs = '';
  while(i >= 0 && j>=0) {
    if(a[i] == b[j]){
      lcs = a[i] + lcs;// 从 a 字符串的后面起，收集两个字符串都有的字符
      i--;
      j--;
    } else if(dp[i-1][j] < dp[i][j-1]){// 上面少于左边
      j--;
    } else if(dp[i][j-1] <= dp[i-1][j]){
      i--;
    }
  }
  console.log(dp[an-1][bn-1], lcs);
  return lcs;
}
longestCommonSequence("ABCPDSFJGODIHJOFDIUSHGD",
  "OSDIHGKODGHBLKSJBHKAGHI");  // 9 "SDIHODSHG"
```

15.5 爬楼梯

假设你正在爬楼梯。需要 n 阶才能到达楼顶，每次你可以爬 1 个或 2 个台阶。你有多少种方式可以爬到楼顶呢？注意：给定 n 是一个正整数。

举个例子：

```
input: 2
output: 2
```

解释：有两种方法可以爬到楼顶。

(1) 1 阶 + 1 阶

(2) 2 阶

```
input: 3
output: 3
```

解释：有 3 种方法可以爬到楼顶。

(1) 1 阶 + 1 阶 + 1 阶

(2) 1 阶 + 2 阶

(3) 2 阶 + 1 阶

思路：这个看示例很难推断出来，dp[1] = 1，dp[2] = 2，dp[3] = dp[1]+dp[2] = 3。我们只需要确认一下 dp[4] 的值（4 个台阶的情况），显然有 [1,1,1,1]、[2,1,1]、[1,2,1]、[1,1,2]、[2,2] 这五种方式，dp[4] = dp[2]+dp[3] = 5。不难推断其状态迁移方程为：

$$f(i) = \begin{cases} 1, & i = 1 \\ 2, & i = 2 \\ f(i-1) + f(i-2), & n \geq 3 \end{cases}$$

这与斐波那契数列非常像，代码实现如下：

```
function climbStairs(i){
  var dp = [0, 1, 2];
  if(i < 3){
    return dp[i];
  }
  for(var j = 3; j <= i; j++){
    dp[j] = dp[j-1]+ dp[j-2];
  }
  return dp[i];
}
```

15.6　背包问题

　　一个背包有一定的承重 capacity，其中有 n 件物品，每件都有自己的价值（记录在数组 v 中），也都有自己的重量（记录在数组 w 中）。每件物品只能选择要装入背包还是不装入背包，要求在不超过背包承重的前提下，选出物品的总价值最大。

　　其实，这类问题和之前讨论的找零钱问题有相似之处。我们使用二维数组 dp 来缓存数据。其中 dp[i][j] 表示了承重为 j 的情况下放入前 i 个物品时的最大总价值。当 i=0 时，即放入第一个物品时，则有：${dp[0] = j > w[0] ? v[j]: 0}$；当 j=0 时，显然有 {dp[i] = 0}$。当 i>0 且 j>0 时，那么，则有以下 2 种情况。

　　(1) 不放第 i 个物品，总价值为 $dp[i-1][j]$。

　　(2) 放第 i 个物品，总价值为 $dp[i][j-w[i]]+v[i]$，此时，需要 j>=w[i]。

　　综上，$dp[i][j] = \max dp[i-1][j], dp[i][j-w[i]]+v[i]$。

　　背包的动态转移示例代码如下所示：

```javascript
function backpack(w, v, n, cap) {
  if (n == 0 || w.length == 0 || v.length == 0 || cap == 0) {
    return 0;
  }

  // 创建一个 n * (cap+1) 的矩阵
  var dp = [];
  for (let i = 0; i < n; i++) {
    dp[i] = new Array(cap + 1).fill(0);
  }

  // 初始化第 0 行
  for (let i = 0; i < cap + 1; i++) {
    dp[0][i] = i >= w[0] ? v[0] : 0;
  }

  // 初始化第 0 列
  for (let i = 0; i < n; i++) {
    dp[i][0] = 0;
  }
  for (let i = 1; i < n; i++) {
    for (let j = 1; j < cap + 1; j++) {
      if (j >= w[i]) {
        dp[i][j] = Math.max(dp[i - 1][j], dp[i - 1][j - w[i]] + v[i]);
      } else {
        dp[i][j] = dp[i - 1][j];
      }
    }
  }
  console.log("[" + dp.map(function (el) {
```

```
    return JSON.stringify(el) + "\n"
  }) + "]");
  return dp[n - 1][cap];
}

var res = backpack([1, 2, 3], [6, 10, 12], 3, 5);
console.log(res);
```

15.7 总结

　　动态规划不像回溯算法那样有特定的套路，虽然我们针对可变的部分抽取出状态，但是这状态要结合填表法才能找到真正的意义。此外，状态转移方程，有的题目已经给出前 1、2 步的结果，你可以轻松推断出来；有的则比较隐晦，这都是需要练习的。题型千奇百怪，如果面试时实在找不出，那么还可以用递归+缓存解决吧。